U0383389

全国职业院校技能大赛中职组赛项备赛指导

中等职业教育技能实训教材

建筑智能化系统安装与调试实训
（含赛题剖析）

中国建设教育协会　组织编写

董　娟主　编

黄　河主　审

中国建筑工业出版社

图书在版编目（CIP）数据

建筑智能化系统安装与调试实训：含赛题剖析／中
国建设教育协会组织编写；董娟主编. —北京：中国
建筑工业出版社，2020.11（2023.7重印）
全国职业院校技能大赛中职组赛项备赛指导 中等职
业教育技能实训教材
ISBN 978-7-112-25689-1

Ⅰ. ①建… Ⅱ. ①中… ②董… Ⅲ. ①智能化建筑-
自动化系统-设备安装-中等专业学校-教材②智能化建
筑-自动化系统-调试方法-中等专业学校-教材 Ⅳ.
①TU855

中国版本图书馆 CIP 数据核字（2020）第 241010 号

本教材根据建筑智能化行业相关设计施工验收及运维规范标准、全国职业院校
技能大赛中职组建筑智能化系统安装与调试赛项的竞赛内容及相关知识点、考核技
能任务目标等，按照项目教学法的理念编写而成。

本教材以大赛平台"THBCAS-2B型楼宇智能安防布线实训系统"实训装置为载体，
按照项目教学法的理念编写而成。设置了建筑智能化系统安装与调试赛项介绍、建筑智
能化系统工程职业技能、视频监控系统、建筑设备自动化系统、综合布线与网络系统、
入侵报警系统、出入口控制系统、巡更系统及大赛试题解析，共计 9 大项目。

本教材图文并茂，是一本"互联网＋"教材，书中附有二维码教学资源链接，
覆盖建筑智能化行业新技术、新设备、新系统及工程经验等。

本教材可作为全国职业院校技能大赛中职组及高职组建筑智能化系统安装与调
试赛项备赛指导书，也可作为相关专业开展综合实训的教学用书，或其他专业技术
人员的参考书。

教材服务群
QQ: 796494830

国赛交流群
QQ: 640053352

责任编辑：司 汉 李 阳
责任校对：张 颖

全国职业院校技能大赛中职组赛项备赛指导
中等职业教育技能实训教材
建筑智能化系统安装与调试实训（含赛题剖析）
中国建设教育协会 组织编写
董 娟 主 编
黄 河 主 审

*

中国建筑工业出版社出版、发行（北京海淀三里河路 9 号）
各地新华书店、建筑书店经销
北京鸿文瀚海文化传媒有限公司制版
北京同文印刷有限责任公司印刷

*

开本：787 毫米×1092 毫米 1/16 印张：18¼ 字数：459 千字
2021 年 1 月第一版 2023 年 7 月第二次印刷
定价：49.00 元（赠课件）
ISBN 978-7-112-25689-1
（36525）

全国职业院校技能大赛中职组赛项备赛指导编审委员会名单

主　任：胡晓光

副主任（按姓氏笔画为序）：

　　王长民　　石兆胜　　肖振东　　辛凤杰　　张荣胜

　　柏小海　　黄华圣

项目负责人：丁　乐

委　员（按姓氏笔画为序）：

　　王炎城　　边喜龙　　李　洋　　李　垚　　李姝懿

　　邹　越　　张　雷　　陆惠民　　姚建平　　袁建刚

　　唐根林　　黄　河　　董　娟　　谢　兵　　谭翠萍

序

《国家职业教育改革实施方案》（国发〔2019〕4号）中提出"职业教育与普通教育是两种不同教育类型，具有同等重要地位。"全国职业院校技能大赛作为引领我国职业院校教育教学改革的风向标，社会影响力越来越强，自2007年以来，教育部联合有关部门连续成功举办十余届全国职业院校技能大赛，大赛作为职业教育教学活动的有效延伸，发挥了示范引领作用，成为提高劳动者职业技能、职业素质和就业创业能力的重要抓手，并有力促进了产教融合、校企合作，引领专业建设和教学改革，推动人才培养和产业发展紧密结合，大大增强了职业教育的影响力和吸引力。

当前，我国经济正处于转型升级的关键时间，党的十九大提出"建设知识型、技能型、创新型劳动者大军，弘扬劳模精神和工匠精神，营造劳动光荣的社会风尚和精益求精的敬业风气"，激励广大院校师生和企业职工走技能成才、技能报国之路，加快培养大批高素质劳动者和高技能人才。全国职业院校技能大赛可以更好地引领职业院校进行改革和探索。首先，落实"以赛促学，以赛促教"，推动职业院校课程建设，以赛项为基础设立相关课程，结合职业标准，将大赛训练法融入教学，提升理论和实际操作能力。其次，坚持"学生至上，育人为本"，通过赛项成果的转化，让更多学生了解并参与到大赛中，充分体现普惠性和共享性，使学生均等受益。最后，加强"工学结合，校企合作"，职业院校通过大赛对接企业需求、展望行业发展，以产业需求为导向，进而对教学方式和课程内容作进一步调整。

近年来，全国职业院校技能大赛的赛项类别和数量不断调整、完善，赛项紧密对接了"世界技能大赛""中国制造2025""一带一路""互联网＋"等新发展、新趋势和国家战略，这充分反映了大赛的引领作用。为了更好地满足企业的发展需求，适应院校的教学需要，将大赛的项目纳入课程体系和教学计划中，中国建设教育协会组织赛项专家组、裁判组、获奖团队指导教师、竞赛设备企业技术人员共同编写了"全国职业院校技能大赛中职组赛项备赛指导 中等职业教育技能实训教材"，包括"工程测量""建筑设备安装与调控（给排水）""建筑CAD""建筑智能化系统安装与调试""建筑装饰技能"五个赛项，丛书将会根据赛项不断补充和完善。

本套备赛指导实训教材结合往届职业技能大赛的特点和内容编写，将大赛的成果转化为教学资源，不仅可以指导备赛，而且紧贴学生的专业培养方案，以项目—任务式的形式编写，理论和实操相结合，在"做中学"的过程中掌握关键技能。丛书充分考虑了国家、企业最新工艺技术、标准新规范等，可满足职业院校实训课程的教学需要。同时，本丛书还是一套"互联网＋"教材，配套大量数字资源。

衷心希望本丛书帮助广大职业院校师生更好理解技能大赛所反映的行业需求和发展，不断提升教学质量，为促进建设行业发展培养更多优秀的技能人才！

2020 年 7 月

前　言

　　本书是全国职业院校大赛中职组建筑智能化系统安装与调试赛项备赛指导、中等职业教育技能实训教材。本书紧密围绕技能大赛内容及相关知识点，以大赛考核大纲出发，按照项目教学法的理念编写而成。介绍视频监控、建筑设备自动化、综合布线与网络、入侵报警、出入口控制、巡更等系统安装与调试的知识及技能，解读竞赛规程，分析考核内容与评分要点，为参赛者和学习者提供全面、翔实的备赛指导。

　　本书突出能力本位，注重工匠精工工艺及规范化操作技能的培养。各项目结合竞赛要求，以项目自查结果为导线，对各知识点进行解析及总结，介绍行业新技术、新工艺、新系统及现行规范标准。其中，包括系统认知、系统工程识图、设备及管线质量控制、施工工艺及要点、系统接线与调试、质量自查验收及知识技能拓展等。从而使得参赛者及学习者在完成项目任务的过程中，提升综合技术、职业素养、自主学习等能力。

　　通过技能大赛引领和综合课程改革，培养学生成为具备建筑智能化系统的识图、安装、运行、调试及故障检测等知识和技能的复合型技术技能人才，推动职业学校建筑智能化工程相关专业的建设和实训教学改革，促进工学结合人才培养模式的改革与创新。

　　本书由全国职业院校技能大赛中职组建筑智能化系统安装与调试赛项专家黑龙江建筑职业技术学院董娟担任主编并统稿。广州番禺职业技术学院黄日财、青岛西海岸新区职业中等专业学校刘敏担任副主编。青岛西海岸新区职业中等专业学校夏文军，广州市建筑工程职业学校赵李凌、陈晓宜，长春市城建工程学校邢燕、段丽霞，宁波建设工程学校王先华，南京高等职业技术学校杨阳，中国建设教育协会丁乐，浙江天煌科技实业有限公司杨晓利参与编写。本书由广东建设职业技术学院黄河教授主审。具体分工如下：

项目内容	参编人员
项目1　建筑智能化系统安装与调试赛项介绍	黄日财、董娟
项目2　建筑智能化系统工程职业技能	王先华
项目3　视频监控系统安装与调试技能实训	杨阳
项目4　建筑设备自动化系统安装与调试技能实训	黄日财
项目5　综合布线与网络系统安装与调试技能实训	赵李凌、陈晓宜
项目6　入侵报警系统安装与调试技能实训	邢燕、段丽霞
项目7　出入口控制系统安装与调试技能实训	刘敏、夏文军
项目8　巡更系统安装与调试技能实训	刘敏、夏文军
项目9　建筑智能化系统安装与调试赛项解析	黄日财、董娟

　　本书编写过程中得到了全国职业院校技能大赛中职组建筑智能化系统安装与调试赛项专家组长广东建设职业技术学院黄河教授以及浙江天煌科技实业有限公司的大力支持，同

时杭州海康威视数字技术股份有限公司、浙江大华技术股份有限公司、浙江宇视科技有限公司、北京和欣运达科技有限公司、华为技术有限公司等为本书提供相关设备和系统的产品手册等，在此一并表示感谢。

由于编者水平有限，本书难免存在一些不足和错误，恳请广大读者批评指正。

目　录

项目1

Chapter 01

建筑智能化系统安装与调试赛项介绍

教学目标

1.学习目标

（1）掌握本赛项竞赛目的、竞赛内容（竞赛时长、竞赛考核分值分配）；

（2）掌握本赛项技术平台的系统结构与组成；

（3）掌握本赛项评分标准、评分细则及评分模式。

2.能力目标

（1）具备赛项文件、技术文档、产品手册等相关资料的阅读能力；

（2）具备评分标准分析能力，含评分大纲、分值规划、评定步骤等；

（3）具备知识总结、归类、分析能力。

思维导图

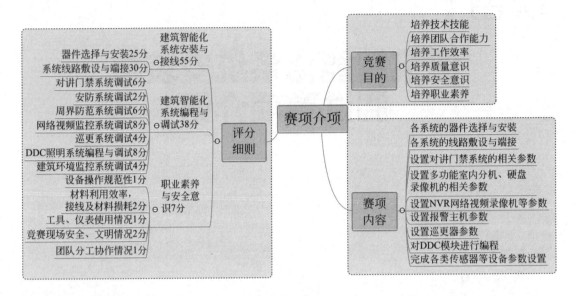

任务 1.1　赛项说明

通过技能竞赛提升学生在建筑智能化设备安装与调试、设备的运行、管理维护等方面的职业能力，推动中职学校楼宇智能工程技术类专业建设和教学改革，促进校企合作、协同产业发展，展示职教改革成果及师生良好精神面貌，紧贴产业需求，培养面向建筑智能化系统安装、调试、管理和维护的高素质劳动者和技能型人才。

任务 1.2　技术规程

1.2.1　竞赛目的

比赛设备采用建筑智能化工程对象实训模型，包括智能大楼（小区）和管理中心两部分，涵盖了对讲门禁及室内安防、网络视频监控、周界防范、巡更、建筑环境监控和DDC 照明控制六个系统。可培养学生建筑智能化系统设备安装、电气接线、调试、故障诊断与维护等方面的技术技能，同时检验学生的团队合作能力、工作效率、质量意识、安全意识和职业素养等。

通过比赛提升学生在建筑智能化设备安装与调试、设备的运行、管理维护等方面的职业能力，推动中职学校楼宇智能工程技术类专业建设和教学改革，促进校企合作、协同产业发展，展示职教改革成果及师生良好精神面貌，紧贴产业需求，培养面向建筑智能化系统安装、调试、管理和维护的高素质劳动者和技能型人才。

1.2.2　竞赛内容

比赛时间共 4 小时，参赛选手在竞赛项目指定的建筑智能工程对象实训模型上完成比赛任务。

赛项考核如下核心技能和职业素养：

1. 根据任务书中的要求，完成各系统的器件选择与安装（占分比例 25%）。

2. 根据任务书中的要求，完成各系统的线路敷设与端接（占分比例 30%）。

3. 根据任务书中的对讲门禁系统功能要求，设置对讲门禁系统的相关参数，实现室外主机呼叫室内分机、密码开锁等功能（占分比例 6%）。

4. 根据任务书中的安防系统功能要求，设置多功能室内分机、硬盘录像机的相关参数，实现室内安防的报警功能（占分比例 2%）。

5. 根据网络视频监控系统功能要求，设置 NVR 网络视频录像机、红外点阵筒形摄像机（方筒形）等摄像机的相关参数，实现网络高速球摄像机旋转控制和报警联动录像等功能（占分比例 8%）。

6. 根据任务书中的周界防范系统功能要求，设置报警主机参数，实现周界防范的报警等功能（占分比例 6%）。

7. 根据任务书中的巡更系统功能要求，设置巡更器参数，实现巡更系统线路的设置，巡更数据的统计，并生成报表（占分比例 4%）。

8. 根据任务书中的 DDC 照明控制功能要求，对 DDC 模块进行编程，实现 DDC 照明控制系统的正常运行（占分比例 8%）。

9. 根据任务书所规定的功能要求，完成光照度无线智能终端、光照度传感器、二氧化碳无线智能终端、二氧化碳传感器等设备参数设置，并进行软件调试，实现建筑环境实时在线监控（占分比例 4%）。

10. 按照设备操作规范性、材料合理利用、工具正确使用、工位整洁、安全文明生产、团队协作等方面进行考核（占分比例 7%）。

任务 1.3　技术平台

本赛项技术平台沿用 2018 年全国职业院校技能大赛中职组"建筑智能化系统安装与调试"赛项使用的竞赛技术平台；所需技术平台采用浙江天煌科技实业有限公司的"TH-BCAS-2B 型楼宇智能安防布线实训系统"，工具、耗材统一提供，技术平台组成如图 1-1 所示。

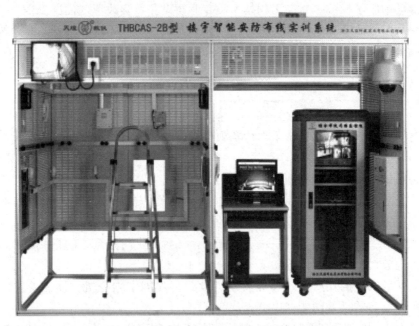

图 1-1　THBCAS-2B 型楼宇智能安防布线实训系统

1.3.1　平台主要技术参数

1.输入电源：单相三线 220V AC±10％，50Hz。

2.工作环境：温度−10～40℃，相对湿度≤85％（25℃），海拔≤4000m。

3.装置容量：≤1kVA。

4.外形尺寸：3120mm×1580mm×2310mm。

5.安全保护：具有漏电保护，安全指标符合国家标准。

1.3.2　平台系统结构与组成

1.楼宇智能安防布线实训系统采用模型模块化设计，由建筑模型、对讲门禁及室内安防、周界防范、视频监控、巡更、照明控制、建筑环境监控等系统组成。

2.建筑模型由标准规格的铝合金工业型材和网孔式安装板组成，设有总电源箱。建筑模型分为智能大楼（小区）和管理中心两部分，安保区域设有单元门和单户窗，实现智能小区对讲门禁系统的设备安装、智能大楼室内安防系统的设备安装等工程训练，实现单元和单户可视对讲功能。

3.管理中心实现智能大楼（小区）的集中监控和管理，安装有管理中心机、视频监控台、监控计算机、DDC 照明控制箱等典型管理设备。

4.在智能大楼（小区）内安装典型探测器（烟感探测器、红外探测器、玻璃破碎探测器、振动探测器、门磁等）、巡更点、红外对射，安保区域的房间窗户装有幕帘探测器，实现室内安防与周界防范功能。

5.在管理中心区域和智能大楼（小区）内，安装典型监控器材，如：网络高速球摄像机、红外点阵筒形摄像机（方筒形）、红外筒形摄像机（圆筒形）、网络红外半球摄像机、NVR网络视频录像机等，实现关键区域视频监控，设有两台19寸液晶监视器。

6.功能区域之间采用工程桥架实现系统连接。系统中的各模块即可单独调试、运行，通过接线和配置，也可进行联动实训。

7.器件的安装方式与实际工程一致，通过自攻螺栓与工程塑料卡件的配合使用，一名学生即可单独完成器件的安装；布线方式通过线槽或线管布线。

1.3.3　建筑模型平台基本组成

建筑模型平台基本组成，见表1-1。

平台基本组成　　　　　　　　　　　　　　　　　　表 1-1

序号	器材名称	器材规格或型号	数量	单位
1	建筑模型	由铝合金型材框架和安装布线网孔板组成，3120mm×1580mm×2310mm（长×宽×高），分为智能大楼（小区）、管理中心，器件采用自攻螺栓和工程塑料卡件配合安装	1	台
2	电脑桌	600mm×600mm×800mm（长×宽×高）	1	台
3	钢凳	ϕ300mm×450mm（圆×高）	1	把
4	铝人字梯	900mm×250mm×1200mm（长×宽×高）	1	把
5	DDC 照明控制箱	600mm×450mm×150mm（长×宽×深）	1	台
6	工程塑料卡件	20mm×10mm×11mm（长×宽×高）	300	个

任务 1.4　评分标准

1.4.1　评分标准的制定原则

参照智能楼宇管理员职业岗位的能力要求，结合建筑智能化工程行业技术规范实施评分，本着"科学严谨、公正公平、可操作性强"的原则，制定评分标准，综合评价参赛选手职业能力。

1.4.2　评分细则

评分细则见表1-2。

评分细则 表 1-2

一级指标	比例	二级指标	比例	知识点、技能点	评分方式
建筑智能化系统安装与接线	55%	1. 器件选择与安装	25%	对讲门禁与室内安防系统	过程评判与结果评判相结合
				室内安防与周界防范系统	
				建筑环境监控系统	
				视频监控系统	
				巡更系统	
		2. 系统线路敷设与端接	30%	对讲门禁与室内安防系统	
				室内安防与周界防范系统	
				建筑环境监控系统	
				视频监控系统	
建筑智能化系统编程与调试	38%	1. 对讲门禁系统调试	6%	室外主机等硬件参数设置	过程评判与结果评判相结合
				软件应用及记录保存	
		2. 安防系统调试	2%	触发正常报警	
		3. 周界防范系统调试	6%	报警主机等硬件参数设置	
				软件应用及记录保存	
		4. 网络视频监控系统调试	8%	网络硬盘录像机参数设置，红外点阵筒形摄像机(方筒形)、红外筒形摄像机(圆筒形)、网络红外半球摄像机、监视器等器件调试	
				软件应用及记录保存	
		5. 巡更系统调试	4%	软件参数设置正确	
				记录保存	
		6. DDC 照明系统编程与调试	8%	可手动正确控制照明	
				可自动正确控制照明	
		7. 建筑环境监控系统调试	4%	无线智能终端(光照度、PM2.5、温湿度、电器)、传感器(光照度、PM2.5、温湿度、电器)等器件调试	
职业素养与安全意识	7%	1. 设备操作规范性	1%	器件未安装前摆放规整	过程评判与结果评判相结合
				器件安装方法正确	
		2. 材料利用效率，接线及材料损耗	2%	材料利用效率	
				接线及材料损耗、导线线头处理	
		3. 工具、仪表使用情况	1%	工具、仪表使用正确，包装物品处理	
				工具、仪表使用后，位置摆放	
		4. 竞赛现场安全、文明情况	2%	劳保用品穿戴	
				安全用电情况	
		5. 团队分工协作情况	1%	分工完成任务的情况	
				协作安装接线情况	

项目2

建筑智能化系统工程职业技能

教学目标

1. 学习目标

(1) 掌握智能楼宇管理员的职业定义及考核标准；

(2) 掌握弱电工的职业定义及考核标准；

(3) 掌握建筑智能化工程相关规范标准，并能识读、查找、解读相关规范条例。

2. 能力目标

(1) 具备职业分析能力；

(2) 具备建筑规范及标准查找、识读、解读、总结等能力。

思维导图

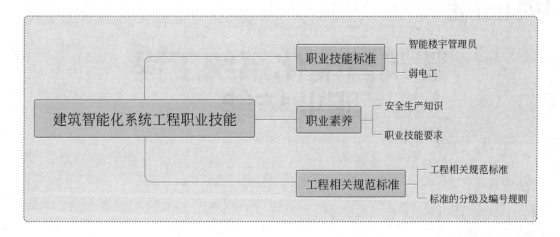

任务 2.1 职业技能标准

2.1.1 智能楼宇管理员

1. 职业定义

智能楼宇管理员是指从事建筑智能化系统操作、调试、检测、维护等工作的人员。

2. 职业技能等级

根据现阶段国家职业职格相关标准，智能楼宇管理员共设四个等级，分别为：四级/中级工、三级/高级工、二级/技师、一级/高级技师。

3. 职业能力特征

具备学习、分析、推理和判断能力，具备一定的表达、沟通能力，具备相应的计算能力、手指、手臂灵活能力。

4. 鉴定方式

智能楼宇管理员的鉴定方式分为理论考试、技能考试以及综合评审。

（1）理论考试以笔试、机考等方式为主，主要考核从业人员从事本职业应掌握的基本要求和相关知识要求。

（2）技能考核采用现场操作、模拟操作等方式进行，主要考核从业人员从事本职业应具备的技能水平。

（3）综合评审主要针对技师和高级技师，通常采用审阅申报材料、答辩等方式进行全面评议和审查。

理论知识考核、技能考核和综合评审均实现百分制，成绩皆达 60 分（含）以上者为合格。

5. 智能楼宇管理员职业考核权重表

理论知识权重表，见表 2-1。

理论知识权重表　　　　　　　　　　　　　　　　　　　　表 2-1

项目	技能等级	四级/中级工（%）	三级/高级工（%）	二级/技师（%）	一级/高级技师（%）
基本要求	职业道德	5	5	5	5
	基础知识	20	15	10	5
相关知识要求	综合布线系统管理与维护	10	15	10	—
	火灾自动报警及消防联动控制系统管理与维护	10	10	5	—
	网络与通信系统管理与维护	10	10	10	20
	建筑设备监控系统管理与维护	20	20	35	40
	安全防范系统管理与维护	15	15	20	25
	会议、广播和多媒体显示系统管理与维护	10	10	—	—
	培训与管理	—	—	5	5
合计		100	100	100	100
技能要求	综合布线系统管理与维护	20	15	10	—
	火灾自动报警及消防联动控制系统管理与维护	10	10	10	—
	网络与通信系统管理与维护	15	15	15	25
	建筑设备监控系统管理与维护	25	30	35	40
	安全防范系统管理与维护	20	20	25	30
	会议、广播和多媒体显示系统管理与维护	10	10	—	—
	培训与管理	—	—	5	5
合计		100	100	100	100

2.1.2　弱电工

1. 职业定义

弱电工主要是指在建筑智能化系统中使用工具、机具和仪器仪表对弱电工程中线缆、管槽、箱柜、设备设施及软件进行安装、调试、测试、运行、维护和管理的人员。

2. 职业技能等级

职业技能五级（初级）、职业技能四级（中级）、职业技能三级（高级）、职业技能二级（技师）、职业技能一级（高级技师）。

3. 职业技能构成

职业技能分为安全生产知识、理论知识、操作技能三个模块，分别包括下列内容：

（1）安全生产知识：安全基础知识、施工现场安全操作两部分内容。

（2）理论知识：基础知识、专业知识和相关知识三部分内容。

（3）操作技能：基本操作能力、工具设备使用和维护能力、创新和指导能力三部分内容。

职业技能对安全生产知识、理论知识的目标要求由高到低分为"掌握""熟悉""了解"三个层次；对操作技能的目标要求由高到低分为"熟练""能够""会"三个层次。

4. 鉴定方式

弱电工评价分为理论知识考试、操作技能考核和综合评审方式。

（1）理论知识考试采用闭卷笔试方式。

（2）操作技能考核采用现场实际操作和模拟操作的方式。

（3）综合评审通常采取审阅申报材料、论文答辩的方式进行全面评议和审查。

弱电工职业技能二级、职业技能一级须进行综合评审。理论知识考试、操作技能考核和综合评审均实行百分制，理论知识考试、操作技能考核和综合评审按顺序递进式进行。安全知识模块评价合格者，方能参加理论知识评价；理论知识模块评价合格者，方能参加操作技能评价，成绩均达到 60 分以上者为合格。

任务 2.2 职业素养

2.2.1 安全生产知识

安全生产知识是指在社会的生产经营中，为避免发生造成人员伤亡和财产损失的事故而采取的预防和控制措施，以保证从业人员的人身安全，保证生产经营活动得以顺利进行必须掌握的相关知识。

安全生产操作人员必须自觉接受上岗前的安全教育和培训的知识。熟悉国家工程建设相关的法律法规（宪法、刑法、劳动法、建筑法等），熟悉安全生产的相关规定，掌握安全操作技能知识，掌握安全操作规程，了解一般事故处理的相关规定，具备一定的现场事故处理能力。

从事建筑领域相关工作，建筑施工安全生产知识需掌握以下相关知识：

1. 建筑施工的主要特征

建筑施工的主要特征由建筑产品的特点所决定，例如，土建类的产品为结构门窗墙等。建筑产品具有体积大、复杂、多样、整体性难分等特点。建筑施工具备以下主要特征：

（1）生产的流动性：主要体现在多方位生产、不同施工面施工等。

（2）产品的多样性：例如墙体、楼板、机电设备安装、装饰等，施工方法各不相同、材料也不同，但各产品之间相互影响、相互牵涉、不可分割。

（3）施工技术复杂：主要体现在多工种配合作业、多单位协同实施交叉配合施工，如土建、吊装、机电设备安装、装饰预埋等，施工技术复杂。

（4）露天和高处作业较多：主要体现在建筑产品的施工周期长、建筑物高度普遍较高。

（5）高危型性：建筑行业为高危行业，建筑工地环境条件艰苦、高处作业多、不确定性因素多、施工作业周期长、人流量较大等。建筑工地存在的安全隐患较多，被称为"三危行业"之一。

2.建筑工地的"五大"伤害

建筑工地的"五大"伤害是指：高处坠落、坍塌、物体打击、触电及机械伤害。

导致建筑施工伤害事故发生的主要原因主要有：人的不安全行为、物的不安全状态与管理上的漏洞，任意违章指挥、违规操作、冒险作业、麻痹大意等。

3.建筑工地的"三级"教育

新工人上岗作业必须接受公司、工程项目部、生产班组的"三级"安全教育。安全教育考试不合格者不得上岗作业。同时，转岗、换岗的工人重新上岗也必须接受安全生产教育和培训。

4.建筑从业人员年龄与健康

凡是从事特种作业的人员，必须满足年满18周岁，同时身体健康，无高血压、心脏病、精神病、癫痫病、恐高症等病史者。

5.遵纪守法、持证上岗

建筑施工特种作业包括：建筑电工、建筑架子工、建筑起重信号司索工等。

6.建筑工地"安全三件宝"防护措施

"安全三件宝"：指现场施工作业中必备的安全帽、安全带、安全网，如图2-1所示。正确使用防护措施，应做到：

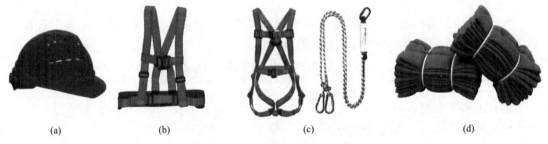

(a)　　　　　　　(b)　　　　　　　(c)　　　　　　　(d)

图2-1　建筑工地"安全三件宝"

(a) 安全帽；(b) 安全带（双背半身式）；(c) 安全带（全身式，配套安全拉绳）；(d) 安全网

（1）进入施工现场须佩戴好合格的、符合现场类别的安全帽，帽衬和帽壳之间应保持4～5cm的间隙，并系好帽带防止脱落。

安全帽产品按用途分有一般作业类（Y类）安全帽和特殊作业类（T类）安全帽两大类，其中T类中又分成五类：

1）T1类适用于有火源的作业场所。

2）T2类适用于井下、隧道、地下工程、采伐等作业场所。

3）T3类适用于易燃易爆作业场所。

4）T4（绝缘）类适用于带电作业场所。

5）T5（低温）类适用于低温作业场所。

每种安全帽都具有一定的技术性能指标和适用范围，所以要根据所使用的行业和作业环境选用。安全帽的生产标准可见《头部防护 安全帽》GB 2811—2019。

例如，建筑行业一般选用 Y 类安全帽；在电力行业，因接触电网和电气设备，应选用 T4（绝缘）类安全帽；在易燃易爆的环境中作业，应选用 T3 类安全帽。

（2）凡在 2m 以上悬空作业的人员必须系好安全带，当悬空作业点没有系好安全带的条件时，应设置安全拉绳或安全栏杆等，安全控件、伸展长度、坠落距离应符合《安全带》GB 6095—2009 规范中的要求。

（3）悬空高处作业点的下方必须设置安全网。

7. 建筑工地"四口""五临边"防护措施

"四口"是指：楼梯口、电梯井口、预留洞口、通道口，如图 2-2 所示。

图 2-2　建筑工地"四口"

(a) 楼梯口；(b) 电梯井口；(c) 预留洞口；(d) 通道口

"五临边"是指：尚未安装栏杆的阳台周边、无外架防护的屋面周边、框架工程楼层周边、上下跑道及斜道的两侧边、卸料平台的侧边。

"五临边"必须设置 1.2m 以上的双层围栏或搭设安全网。

8. 施工现场"十不准"

（1）不戴安全帽，不准进现场。

（2）酒后和带小孩不准进现场。

（3）工程车车厢上运输不准乘人。

（4）不准穿拖鞋、高跟鞋及硬底鞋上班。

（5）模板及易腐材料不准作承重荷载用，工人作业时不准打闹。

（6）电源开关不准一闸多用，未经训练的职工不准操作机械。

（7）无防护措施不准高空作业。

（8）吊装设备未经检查（或试吊）不准吊装，下面不准站人。

（9）木工场地和防火禁区不准吸烟。

（10）施工现场各种材料应分类堆放整齐，做到文明施工。

9. 安全意识及安全标志

（1）禁止标志：为红色，禁止人们不安全行为的图像标志。

（2）提示标志：为绿色，作为提示某些信息作用（如标明安全设施或场所等）的图像标志。

（3）警告标示：为黄色，提醒人们对周围环境引起注意，以避免可能发生危险的图像标志。

（4）指令标示：为蓝色，强制人们必须做出某种动作或采用防范措施的图像标志。

10. 高处作业安全知识

（1）专业术语

1）高处作业的定义：根据国家标准《高处作业分级》GB/T 3608—2008 规定："凡在坠落高度基准面 2m 以上（含 2m）有可能坠落的高处进行的作业，都称为高处作业。"根据这一规定，在建筑业中涉及高处作业的范围相当广泛。在建筑物内作业时，若在 2m 以上的架子上进行操作，即为高处作业。

2）坠落高度基准面：通过可能坠落范围内最低处的水平面。

3）最低坠落着落点：指在作业位置可能坠落的最低点称为最低坠落着落点。

4）可能坠落范围：以作业位置为中心，可能坠落范围为半径划成的与水平面垂直的柱形空间。

5）基础高度：以作业位置为中心，6m 为半径划出垂直于水平面的柱形空间内的最低处与作业位置间的高度。

6）作业高度：作业区各作业位置至相应坠落高度基准面的垂直距离中的最大者。

（2）高处作业的分级

高度不同，人体坠落落地的速度不同，因此坠落者的受伤程度也不同。按照不同的作业高度，我国对高处作业的分级作了以下规定：

1）作业高度在 2～5m 时，称为一级高处作业。

2）作业高度在 5～15m 时，称为二级高处作业。

3）作业高度在 15～30m 时，称为三级高处作业。

4）作业高度在 30m 以上时，称为特级高处作业。

（3）高处作业规程

高处作业的地面应划出禁区，并加设围栏或围墙，同时在作业区不同的位置悬挂有关的警示标志：

1）禁止围栏（墙）与作业位置外侧间距为：

一级高处作业间距：2～4m；二级高处作业间距：3～6m；三级高处作业间距：4～8m；特级高处作业间距：5～10m；任何人不准在禁区休息或工作。

2）根据高处作业的分级，应在作业区醒目处悬挂相关标识，写明级别种类和技术安全措施等。

3）凡患有癫痫病、精神病、高血压、贫血病、心脏病等严重疾病或不适于高处作业者，禁止上岗作业。

4）高处作业基本类型分类

建筑施工中的高处作业主要包括临边、洞口、攀登、悬空、交叉等五种基本类型，这些类型的高处作业是高处作业伤亡事故可能发生的主要地点。

11. 施工现场消防安全基本常识

（1）火灾发生的原因及类型

火灾是指在时间和空间上失去控制的燃烧所造成的灾害。在各种灾害中，火灾是最经常、最普遍地威胁公众安全和社会发展的主要灾害之一。

火灾的原理：在人为或者非人为的状态下，发生的非人为能控制的燃烧现象，蔓延开来，造成灾害性燃烧。例如：人为纵火、自然火灾、建筑火灾、交通运输工具火灾。发生火灾需要具备三个条件，分别是：着火源（点火源、温度）、可燃物、助燃物（氧化剂），如图 2-3 所示。

图 2-3　火灾具备的条件

火灾根据可燃物的类型和燃烧特性，分为 A、B、C、D、E、F 六类。

1）A 类火灾：指固体物质火灾。这种物质通常具有有机物质性质，一般在燃烧时能产生灼热的余烬。如木材、煤、棉、毛、麻、纸张等火灾。

2）B 类火灾：指液体或可熔化的固体物质火灾。如煤油、柴油、原油、甲醇、乙醇、沥青、石蜡等火灾。

3）C 类火灾：指气体火灾。如煤气、天然气、甲烷、乙烷、丙烷、氢气等火灾。

4）D 类火灾：指金属火灾。如钾、钠、镁、铝镁合金等火灾。

5）E 类火灾：指带电火灾。物体带电燃烧的火灾。如发电机房、变压器室、配电间、仪器仪表间和电子计算机房等在燃烧时不能及时或不宜断电的电气设备带电燃烧的火灾。E 类火灾是建筑灭火器配置设计的专用概念，主要是指发电机、变压器、配电盘、开关箱、仪器仪表和电子计算机等在燃烧时仍旧带电的火灾，必须用能达到电绝缘性能要求的灭火器来扑灭。对于那些仅有常规照明线路和普通照明灯具，而且并无上述电气设备的普通建筑场所，可不按 E 类火灾的规定配置灭火器。

6）F 类火灾：指烹饪器具内的烹饪物，如动植物油脂火灾。

（2）火灾灭火方法

灭火就是为了破坏燃烧必须备的基本条件所采取的基本措施。灭火的基本方法有冷却灭火法、隔离灭火法、窒息灭火法和抑制灭火法四种。

1）冷却法：水是最常用、最廉价的灭火剂，有迅速冷却降温的作用，但水能导电，因此对电气设备火灾，需先断电源后方可用水灭火。

2）窒息法：用沙土、湿衣服、湿棉被、湿毛毯等覆盖在燃烧物上，隔绝空气，使火得不到足够的氧气而熄灭。

3）隔离法：火灾时，紧急疏散物资，将燃烧物附近的可燃、易燃物品移往安全地带，使燃烧缺少可燃物而停止。

4）抑制法：将化学灭火剂喷射到燃烧物上，直接参与燃烧反应，使燃烧的连锁反应中止。

根据不同类别的火灾，采取不同的措施进行灭火，灭火的基本措施如下：

1）扑救 A 类火灾：一般可采用水冷却法，但对于忌水的物质。如布、纸等应尽量减少水渍所造成的损失。对珍贵图书、档案应用二氧化碳、干粉灭火剂灭火。

2）扑救 B 类火灾：首先应切断可燃液体的来源，同时将燃烧区可燃液体排至安全地区，并用水冷却燃烧区可燃液体的容器壁，减慢蒸发速度；及时使用大剂量泡沫灭火剂、干粉灭火剂将液体火灾扑灭。

3）扑救 C 类火灾：首先关闭可燃气体阀门，防止可燃气体发生爆炸，然后选用干粉、二氧化碳灭火器灭火。

4）扑救 D 类火灾：如镁、铝燃烧时温度非常高，水及其他灭火剂无效。钠和钾的火灾切忌用水扑救，水与钠、钾起反应放出大量的热和氢，会促进火灾猛烈发展。应用特殊的灭火剂，如干砂等。

5）扑救 E 类带电火灾：用"1211"（有毒）或干粉灭火器，二氧化碳灭火器效果更好，因为这三种灭火器的灭火药剂绝缘性能好，不会发生触电伤人事故。

（3）常见灭火器材的性能及用途

常见灭火器材的性能及用途，见表 2-2。

常见灭火器材的性能及用途　　　　　　　　　　　　　　　　　　　　表 2-2

种类	常见规格	药剂	用途	效能	使用方法	检测方法
泡沫灭火器	10L,65～130L	内装碳酸氢钠与发沫剂的混合溶液	可导电；扑救油类或其他易燃液体火灾；不能扑救忌水或带电物质火灾	10L,喷射时间60s,射程8m；65L,喷射时间170s,射程13.5m	普使用时将筒身颠倒过来,碳酸氢钠和硫酸铝两种溶液混合后发生化学作用,产生二氧化碳气体泡沫,体积膨胀 7～10 倍,一般能喷射 10m 左右	每年检查一次,泡沫发生倍数低于 1 倍时应换药
二氧化碳灭火器	2kg 以下,2～3kg,5～7kg	液态二氧化碳	不导电；扑救电气精密仪器,油类和酸类火灾；不能扑救钾、钠、镁、铝物质火灾	射程 3m	一手拿喇叭筒对准火源,打开开关	每 3 个月测量 1 次,当减少原质量 1/10 时,应充气
四氯化碳灭火器	2kg 以下,2～3kg,5～8kg	四氯化碳液体,并有一定的压力	不导电；扑救电气设备火灾；不能扑救钾、钠、镁、铝、乙炔、二硫化碳物质火灾	3kg,射程时间30s,射程7m	打开开关,液体即可喷出	每 3 个月试喷少许,压力不够时应充气

续表

种类	常见规格	药剂	用途	效能	使用方法	检测方法
干粉灭火器	8kg,50kg	钾盐或钠盐干粉,并有盛装压缩其他的小钢瓶	不导电;扑救电气设备、石油产品、油漆、有机溶剂、天然气火灾;不宜扑救电机火灾	8kg,射程时间4~8s,射程4.5m	提起圈环,干粉即可喷出	每半年检查1次,干粉是否受潮或结块;每3个月检查1次二氧化碳

12. 电气伤害

建筑智能化工程技术，属于建筑机电专业范畴，涉及的交叉工种较多，常见的有建筑电工、装饰等。建筑电气专业与建筑智能化息息相关。

（1）安全电压

安全电压是指不至使人直接致死或致残的电压，一般环境条件下允许持续接触的"安全特低电压"，一般指不大于 36V 的电压。

行业规定安全电压为不高于 36V，持续接触安全电压为 24V，安全电流为 10mA，电击对人体的危害程度，主要取决于通过人体电流的大小和通电时间长短。

人体电阻主要集中在皮肤上，与皮肤的状况有直接关系。干燥、健康的皮肤电阻平均值是薄而潮湿皮肤的 40 倍。人体的电阻一般为 1000Ω，根据欧姆定律（$I=U/R$），若假设人体致命电流为 50mA，人体电阻为 1000Ω 时，则人体的临界安全电压为：

$$U=I\times R=0.05\times1000=50V \tag{2-1}$$

结合上述原理，我国安全电压等级有 42V、36V、24V、12V、6V 五个等级。部分省份采用四个等级。当电气设备采用的电压超过安全电压时，必须按规定采取防止直接接触带电体的保护措施。需要注意的是，安全电压的"安全电压"是相对的，前提是有条件的。

（2）电流对人体的影响

对应工频交流电，按照通过人体电流的大小不同，人体呈现出不同的反应，其中可按照电流的大小，划分为以下三级：

1）感知电流：感知电流是指引起人感觉的最小电流。不同人的感知电流不一样。一般情况下，成年人的平均感知电流可按 1mA 考虑。感知电流不会对人体造成伤害，但电流增大时，人体反应变的强烈，可能造成坠落等间接事故。

2）摆脱电流：摆脱电流是指人体触电后能自主摆脱电源的最大电流。实验表明，成年男性的平均摆脱电流约为 16mA，成年女性约为 10mA。

3）致命电流：致命电流是指在较短的时间内危及生命的最小电流。实验表明，当通过人体的电流达到 50 mA 以上时，心脏会停止跳动，可能导致死亡。一般成年人平均致命电流可按 30~50mA 考虑。

各电流对人体的影响，见表 2-3。

（3）触电的种类

触电是指较强的电流从人体流过。触电的种类有直接触电、间接触电、电弧伤害、

"跨步电压"触电、感应电压电击、雷电电击、残余电荷电击、静电电击等。

各电流对人体的影响　　　　　　　　　　　　　　　表 2-3

电流(mA)	50Hz 交流电	直流电
0.6~1.5	手指开始感觉发麻	无感觉
2~3	手指感受觉强烈发麻	无感觉
5~7	手指肌肉感觉痉挛	手指感到灼热和刺痛
8~10	手指关节与手掌感觉痛,手已难以脱离电源,但尚能摆脱电源	灼热增加
20~25	手指感觉剧痛,迅速麻痹,不能摆脱电源,呼吸困难	灼热更增,手的肌肉开始痉挛
50~80	呼吸麻痹,心房开始震颤	强烈灼痛,手的肌肉痉挛,呼吸困难
90~100	呼吸麻痹,持续 3min 后或更长时间后,心脏停搏或心房停止跳动	呼吸麻痹

1) 直接触电:是指人体直接接触正常工作时的带电体而发生的触电。其分为二相触电和单相触电:

① 二相触电:指人体同时接触两根带电的导体(相线),电流从人体一端流到另一端,形成回路使人触电。

② 单相触电:由于大地可以导电,而人接触了相线,与大地、零线形成电流使人触电。

2) 间接触电:指电气设备在故障的情况下,如绝缘损坏或失效,人体触摸到设备的带电的外露可导电部分所形成的触电。

3) 电弧伤害:指人体过分接近高压带电体所引起的电弧放电以及带负荷拉闸、合刀闸等所造成的弧光短路对人的伤害。

4) "跨步电压"触电:当带电线路或设备发生故障时,接地电流在故障点周围地面形成电场,如果此时人双脚分开站立,会产生电位差,此电位差为跨步电压。当人体触及跨步电压时,电流会通过人体双腿构成电流回来,造成触电事故。

5) 感应电压电击:带电设备由于电磁感应和静电感应作业,从而使得附近的设备感应出一定的电位,从而发生电击触电。

6) 雷电电击:指雷电放电过程中,遭受雷电电击。

7) 残余电荷电击:由于电气设备的电容效应,在设备刚断电源时,尚保留一定的电荷,当人体接触时,电荷通过人体放电,形成电击。

8) 静电电击:由于物体在空气中经摩擦所产生的静电荷,同时积累形成一定电压,当人接近或接触时,物体放电形成对人的电击伤害。

(4) 触电事故的伤害类型

触电事故主要可分为:按照伤害类型分为电击和电伤,按照触电电压高低分为低压触电和高压触电事故。

1) 电击:电击是最危险的触电事故,也是造成触电死亡事故最多的原因。电击可以由闪电、触及家用电线或意外事故中折断的电线，接触某些带电体等引起闪击所致。严重程度从轻度烧伤直至死亡，取决于电流的种类和强度、触电部位的电阻、电流通过人体的路径以及触电持续时间长短。

2）电伤：电伤是指电对人体外部造成局部伤害，即由电流的热效应、化学效应、机械效应对人体外部组织或器官的伤害，如电灼伤、金属溅伤、电烙印。电伤的主要种类包括电烧伤、皮肤金属化、电烙印、机械性损伤、电光眼。

（5）移动式电器具的安全使用

1）电钻、冲击钻、振动器、手提砂轮等电动手提工具：须配套防护手套、防护眼镜，并穿绝缘鞋或站在绝缘垫上作业；操作电动钻工具前须检查设备线缆、插头是否完整无损，通电后，可用试电笔检查是否漏电；更换钻头时，须断电更换。

2）移动式电器具，应建立专人保管、定期检查等相关日常保养制度。

3）电动工具的临时电源线缆，须符合建筑临时用电相关规定，并做好相关用电组织方案设计及用电安全培训。

2.2.2 职业技能要求

1. 安全知识生产

建筑工地安全基础知识、施工现场安全操作知识、安全文明施工。

2. 理论知识技能要求

理论知识包括文化基础知识、技术业务知识、工具设备知识、工艺技术知识、材料性能知识、经营管理知识、质量标准知识、安全防护知识以及其他相关方面的知识。

理论知识技能需具备以下理论知识：基本掌握智能楼宇基础知识（智能楼宇系统概述、智能社区系统、楼宇自动控制基础、绿色建筑基本知识）；电气基础（电工电子基础、电气控制基础、供配电基础）；建筑机电设备基础（建筑给排水基本原理、通风与空调设备基本原理、建筑电气设备基本原理）；安全用电、接地防雷、计算机应用基础（计算机操作系统知识、计算机网络与通信）及相关法律、法规知识等。

3. 操作技能要求

操作技能，一般包括实际操作能力、工具设备使用与维护能力、故障分析和排除能力、事故处理应变能力，也包括领会指令能力，语言及文字表达能力，创新和指导能力，应用计算能力及其他相关能力等。

任务 2.3 工程相关规范标准

2.3.1 工程相关规范标准

与本赛项相关的常见标准如下：

[1]《智能建筑设计标准》GB 50314—2015；

[2]《入侵报警系统工程设计规范》GB 50394—2007；

[3]《视频安防监控系统工程设计规范》GB 50395—2007；

[4]《民用闭路监视电视系统工程技术规范》GB 50198—2011；

[5]《建筑照明设计标准》GB 50034—2013；

[6]《建筑智能化系统运行维护技术规范》JGJ/T 417—2017；

[7]《综合布线系统工程设计规范》GB 50311—2016；

[8]《综合布线系统工程验收规范》GB/T 50312—2016；

[9]《安全防范报警设备 环境适应性要求和试验方法》GB/T 15211—2013；

[10]《公共安全视频监控联网系统信息传输、交换、控制技术要求》GB/T 28181—2016；

[11]《安全防范系统供电技术要求》GB/T 15408—2011；

[12]《安全防范报警设备 安全要求和试验方法》GB 16796—2009；

[13]《安全防范工程技术标准》GB 50348—2018；

[14]《安全防范系统通用图形符号》GA/T 74—2017；

[15]《安全防范系统验收规则》GA 308—2001；

[16]《火灾自动报警系统设计规范》GB 50116—2013；

[17]《智能建筑工程质量验收规范》GB 50339—2013；

[18]《电气装置安装工程 电缆线路施工及验收标准》GB 50168—2018；

[19]《火灾自动报警系统施工及验收标准》GB 50166—2019；

[20]《建筑电气施工质量验收规范》GB 50303—2015；

[21]《通信管道工程施工及验收标准》GB/T 50374—2018；

[22]《城市轨道交通公共安全防范系统工程技术规范》GB 51151—2016；

[23]《安全防范系统维护保养规范》GA 1081—2013；

[24]《电子巡查系统技术要求》GA/T 644—2006。

2.3.2　标准的分级及编号规则

根据《中华人民共和国标准化法》规定，标准分为国家标准、行业标准、地方标准（DB）、团体标准和企业标准（Q）。

我国国家标准由国务院标准化行政主管部门制定；行业标准由国务院有关行政主管部门制定；企业生产的产品没有国家标准和行业标准的，应当制定企业标准，作为组织生产的依据，并报有关部门备案。法律对标准的制定另有规定，依照法律的规定执行。国际标准由国际标准化组织（ISO）理事会审查，ISO理事会接纳国际标准并由中央秘书处颁布。

我国的国家标准分为强制性国家标准和推荐性国家标准。国家标准代号分为 GB 和GB/T。

国家标准的编号由国家标准的代号、国家标准发布的顺序号和国家标准发布的年号（发布年份）构成。GB 代号国家标准含有强制性条文及推荐性条文，当全文强制时不含有推荐性条文，GB/T 代号国家标准为全文推荐性。

　　其中，强制性条文是保障人体健康、人身、财产安全的标准和法律及行政法规规定强制执行的国家标准；推荐性国标是指生产、检验、使用等方面，通过经济手段或市场调节而自愿采用的国家标准。但推荐性国标一经接受并采用，或各方商定同意纳入经济合同中，就成为各方必须共同遵守的技术依据，具有法律上的约束性。

项目3

Chapter 03

视频监控系统安装与调试技能实训

教学目标

1. 学习目标

（1）掌握视频监控系统的基本工作原理和组成；

（2）掌握视频监控系统中的典型设备及参数；

（3）掌握视频监控系统中网线的制作方法与工艺；

（4）掌握网络视频录像机的基本功能及操作。

2. 能力目标

（1）具备视频监控系统图纸识图、设备定位测量、设备安装及调试能力；

（2）具备网络线路接口制作能力；

（3）具备视频监控系统中常见线缆选型能力；

（3）具备视频监控系统摄像头、交换机、监控主机的编程调试能力。

（4）具备视频监控系统图纸初步设计能力。

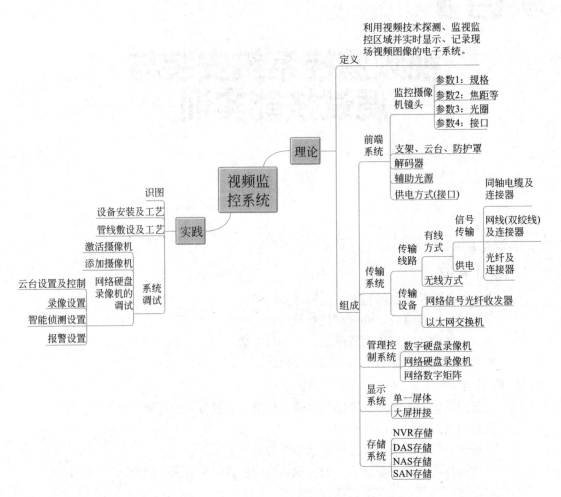

任务 3.1 认识视频监控系统

3.1.1 视频监控系统概述

1. 视频监控系统的定义

在《安全防范工程技术标准》GB 50348—2018 中对视频监控系统的释义为：视频监控系统 VSS（Video Surveillance System）是指利用视频技术探测、监视监控区域并实时显示、记录现场视频图像的电子系统。

2. 视频监控系统的工作原理与组成

摄像机通过有线方式（同轴视频电缆、网线、光纤）或无线传输方式将被监控现场或对象的实时视频图像和数据等信息准确、清晰、快速传输到监控中心服务器端（如网络控制主机等），控制主机再将视频信号分配到各监视器等显示设备及录像存储设备；通过显示系统监控中心能够实时、直接地了解和掌握各个被监控现场的当时情况；借助存储设备，监控人员可以随时调取查阅被监控现场或对象的某一时间段的视频等信息。

典型的视频监控系统一般是由前端系统（采集系统）、传输系统、管理控制系统、显示系统、存储系统5大部分组成，亦可简单划分为前端系统、传输系统及终端系统。如图3-1所示。

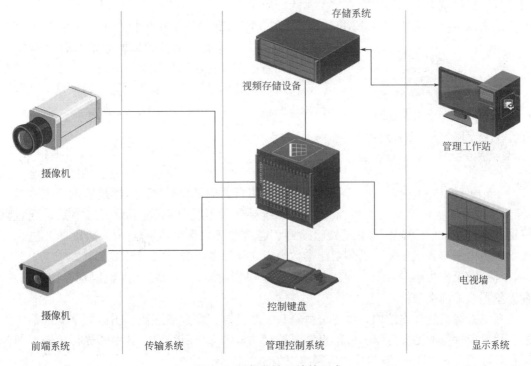

图3-1　视频监控系统的组成

视频监控系统经历了模拟视频监控系统、同轴高清监控系统及现主流的网络视频监控系统（AI视频监控）三大发展阶段。

3.1.2　视频监控系统的基础知识

现阶段视频监控系统已融合了人工智能、视频行为分析、视频网络传输、IoT大数据、生物识别技术、5G技术且逐渐被普遍应用。

视频监控系统，现阶段多为网络型，因此也被称为网络视频监控系统或者数字视频监控系统；如果结合视频人工智能分析，亦被称为网络视频分析系统、大数据AI视频监控系统等，因此其相关称呼多种多样，需要结合系统特点及系统后端而定义其名称。

无论何种视频监控系统，其均可分为3个结构/系统组成：前端系统、传输系统、终端系统。

1. 前端系统（采集系统）

前端系统，包括摄像机（或称摄像头）、镜头、云台、支架、防护罩、解码器（常用于模拟视频监控系统/设备）、辅助光源、报警探头（或称报警探测器）、拾音器、浪涌保护器、监控立杆、接地体、电源箱。

（1）摄像机（摄像头）基本结构

摄像机（监控领域常称摄像头）是视频监控系统中最为重要的关键设备，其主要通过其内部的图像传感器将被监控现场的光学图像信息转换为电信号后再经过"扫描"的方式传送给远端进行处理、显示与存储等操作（如监控器、存储器件等）。因而，摄像机性能的高低在多数情况下直接影响着整个系统的质量。

网络摄像机（又叫 IP CAMERA，简称 IPC），它是传统摄像机与网络视频技术相结合的产品，除了具备传统摄像机所有的图像捕捉功能外，还内置了数字化压缩控制器和基于 WEB 的操作系统，使得视频数据经压缩加密后，通过局域网、互联网或无线网络送至终端用户。如图 3-2 所示。

网络摄像机支持 TCP/IP、PPPOE、DHCP、UDP、MCAST、FTP、SNMP 等多种网络通信协议；支持 ONVIF 等开放互联协议。可通过浏览器或客户端软件控制网络摄像机，并通过浏览器设置网络摄像机参数，如系统参数设置、OSD 显示设置等参数；通过浏览器或客户端软件配置还可实现人脸侦测、越界侦测、区域入侵侦测、热度图、过线计数、车辆检测等智能功能，具体功能参数须以实际设备为准。

图 3-2　网络摄像机

现阶段摄像头还融入人工智能芯片，实现视频前端智能分析、人脸识别、物品识别、客流量等事件前端分析。

网络摄像机的基本结构大多都是由镜头、滤光器、感光传感器、图像数字处理器、压缩芯片、控制器网络服务器、外部报警与控制接口等部分所组成。其中感光传感器、图像数字处理器（DSP）、压缩芯片作为网络摄像机的核心元件。

网络摄像机的组成，如图 3-3 所示。

图 3-3　网络摄像机的组成

（2）摄像机的分类及选型原则

1）按照外观形状不同而区分

现阶段，按照外观形状不同，可分为枪形摄像机、半球形摄像机、全球形摄像机、一体化摄像机以及其他特形摄像机（如飞碟、针孔、防爆）等。各式各样的摄像机（以海康威视公司产品为例）如图 3-4～图 3-6 所示。

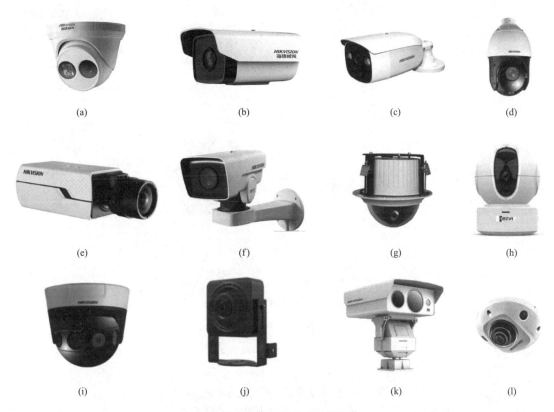

图 3-4　各类不同类别的摄像机

（a）半球形摄像机；（b）枪形（筒形）摄像机；（c）枪形摄像机（自带安装支架）；（d）球形摄像机；
（e）枪形摄像机（室内型或防水罩内安装）；（f）带云台式摄像机；（g）可内嵌入顶棚半球形摄像机（带云台）；
（h）一体化摄像机（带云台、拾音、对接一体的家用型）；（i）全景式摄像机；（j）针孔式摄像机（银行 ATM 机专用）；
（k）室外重式云台型摄像机（热成像、长距离型）；（l）飞碟形摄像机（因镜头广角效果，常用于电梯箱、公交车内）

图 3-5　按照用途不同区分的摄像机

（a）室内型摄像机；（b）室外型摄像机；（c）防爆型摄像机（不锈钢外壳）；（d）激光型摄像机森林防火

2）按照用途不同而区分

按照用途不同，可划分为室内型、室外型、防爆型、特殊领域型等。

3）按照主要功能不同而区分

按照主要功能不同，可划分为一般型、警报型、对讲型、人脸识别型、红外热成像型
及现阶段发展趋势的深度 AI 学习型摄像机（前端硬件 AI）等。

图 3-6　按照主要功能不同区分的摄像机

(a) 一般型摄像机（可实现视频采集、夜视基本功能）；(b) 警报型摄像机（支持现场报警输入、报警输出信号接入）；
(c) 对讲型摄像机（WiFi 连接，现场声音采集、扩音对讲）；(d) 人脸对比识别型摄像机（支持人脸抓拍，配合终端
　　对比识别功能，实现可控式人脸智能预警布控功能）；(e) 车辆结构化摄像机（车辆检测、车牌抓拍、颜色、
　　车型、主品牌、子品牌、年款等识别。混行检测：检测正向或逆向行驶车辆以及行人和非机动车，自动对
　　车辆牌照进行识别，抓拍无车牌的车辆图片等）；(f) 红外热成像型摄像机（有筒形、球形等；传感器为
　　氧化钒非制冷焦平面探测器，可实现实时物体温度检测、预值报警）；(g) 深度 AI 学习型摄像机（基于
　　深度学习算法，以海量大数据图片及视频资源为基础，实现人脸识别、道路智慧检测、智能事件分析等）；
　　(h) 远距离热成像型摄像机（镜头可达 $F=6\sim360$mm，夜间分辨距离可达 1000m，可透雾，用于森林
　　消防防火，长距离视频采集、边界国防、航海等）；(i) 激光测距夜视仪（镜头可达 $F=8\sim400$mm
　　融合多光谱功能，激光测距＋热成像＋高清图像）；(j) 三光夜视抗风球形转台摄像机
　　（高空瞭望。5～20km 监控距离，白天可见光成像，夜晚支持热成像，激光测距等）

4）按照镜头视角不同而区分

按照镜头视角不同，可划分为一般型焦距型（2.8mm、3.6mm、4mm、6mm、8mm）、特殊焦距型（AR 全景型）、广角焦距型（1.6mm）等。

5）摄像机的选型原则

① 半球摄像机主要应用于电梯、有吊顶光线变化不大的室内应用场合。

② 一体化摄像机最适合安装在室内监控动态范围较大的场合，也适合安装在室外监控范围中等的场合（如需监控室外 60m 半径以内的目标）。

③ 枪形摄像机可安装在室内外任何场合，但不太适合监控或安装范围较小的场合。

④ 日夜型摄像机适用于环境亮度变化较大场合，如室内外晚上灯光较弱，白天亮度

正常的场合。

（3）摄像头相关配件

镜头是摄像机的第一道关口，由多片透镜组成。其相当于人眼的晶状体，作用是将光信号（可见光与非可见光）汇聚成像到摄像机的靶面上。图 3-7 为某厂家一款具体型号的镜头外观及参数。

产品型号	SSV0358
焦距	3.5-8mm
光圈范围	F1.4-360
最小物距	0.5m
规格	1/3″
接口	CS
视角	81.9×35.0
倍数	2倍
重量	100g
变焦控制	手动
聚焦控制	手动
光圈控制	手动

图 3-7　一款具体型号镜头的外观及参数

1）镜头

① 镜头规格

摄像机镜头规格常见有 1 英寸、2/3 英寸、1/2 英寸、1/3 英寸、1/4 英寸、1/5 英寸等，它们分别对应着不同的成像尺寸，如图 3-8 所示。

图 3-8　多种规格的镜头

② 焦距、物距、像距

一般来说，一个镜头都由多组不同曲面曲率的透镜按不同间距组合而成。我们可以将其总体合成的效果看成凸透镜。平行于主光轴的光线穿过透镜时会聚到一点，这个点叫做焦点，焦点到透镜中心（即光心）的距离就称为焦距，其示意如图 3-9 所示。

焦距一般用 f 表示，通常以 mm 为单位，因此焦距又被称为镜头毫米数。物距指被监视物体到透镜光心的距离（用 u 表示）。同理，像距即是指被监视物体经过透镜后所成的像与透镜光心的距离（用 v 表示）。透镜在摄像机领域的应用中，二者与焦距间的关系即为高斯成像公式。如图 3-10 所示。

需要注意的是，由于摄像机的镜头是一组透镜的组合，其成像比较复杂，多数情况下我们将摄像机镜头光心至成像元件平面的距离称为焦距（这个值要比光学意义上的焦距值大），所以这里大家要注意与光学意义上的焦距相区别。

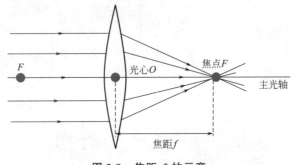

图3-9　焦距f的示意

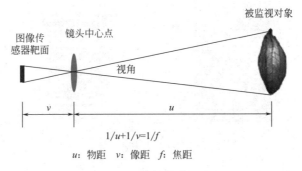

$$1/u+1/v=1/f$$

u：物距　v：像距　f：焦距

图3-10　高斯成像公式

③ 视场角、景深

视场角（又叫视角或视场）就是以镜头为顶点，以被测目标的物像可通过镜头的最大范围的两条边缘构成的夹角。如图3-11所示。其通常用FOV表示，以角度为单位，主要用来表征观察视野的范围。通俗地说，目标物体超过这个角度就不会被收在镜头里。

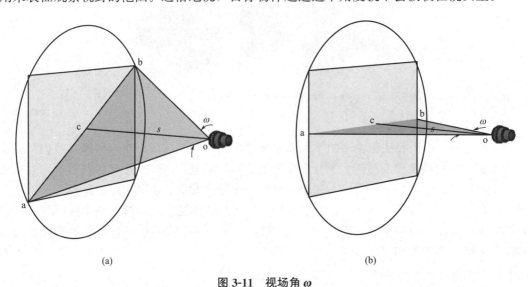

(a)　　　　　　　　　　　　　　　　(b)

图3-11　视场角ω

（a）以可视范围直径确定的视场角ω；（b）以成像幅面的长度尺寸可拍摄范围决定的视场角ω

景深（DOF）是指在摄影机镜头或其他成像器前沿能够取得清晰图像的成像所测定的

被摄物体前后距离范围。如图 3-12 所示。

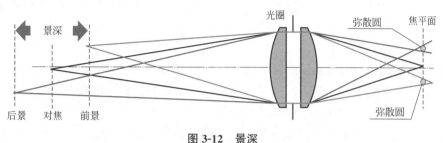

图 3-12 景深

④ 光圈

光圈（孔径光阑的俗称）是一个用来控制光线透过镜头进入机身内感光面光量的装置。它通常是在镜头内。

一般以相对孔径来度量光圈的大小，即光圈中光栅的有效孔径与焦距之比。但我们通常用光圈系数 f（相对孔径的倒数）来表示，例如：某镜头光圈的有效孔径为 25mm，镜头焦距为 50mm，则该镜头光圈的相对孔径为 1∶2，光圈系数为 $f2.0$。

一般光圈值有：$f/1.0$，$f/1.4$，$f/2.0$，$f/2.8$，$f/4.0$，$f/5.6$，$f/8.0$，$f/11$，$f/16$，$f/22$ 等，光圈的挡位设计是相邻的两挡的数值相差 1.4 倍相邻的两挡之间，透光孔直径相差 $\sqrt{2}$ 倍。

光圈 F 值越小，通光孔径越大，在同一单位时间内的进光量便越多，例如夜间等照明条件较差的环境应选择 f 数值较小的镜头。如图 3-13 所示。

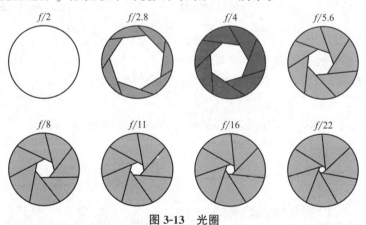

图 3-13 光圈

⑤ 滤光片

滤光片是安装在图像传感器前的一个滤镜，阻隔不需要的光波频段，保证接收的图像不会受到影响。滤光片分类：

A. 按材质分，滤光片主要有镀膜片和蓝玻璃（有色玻璃或水晶）。

B. 按功能分，监控常用的滤光片主要有以下三种：

a. 普通型滤光片——通过 380～680nm 的可见光。

b. 日夜型滤光片——配合 850nm 红外灯使用的滤光片，可通过 380～680nm 及峰值为 850nm 的极窄一段波长的红外光。

c.可移动滤光片（ICR）——一般由两片滤光片组成，一片可通过可见光，阻隔其他波段的光；另一片可通过任何波段的光。由摄像机或光敏电阻控制其切换。这种滤光片需要用带 IR 纠正的镜头来弥补其两种滤光片折射率不一致造成的失焦问题。

⑥ 接口

监控摄像机镜头与摄像机的安装方式主要有 C 型和 CS 型两种，二者区别在于镜头与摄像机的接触面至镜头的焦平面（摄像机感光元件应处的位置）的距离不同：C 型接口此距离为 17.526mm，CS 型接口此距离为 12.5mm。

一般要求镜头接口与摄像机接口要一致。C 型镜头与 CS 型接口的摄像机之间若增加一个 C-CS 转接环则可以配合使用，而 CS 型镜头与 C 型摄像机则无法配合使用。

在镜头规格及焦距一定的情况下，CS 型接口镜头的视场角将大于 C 型接口镜头的视场角。因而在目前市面上多以 CS 型接口的镜头为主。另外，还有一种 D 型接口——按照接口方式不同分为螺纹型（M12）和直插型（Φ14）。

现阶段监控摄像头大多为内嵌固定焦距镜头，如图 3-14 所示，由左往右分别是2.8mm、3，6mm、4.0mm、6mm、8mm。C-CS 转换器如图 3-15 所示。

图 3-14　固定焦距镜头（固定 M12 镜头）　　　图 3-15　C-CS 转换器

2）镜头的选用方法

了解摄像机镜头相关参数间的关系，对我们选择监控系统适合的摄像机镜头很有必要。如果镜头选择得当，对整个系统能起到画龙点睛的作用，否则整个系统可能根本满足不了使用的需求。

① 在感光元件尺寸一定的情况下，摄像机焦距与视场角的关系。如图 3-16 所示、见表 3-1。

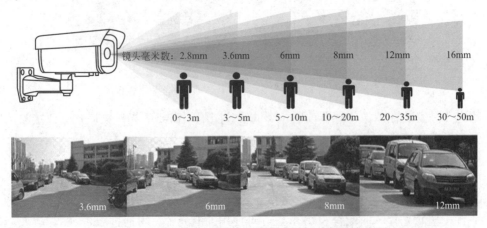

图 3-16　摄像机镜头焦距与视场角及监视距离间的关系

镜头选配表 表 3-1

镜头毫米数	2.8mm	3.6mm	6mm	8mm	12mm	16mm
建议照射距离	0-5m	0-5m	5-10m	10-20m	20-35m	30-50m
1/3 感光度	85°	75°	50°	38°	26°	20°

结论：焦距越小，所能呈现的视角越广，监视范围越大，画面中所呈现物体相对较小；反之，焦距越大，所能呈现的视角越窄，监视范围越小，画面中所呈现物体相对较大。

② 光圈、镜头及拍摄物的距离是影响景深的重要因素，其彼此间的关系如下：

A. 光圈越大（光圈值 f 越小），景深越浅；光圈越小（光圈值 f 越大），景深越深。

B. 镜头焦距越长景深越浅，反之景深越深。

C. 摄距在超焦点距离以内：主体越近，景深越浅；主体越远，景深越深。

（4）支架、云台和防护罩

1）支架

摄像机支架是用于固定摄像机的部件，根据应用环境的不同，其形状也各异。

摄像机支架一般均为小型支架，如图 3-17 所示，且均具有万向调节功能，这样摄像机的镜头可以准确地对向被摄现场。通常根据不同环境的需要常有吸顶装、吊装、墙装、壁装、立杆装、嵌入式装、墙角装、越顶装、藏线盒式、斜底座式等安装方式。

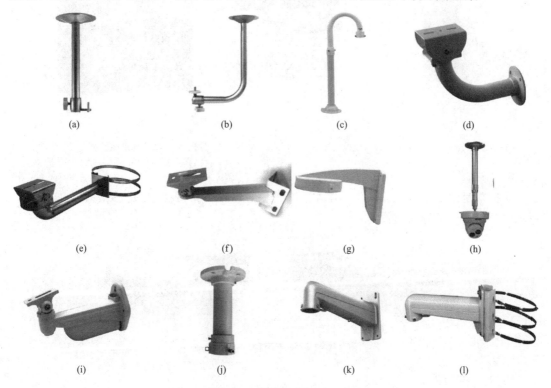

图 3-17 摄像机支架（一）

(a) 单孔螺栓 I 形支架；(b) 单孔螺栓 L 形支架；(c) U 形支架；(d) 多孔螺栓 L 形支架；(e) L 形抱箍支架；

(f) 墙角安装型支架；(g) 半球壁装支架；(h) 半球吊装支架；(i) 内藏线型支架；(j) 球机吊装支架；

(k) 球机壁装支架；(l) 球机抱箍安装支架；

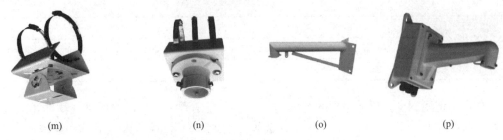

(m)   (n)   (o)   (p)

图 3-17　摄像机支架（二）

（m）抱箍安装支架（常用于交通龙门架安装摄像头）；（n）抱箍球机吊装支架；

（o）墙角球机安装支架；（p）带藏线盒壁装球机支架

2）云台

云台是承载摄像机进行水平和垂直转动的装置，如图 3-18 所示。其内装有两个电动机，一个负责水平方向的转动，另一个负责垂直方向的转动。

作用：云台可以根据需求通过转动方向更有效地监视一片区域的情况，其控制主要是由解码器和后端的控制设备通信实现的，目前常见有交流 24V 和 220V 两种。

(a)   (b)   (c)

图 3-18　云台

（a）重型室外云台；（b）室内云台（模拟监控系统常用）；（c）导轨式巡检云台（搭载球形摄像机实现巡查功能）

3）防护罩

防护罩是使摄像机在有灰尘、雨水、高低温等情况下正常使用的防护装置，如图 3-19 所示。其一般分可为两类：

图 3-19　两种不同种类的防护罩

① 通用型防护罩

A. 按安装环境可分为室内用防护罩与室外用防护罩。

室内使用：密封防尘，兼起隐蔽摄像机的作用。缓解被监视者的心理压力。

室外使用：保护摄像机不受自然环境的侵蚀，有些具有排风扇、加热板可在高温或严寒环境中为摄像机吹风降温或加热升温；有些具有雨刷及喷淋装置，如图 3-20 所示。

B. 按外形可分为枪形、球形、坡形防护罩等。

② 特殊用途防护罩

一般为全天候防护罩，具有高安全度、高防尘、防爆等功能。有些还安装有可控制的雨刷。还有些甚至有降温、加温功能（内有安装半导体元件，可自动加温与降温，并且功耗较小）。

图 3-20　带雨刮器型监控护罩

（5）解码器

在监控领域中，解码器的主要作用是接收控制中心的系统主机送来的编码控制信号，并进行解码，成为控制动作的命令信号，再控制摄像机及其辅助设备的各种动作（如镜头的变倍、云台的转动等）。解码器一般不能单独使用，需要与系统主机配合使用，如图 3-21 所示。

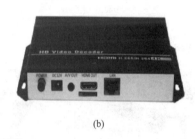

(a)　　　　(b)

图 3-21　解码器

（a）云台解码器；（b）视频上墙解码器（单路输出型）

在模拟监控系统中，解码器作为控制云台的核心设备，因现阶段数字网络监控系统居多，云台解码器现较少用；在数字监控系统中，解码器被定义成视频上墙设备，通过将网络中视频信号解码成 HDMI/VGA 等视频信号，输送至显示器或者电视墙实现显示视频画面，可类似于模拟监控系统中矩阵的视频输出功能。

（6）辅助光源

1）外部加装辅助可见光源

使用可见光照明是模拟监控常用的办法，其具有技术难度低、安装及应用快捷的优势；在数字高清监控的今天，较多的监控场所仍然沿用这种最直接最有效的办法。

2）增设非可见光源：红外光和激光。

如今红外光技术日益成熟，特别是红外 LED 灯技术的成熟，红外发光应用于摄像监控更加方便、使用寿命也更长，从而可以让摄像机不受环境照度的影响，实现 24 小时不间断监控。

红外光常采用 LED 类红外灯实现发光。LED 类红外灯分为有红暴和无红暴两类：有红暴指的是红外灯有可见红光，无红暴反之。

① 有红暴的，波长为 850nm，近距离观察，红外灯会发出暗红色的光。

② 无红暴的，波长为 940nm，红外灯表面没有任何光亮，因此更隐蔽。波长愈长，红暴愈小，甚至可达到全无红暴。

激光与红外光一样都是直接安装于摄像机上的主动式光源，且激光具有聚焦性更好的特点，成像距离也比较远，补光灯及其安装示意如图 3-22 所示。

图 3-22　补光灯及其安装示意

（7）摄像机供电方式

电源为摄像机提供电力，常见的监控电源有：独立电源（如 12V2A、12V3A 等小功率型）及集中开关电源（为多路摄像头提供电源），如图 3-23 所示。

(a)　　　　　　　　　　(b)　　　　　　　　　　(c)

图 3-23　摄像机电源

（a）电源（独立式 12V2A）；（b）集中式开关电源（12V20A）；（c）带熔断器保护的集中供电器

1）交流和直流电源供电

不同摄像机采用的电源有所不同，有：5VDC、9VDC、12VDC；24VAC、110VAC、220VAC 电压等级；也可采用网线 POE 供电。现阶段常使用 DC 模式供电接口，如图 3-24 所示。

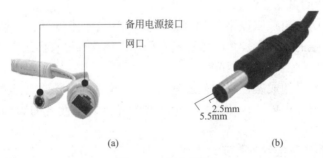

备用电源接口
网口

2.5mm
5.5mm

(a)　　　　　　　　　　(b)

图 3-24　供电接口

（a）摄像机常见接口；（b）DC 5.5×2.5mm 插孔电源母头

2）POE 供电

POE（Power Over Ethernet）指的是在现有的以太网 Cat.5/Cat.5e 布线基础架构不

作任何改动的情况下，在为一些基于 IP 的终端（如 IP 电话机、无线局域网接入点 AP、网络摄像机等）传输数据信号的同时，还能为此类设备提供直流供电的技术，POE 供电线序，如图 3-25 所示。

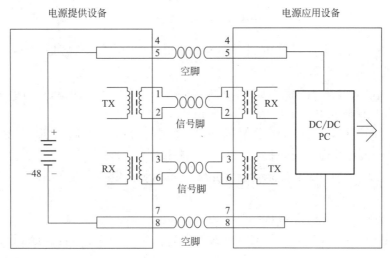

图 3-25　POE 供电线序

POE 早期应用没有标准，采用空闲供电的方式。现阶段 POE 拥有以下 2 种供电标准：

① IEEE802.3af 供电标准

IEEE802.3af（15.4W）成了首个 POE 供电标准，规定了以太网供电标准，是 POE 应用的主流供电标准。

② IEEE802.3at 供电标准

IEEE802.3at（25.5W）应大功率终端的需求而诞生，在兼容 802.3af 的基础上，提供更大的供电需求。为了遵循 IEEE802.3af 规范，受电设备（PD）上的 POE 功耗被限制为 12.95W，这对于传统的 IP 电话以及网络摄像头而言足以满足需求，但随着双波段接入、视频电话、PTZ 视频监控系统等高功率应用的出现，13W 的供电功率显然不能满足需求，这就限制了以太网电缆供电的应用范围。

两种 POE 标准供电特性参数　　　　　　　　　　　　　　　表 3-2

类别	802.3af(POE)	8023.at(POE plus)
分级	0~3	0~4
最大电流	350mA	600mA
PSE 输出电压	44~57VDC	50~57VDC
PSE 输出功率	≤15.4W	≤30W
PD 输入电压	36~57VDC	42.5~57VDC
PD 最大功率	12.95W	25.5W
供电线缆	2	2

当在一个网络中布置 POE 供电端设备时，POE 以太网供电流程如图 3-26 所示。

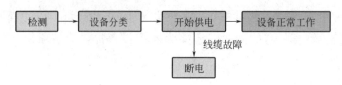

图 3-26 POE 供电流程图

步骤 1：检测：一开始，POE 设备在端口输出很小的电压，直到其检测到线缆终端的连接为一个支持 IEEE802.3af 标准的受电端设备。

步骤 2：PD 端设备分类：当检测到受电端设备 PD 之后，POE 设备可能会为 PD 设备进行分类，并且评估此 PD 设备所需的功率损耗。

步骤 3：开始供电：在一个可配置时间（一般小于 $15\mu s$）的启动期内，PSE 设备开始从低电压向 PD 设备供电，直至提供 48V 的直流电源。

步骤 4：供电：为 PD 设备提供稳定可靠 48V 的直流电，满足 PD 设备不越过 15.4W 的功率消耗。

步骤 5：断电：若 PD 设备从网络上断开时，PSE 就会快速地（一般在 300～400ms 之内）停止为 PD 设备供电，并重复检测过程以检测线缆的终端是否连接 PD 设备。

现阶段中，摄像头、无线 AP 等支持 POE 供电的设备，因为考虑安全性、稳定性，大多数设备均采用标准的 POE 供电标准。如某款摄像机产品介绍中，见表 3-3。该摄像机支持 12V DC 供电，同时也支持基于 802.3af 标准的 POE 供电，摄像头最大功率为 7W。

某款摄像机产品参数   表 3-3

电源供应	12V DC±25％/POE(802.3af)；带 D 型号不支持 POE
摄像头功耗	非 POE：5.5W MAX；POE：7W MAX

网络视频监控系统中常采用星型和树型结构，如图 3-27 所示。

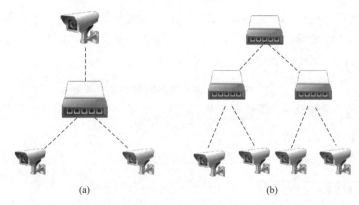

(a)   (b)

图 3-27 星型和树型结构是组网常见拓扑（组网简单灵活）

(a) 星型；(b) 树型

现市场上出现基于 POE 技术的手拖手的供电结构（链式组网技术），如图 3-28 所示。因链路中，"一线通"的风险，该技术方案在电路设计上采用了系统和供电分解耦合，

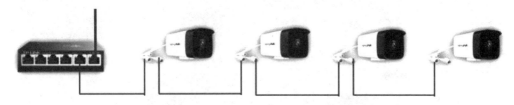

图 3-28　摄像机链式组网技术示意图

实现数据传输与供电二者互相不影响。供电仅仅是底层硬件物理连接，即使某一摄像机死机、无法启动，也不影响 POE 模块的独立运行。工作原理如图 3-29 所示。

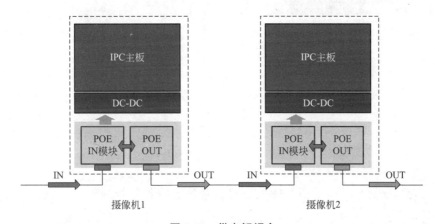

图 3-29　供电解耦合

2. 传输系统

在监控系统中，监控图像的传输是整个系统的一个至关重要的环节，选择何种介质和设备传送图像和其他控制信号将直接关系到监控系统的质量和可靠性。传输系统传输的内容包括：视/音频信号、控制信号及电源。通常由传输线路和传输设备两部分组成。

（1）传输线路-物理介质

主要有同轴电缆、双绞线、光纤、WiFi 及微波等。详细介绍见项目 5。

（2）传输线路-电源传输

用于传输电源的线缆有 RVV、BV 等。详细介绍见项目 5。

（3）传输线路-无线传输

无线传输是指利用无线技术进行数据传输的一种方式。

无线视频传输作为一个特殊使用方式也逐渐被广大用户看好。其安装方便、灵活性强、性价比高等特性使得更多行业的监控系统采用无线传输方式，建立被监控点和监控中心之间的连接。无线监控技术已经在现代化交通、运输、水利、航运、铁路、治安、消防、边防检查站、森林防火、公园、景区、厂区、小区等领域得到了广泛的应用。如图 3-30 所示。

传输设备主要有同轴视频放大器、双绞线传输器、视频光端机、光纤收发器、网络交换机、无线 AP 等。

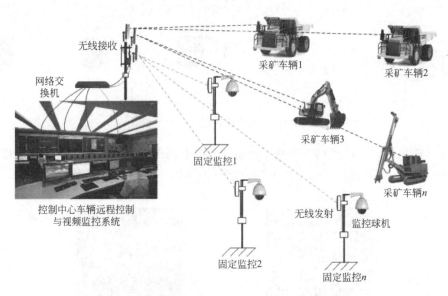

图 3-30　无线视频传输在采矿行业上的应用

（4）传输设备-同轴视频放大器

用来放大视频信号，以增强视频的亮度、色度、同步信号的传输装置，如图 3-31 所示。其特点有：

图 3-31　同轴视频放大器

① 解决远程传输：可使视频同轴电缆传输距离由几百米有效扩展到 3000 米。

② 恢复图像质量：按广播级失真度要求，有效地恢复视频特性和图像质量。

③ 提高图像质量：运用轮廓增强和高频提升功能，可使近程图像更加完美。

④ 方便实用：采用末端补偿方式，无前端、无中继，全程可调。

（5）传输设备-双绞线传输器（模拟视频信号传输）

双绞线传输器一般是指利用网线来传输视频的设备，如图 3-32 所示。

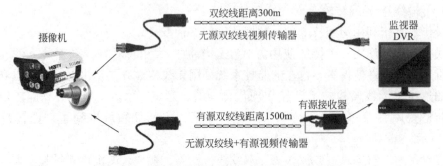

图 3-32　基于双绞线传输器的视频监控传输示意

工作原理：双绞线传输利用差分传输原理，在发射端将视频信号变换成幅度相等、极性相反的视频信号，通过双绞线传输后，在接收端将二个极性相反的视频信号相减变成通常的视频信号，故能有效地抑制共模干扰，即使在强干扰环境下，其抗干扰能力远比同轴电缆好，而且通过对视频信号的处理，其传输的图像信号也比同轴电缆清晰。

需要注意的是，传输距离超过1km或者结合工程实际造价情况，如果采用有源传输线传输几公里的系统结构，在经济方面及系统稳定性会较差，所以一般会采用光纤传输，因为光纤长距离及带宽均优于双绞线。

双绞线传输器可用于传输模拟视频信号，也可以传输SDI高清视频信号，两种类型双绞线传输器不能通用，需要区别对待。常见的双绞线传输器如图3-33所示。

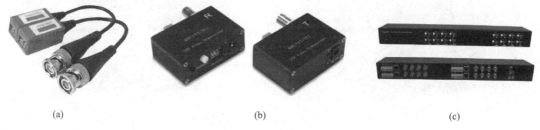

(a)   (b)   (c)

图3-33 常见的双绞线传输器

(a) 单路无源双绞线传输器（无源可传输300m）；(b) 有源双绞线传输器（单路，可传输 TVI/CVI/AHD 视频信号，其中 R 代表接收端，T 代表发射端）；(c) 机架式多路双绞线传输器（有源可传输2km）

（6）传输设备-光端机（模拟视频信号、SDI高清信号传输）

光端机是原模拟监控系统中常见的一种信号传输设备，其可将视频信号转换成光信号，实现远距离、抗干扰传输。

结合现技术发展，常见的光端机可分为BNC信号光端机、VGA信号光端机、HDMI信号光端机等，监控领域中常见的BNC信号光端机如图3-34所示。

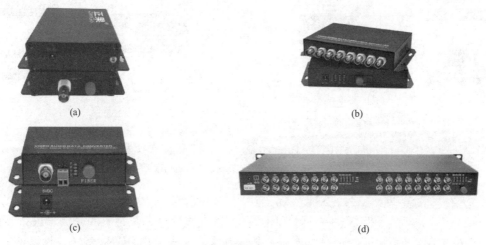

(a)   (b)

(c)   (d)

图3-34 常见的光端机（一）

(a) 单路纯视频信号光端机（传输 BNC 接口视频信号）；(b) 多路光端机（8路，配光纤 FC 接口）；
(c) 反向数据光端机（可传输 RS485 控制信号）；(d) 机架式光端机（32路视频信号）

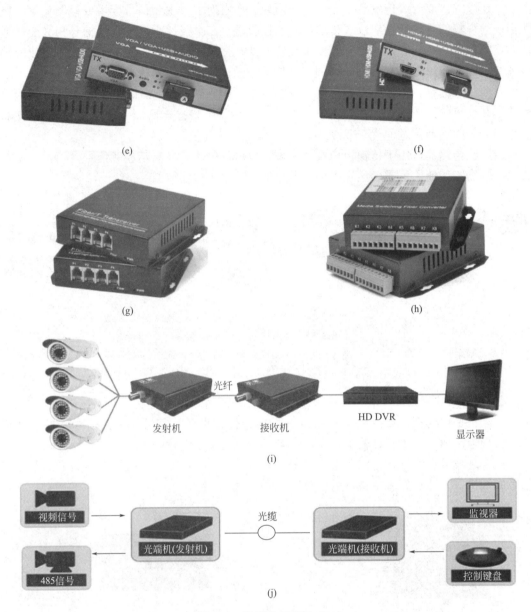

图3-34 常见的光端机（二）

（e）VGA信号光端机（传输VGA视频信号，兼顾音频传输，光纤SC接口）；

（f）HDMI信号光端机（基于单纤SC接口传输HDMI信号）；（g）语音信号光端机（四路RJ11接口信号）；

（h）开关量信号光端机（传输通断型开关量信号）；（i）基于光端机传输视频信号的视频监控系统示意图

（7）传输设备-网络信号光纤收发器

网络信号光纤收发器，是一种将短距离的双绞线电信号和长距离的光信号进行互换的以太网传输媒体转换单元，也被称之为光电转换器，其分类具有多种多样，收发器需要1对配套使用，具体可按照以下标准分类：

1）按照光纤数量不同，可分为单纤、双纤；

2）按照光纤模式不同，可分为单模、多模；

3）按照光纤接口不同，可分为 SC 接口型、FC 接口型、LC 接口型等；

4）按照传输速率不同，可分为百兆、千兆及万兆。

光纤收发器一般应用在以太网电缆无法覆盖、必须使用光纤来延长传输距离的实际网络环境中，同时在帮助把光纤最后一公里线路连接到城域网和更外层的网络上也发挥了巨大的作用。常见的光纤收发器，如图 3-35 所示。

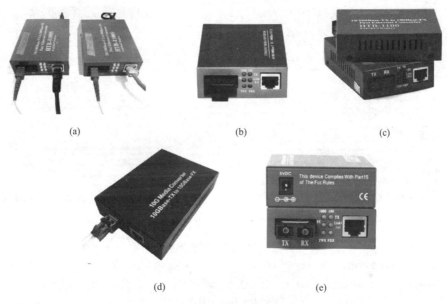

图 3-35 光纤收发器

(a) 单模单纤收发器（SC 光纤接口，百兆）；(b) 单模双纤收发器（2 个 SC 接口，千兆）；(c) 多模单纤收发器；
(d) 万兆双纤（LC 接口）收发器；(e) 多模双纤收发器（TX 代表发射纤，RX 代表接收纤）

（8）传输设备—以太网交换机

以太网交换机是基于以太网传输数据的交换机，以太网采用共享总线型传输媒体方式的局域网。以太网交换机的结构是不仅每个端口都直接与主机相连，并且一般都工作在全双工方式。交换机能同时连通许多对端口，使每一对相互通信的主机都能像独占通信媒体那样，进行无冲突地传输数据。

1）以太网交换机的分类

按照现在复杂的网络构成方式，分为接入层交换机、汇聚层交换机和核心层交换机；按照传输速率不同，可分为百兆交换机、千兆交换机、万兆交换机；按照是否输出电源，可分为 POE 交换机、数据交换机。如图 3-36 所示。

2）主要参数

① 传输速度

交换机的传输速度是指交换机端口的数据交换速度。目前常见的有 100Mbps、1000Mbps 等几类。除此之外，还有 10GMbps 交换机。

100Mbps/1000Mbps 自适应交换机适合工作组级别使用，10GMbps 的交换机主要用在核心等骨干网络上。

② 背板带宽

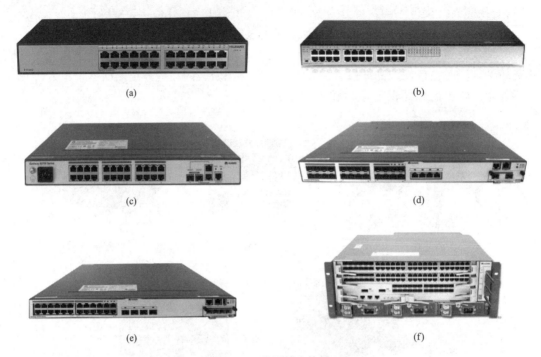

图 3-36 常见的交换机

(a) 24 口百兆交换机；(b) POE 交换机（24 口全千兆 POE，向外输出以太网供电）；(c) 带光口
千兆接入万兆汇聚交换机；(d) 光口交换机（万兆上联）；(e) 三层全千兆核心可扩展交换机；
(f) 万兆核心交换机（模块化、冗余电源）

交换机的背板带宽，是交换机接口处理器或接口卡和数据总线间所能吞吐的最大数据量。背板带宽展现了交换机总的数据交换能力，单位为 Gbps，也叫交换带宽，一般的交换机的背板带宽从几 Gbps 到上百 Gbps 不等。一台交换机的背板带宽越高，所能处理数据的能力就越强，但同时设计成本也会越高。

只有模块交换机（拥有可扩展插槽，可灵活改变端口数量）才有这个背板带宽概念，固定端口交换机是没有这个概念的，并且固定端口交换机的背板容量和交换容量大小是相等的。

③ 包转发率

包转发率标志了交换机转发数据包能力的大小。单位一般为 pps（包每秒），一般交换机的包转发率在几十 Kpps 到几百 Mpps 不等。包转发速率是指交换机每秒可以转发多少百万个数据包（Mpps），即交换机能同时转发的数据包的数量。包转发率以数据包为单位体现了交换机的交换能力。

其实决定包转发率的一个重要指标就是交换机的背板带宽，背板带宽标志了交换机总的数据交换能力。一台交换机的背板带宽越高，所能处理数据的能力就越强，也就是包转发率越高。

④ MAC 地址表

交换机之所以能够直接对目的节点发送数据包，而不是像集线器一样以广播方式对所有节点发送数据包，最关键的技术就是交换机可以识别连在网络上的节点的网卡 MAC 地址，并把它们放到一个叫做 MAC 地址表的地方。这个 MAC 地址表存放于交换机的缓存中，并记住这些地址，这样一来当需要向目的地址发送数据时，交换机就可在 MAC 地址表中查找这个 MAC 地址的节点位置，然后直接向这个位置的节点发送。所谓 MAC 地址数量是指交换机的 MAC 地址表中可以最多存储的 MAC 地址数量，存储的 MAC 地址数量越多，那么数据转发的速度和效率也就越高。

但是不同档次的交换机每个端口所能够支持的 MAC 数量不同。在交换机的每个端口，都需要足够的缓存来记忆这些 MAC 地址，所以缓存容量的大小就决定了相应交换机所能记忆的 MAC 地址数多少。通常交换机只要能够记忆 1024 个 MAC 地址基本上就可以了，而一般的交换机通常都能做到这一点，所以如果对网络规模不是很大的情况下，这个参数无需太多考虑。当然越是高档的交换机能记住的 MAC 地址数就越多，这在选择时要视所连网络的规模而定。

⑤ VLAN

VLAN，是英文 Virtual Local Area Network 的缩写，中文名为"虚拟局域网"，VLAN 是一种将局域网（LAN）设备从逻辑上划分（注意：不是从物理上划分）成一个个网段（或者说是更小的局域网 LAN），从而实现虚拟工作组（单元）的数据交换技术。

VLAN 这一技术主要应用于交换机和路由器中，但目前主流应用还是在交换机之中。不过不是所有交换机都具有此功能，只有三层以上交换机才具有此功能，这一点可以查看相应交换机的说明书即可得知。VLAN 的好处主要有三个：

（1）端口的分隔。即便在同一个交换机上，处于不同 VLAN 的端口也是不能通信的。这样一个物理的交换机可以当作多个逻辑的交换机使用。

（2）网络的安全。不同 VLAN 不能直接通信，杜绝了广播信息的不安全性。

（3）灵活的管理。更改用户所属的网络不必换端口和连线，只更改软件配置就可以了。

VLAN 技术的出现，使得管理员根据实际应用需求，把同一物理局域网内的不同用户逻辑地划分成不同的广播域，每一个 VLAN 都包含一组有着相同需求的计算机工作站，与物理上形成的 LAN 有着相同的属性。由于它是从逻辑上划分，而不是从物理上划分，所以同一个 VLAN 内的各个工作站没有限制在同一个物理范围中，即这些工作站可以在不同物理 LAN 网段。由 VLAN 的特点可知，一个 VLAN 内部的广播和单播流量都不会转发到其他 VLAN 中，从而有助于控制流量、减少设备投资、简化网络管理、提高网络的安全性。VLAN 除了能将网络划分为多个广播域，从而有效地控制广播风暴的发生，以及使网络的拓扑结构变得非常灵活的优点外，还可以用于控制网络中不同部门、不同站点之间的互相访问。

3. 显示系统

显示系统可由一台或多台监视器组成。它的功能是将其他设备传送来的图像最大限度真实地显示出来。图像的重现主要靠显像器件将图像电信号还原成图像光信号，完成电-光转换。

监视器和显示器，为不同的概念，相同之处是都可以显示画面，实现人机显示。不同点有：

监视器是为了满足 24×7 而设计出来的、专业用于监控系统显示的设备，具备全天候运行、多视频接口（一般支持 VGA、BNC、HDMI、音频输入输出等接口）、多音频接口的专业化显示器，具备抗磁、防雷等专业功能。

显示器常指电脑配置的显示设备，接口较少，不具备抗磁、24×7工作模式特点。

随着显示技术的发展，部分显示器的接口数量、显示效果可满足小型的视频监控系统的显示需求。显示器因其价格低，常被用于小型视频监控系统中。

（1）单一屏体（监视器）

监视器，按显像原理划分，可分为CRT监视器和液晶监视器。

1）CRT监视器：2000年前后，随着安防监控行业的发展，常用专业CRT监视器实现监控画面显示。根据尺寸不同，可分为14英寸、15英寸、25英寸等。现阶段，CRT监视器已经退出市场。

2）液晶监视器：具备超薄超轻特点，使用方便、美观、能耗低、无辐射、节能环保等优点。

液晶显示器的分类：按尺寸分：小型、中型和大型三种：小型一般包括17英寸，19英寸，20英寸；中型包括：22英寸，26英寸，32英寸，37英寸，40英寸，42英寸，46英寸；大型包括：52英寸，55英寸，70英寸，82英寸等更大尺寸。按液晶屏的显示特点分：普通和高亮、普通和高分辨率等。如图3-37所示。

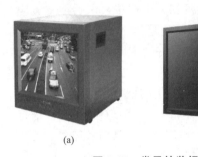

(a) (b)

图 3-37　常见的监视器

（a）CRT监视器；（b）液晶监视器

（2）大屏幕拼接

目前采用的大屏幕拼接墙主要有LCD（液晶）、DLP（背投）、PDP（等离子）三种，大屏幕拼接已经为各种大型集中监控指挥中心的大面积、高清晰、多画面的大型终端显示系统的标配，如图3-38所示。

图 3-38　大屏幕拼接显示在公安系统的应用

（3）监视器常见接口

1）BNC接口

BNC接口是常见的同轴视频线接口，有传送距离长、信号稳定的优点。BNC接口能把视频中 R、G、B 三基色的输入信号分开传输，使它们相互独立，可最大限度避免干扰。目前主要用于模拟视频、音频信号的采集及输出。如图 3-39 所示。

2）VGA 接口

VGA 接口（Video Graphics Array，视频图形阵列）又称为 D-SUB 接口，VGA 接口是计算机显卡上应用较为广泛的接口类型，如图 3-40 所示。

VGA 接口将视频信号分解为 R、G、B 三原色进行传输，不存在亮色串扰问题；支持多种图像分辨率规格，可以支持 1080P 信号；传输的信号为模拟信号，无音频传输通道，音频需单独线缆传输。

图 3-39 BNC 接口

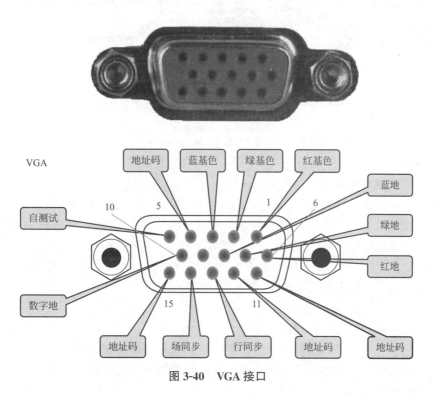

图 3-40 VGA 接口

3）DVI 接口

DVI 接口（Digital Visual Interface，数字视频接口），其特点有：基于 TMDS 技术来传输数字信号传输速度快、图像更清晰；传输距离可达 15m；不支持传输音频信号。DVI 接口有两种常见的接口：DVI-D、DVI-I。如图 3-41 所示。

应用场合：高清设备显示，尤其是计算机的图形显示。

4）HDMI 接口

HDMI 接口（High Definition Multimedia，高清多媒体接口）的特点有：基于 TMDS 技术传输数字信号传输带宽高，可同时传输无压缩音频和高分辨率视频信号；在一根线缆上同时传输视音频信号，大大简化布线；在针脚上和 DVI 接口兼容；支持 HDCP，可避

图 3-41　DVI 接口

（a）DVI-D接口；（b）DVI-I接口

免内容非法拷贝。如图 3-42 所示。

图 3-42　HDMI 接口

应用场合：广泛应用于显示器、电视、投影仪等，为现阶段主流视频接口。

4. 管理控制系统

在中小型视频监控系统中，能见到数字硬盘录像机（DVR）或网络硬盘录像机（NVR）的身影，大型视频监控系统采用 VMS（视频管理平台）。

（1）数字硬盘录像机

数字硬盘录像机（Digital Video Recorder，简称 DVR），即数字视频录像机，相对于传统的模拟视频录像机，采用硬盘录像，故常被称为硬盘录像机，也被称为 DVR。它是一套进行图像存储处理的计算机系统，具有对图像/语音进行长时间录像、录音、远程监视和控制的功能，DVR 集合了录像机、画面分割器、云台镜头控制、报警控制、网络传输五种功能于一身。但现阶段，DVR 已经慢慢退出市场。

（2）网络硬盘录像机

随着网络技术的发展，网络视频录像机（Network Video Recorder，简称 NVR）已是现阶段市场的宠儿，它是网络视频的监控系统，集网络音视频解码显示、存储、转发、报警处理、报警输出、人脸识别、视频分析、联动报警等于一身的视频终端设备。

NVR 的功能：分为显示、录像、转发、报警处理、视频分析、远程视控及综合联动控制。现阶段，NVR 是中小型视频监控系统的主流设备。常见主机如图 3-43 所示。

网络硬盘录像机分类可按照以下标准进行分类：

1）按照能接入摄像头路数，可分为：4 路、8 路、16 路、32 路、64 路 NVR 等。

2）按照是否支持 POE 输出，可分为：POE 型和非 POE 型。

3）按照能硬盘安装数，可分为单盘位、双盘位、4 盘位、8 盘位、16 盘位、32 盘位等。

3-1
硬盘录像
机的设备
安装原理
与连线图

4）按照是否支持报警输入及报警输出，可分别警报型、非警报型。一般小路数 NVR 不具备报警输入及输出，大路数 NVR 基本上都具备报警输入输出功能。

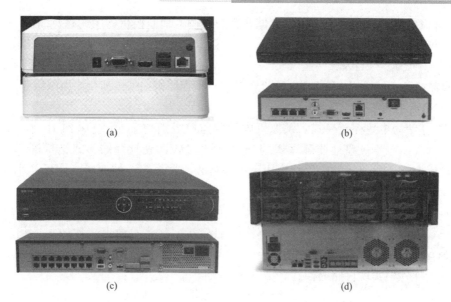

(a)

(b)

(c)

(d)

图 3-43   常见主机

(a) 4 路 NVR 主机（1U 高度，非 POE，单盘位）；(b) 4 路 NVR 主机（1U 高度，4 口 POE，双盘位）；
(c) 16 路 NVR 主机（2U 高度，16 口 POE，4 盘位）；(d) 64 路 NVR 主机（8U 高度，16 盘位）

（3）网络数字矩阵

网络视频监控系统中，常用网络解码器（亦称网络视频矩阵）实现视频画面上墙显示功能，同时配合网络控制键盘或者控制软件，可实现视频画面切换、球机控制等功能，其作用类似于模拟视频监控的矩阵，常见解码器如图 3-44 所示。

(a)

(b)

(c)

图 3-44   常见解码器

(a) 单路视频解码器；(b) 多路视频解码器；(c) 大路数网络数字矩阵

视频解码是视频编码的逆过程，网络视频解码器的工作与网络视频编码器的工作正相反，与编码有硬编码和软编码相同，视频解码也有硬解码和软解码之分。硬解码通常由DSP 完成，软解码通常由 CPU 完成。

5. 存储系统

存储系统是为监控点提供存储空间和存储服务的系统，是为用户提供录像检索与点播的系统。

对于网络视频监控系统，可采用前端存储、中心存储、客户端存储三种方式：

1）前端存储：就是将视频录像存储在摄像机内存卡中。

2）中心存储：是将视频录像存储在中心平台的录像服务器所支持的硬盘阵列中或者是网络存储所支持的磁盘阵列中。

3）客户端存储：是将视频录像存储在客户端浏览地监控机器中的磁盘。

目前视频监控的存储技术有硬盘录像机（NVR）硬盘存储、直接式存储（DAS）、网络附加存储（NAS）、存储区域网络（SAN）等，各有利弊。视频监控系统主要包括本地存储和网络存储两种存储模式，除 NVR 硬盘存储为本地存储模式外，其余均为网络存储模式。

（1）NVR 存储

NVR 存储为本地存储模式，录像机内设置监控级别硬盘（可 7×24 小时存储及读取的硬盘），NVR 根据硬盘地址顺序规划逻辑盘符。NVR 硬盘存储方式结构简单、设备便宜、维护成本低，目前较为广泛地应用于小型视频监控系统，如商店、商场、小区等监控点位较少的场合。

（2）DAS 存储

DAS（Direct Attached Storage，直接附加存储）存储架构出现比较早，指将存储设备通过 SCSI 接口或光纤通道直接连接到一台计算机上，是通过硬盘录像机或服务器，直接连接磁盘阵列柜实现存储的模式，如图 3-45 所示。

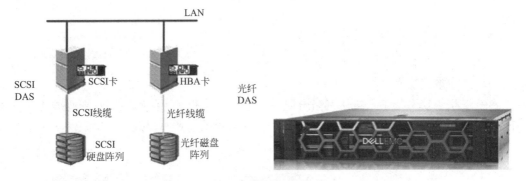

图 3-45　DAS 存储结构示意图及基于 DAS 的存储器

（3）NAS 存储

NAS（Network Attached Storage，网络附加存储）是一种将分布、独立的数据整合为大型、集中化管理的数据中心的技术，其服务器与存储之间的通信使用 TCP/IP 协议，以便于对不同主机和应用服务器进行访问。简单来说，NAS 拥有独立嵌入式操作系统，通过网线连接的磁盘阵列（RAID），不需要依靠任何其他主机设备，可以无需服务器直接上网。如图 3-46 所示。

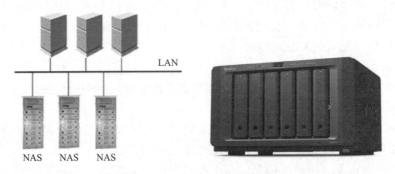

图 3-46　NAS 存储结构示意图及基于 NAS 的网络存储服务器

（4）SAN 存储

SAN（Storage Area Network，存储区域网络），是一种与局域网分离的专用网络，它将几种不同的数据存储设备和相关联的数据服务器都连接起来，是一个连接了一个或者几个服务器的存储子系统网络，具有高带宽和高性能，很好的扩展性，对于数据库环境、数据备份和恢复存在巨大的优势。SAN 是独立出一个数据存储网络，网络内部的数据传输率很快。如图 3-47 所示。

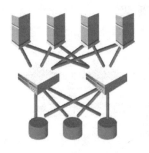

3-2
监控中心
设备的工
作原理

图 3-47   SAN 存储结构示意图及基于 SAN 的存储器

任务 3.2 系统工程识图

3.2.1   识图基本知识

一套完整的视频监控系统施工图，主要由图纸目录、设计说明、系统图、平面图和相关设备的控制电路图等组成，所有这些图都是用图形符号加文字标注及必要的说明绘制出来的，均属于简图之列。图纸的主要内容及作用见表 3-4。

图纸的主要内容及作用   表 3-4

施工图内容	说明
图纸目录	包括每张图纸的名称、内容和图纸编号等，表明该工程施工图由哪几个专业的图纸及哪些图纸所组成，以便查找
设计说明	主要说明工程的概况和要求，内容一般应包括：设计依据（如设计规模建筑面积以及有关的地质、气象资料等）、施工要求（如施工技术、材料、要求以及采用新技术、新材料或有特殊要求的做法说明）等
系统图	主要反映系统的组成及设备间的相互连接关系，体现整个系统的构架，明确信号线、电源线的线型线制，明确表示各楼层以及控制室之间的设备关系、系统层级、以及供电方式、信号的汇聚方式等
平面图	主要反映设备平面布置、线路走向、敷设部位、敷设方式及导线型号、规格和数量等
相关设备的控制电路图	特殊设备的接线原理图等
其他	如存储要求、设备机柜安装示意图等

在深化设计阶段，结合项目需要，配备：安装图、装配图、接线图（机柜、设备端接线等）、线缆表等设计文件，其中：

（1）安装图：表示设备的安装方法，对安装部件的各部位均有具体图形和详细尺寸的标注。

（2）装配图：表示机器或部件的工作原理、运动方式、零件间的连接及其装配关系的图样。

（3）接线图：是根据设备和元器件的实际位置和安装情况绘制的，只用来表示设备和元器件的位置、配线方式和接线方式，而不明显表示其工作原理。主要用于安装接线、线路的检查维修和故障处理。

3.2.2 图例介绍

视频监控系统系统图，可体现出整个系统中各设备的相互关系、连接拓扑，同时可体现出整体的链路、线缆规格，标准的图例可让技术人员快速掌握系统的结构、原理、线缆用线等。

视频监控系统系统图中常包括：图例、线缆线规、敷设方式等。见表3-5。

某视频监控系统设备安装图例　　　　　　　　　　表 3-5

序号	图例	设备名称	数量	备注
1	CRT	监视器	2	机柜内安装/壁装,详见机柜设备安装示意图
2	NVR	NVR 硬盘录像机	1	机柜内安装,详见机柜设备安装示意图
3		网络红外半球摄像机	1	吸顶安装
4	WD	红外点阵筒型摄像机(方筒型)	1	壁装,具体安装位置详见安装大样图
5		网络高速球摄像机	1	壁装,具体安装位置详见安装大样图
6		红外筒型摄像机(圆筒型)	1	壁装,具体安装位置详见安装大样图
7		声光报警器	1	壁装,具体安装位置详见安装大样图
8	Z	震动探测器	1	壁装,具体安装位置详见安装大样图

1. 推荐性标准图例

根据《安全防范系统通用图形符号》GA/T 74-2017 的规定，列出视频监控系统设备图形符号。见表3-6。

相关图例 表 3-6

序号	图例	名称	序号	图例	名称
1		标准镜头	6		室外防护罩
2		广角镜头	7		门磁开关
3		自动光圈镜头	8		云台
4		自动光圈电动聚焦镜头	9		半球形摄像机
5		彩色摄像机			

注：虚线代表摄像机体

2. 识图基本方法

视频监控系统施工图识图步骤参考有：

（1）阅读设计说明

平面图常附有设计或施工说明，以表达图中无法表示或不易表示，但又与施工有关的问题。有时还给出设计所采用的非标准图形符号。通过阅读设计说明，可了解建筑物的基本情况，如房屋结构、房间分布与功能等。管线的敷设及设备安装与房屋的结构有直接关系。

（2）系统图识图

掌握全体设备结构关系，线缆规格等。

（3）平面图识图

平面图是施工单位用来指导施工的依据，也是施工单位用来编制施工方案和编制工程预算的依据。而设备的具体安装图却很少给出，这只能通过阅读安装大样图（国家标准）来解决，所以阅读平面图和阅读安装大样图应相互结合起来。

识图的过程中，可侧重掌握：

1）摄像机、立杆、箱体、矩阵主机、硬盘录像机、显示设备等在建筑物内的分布及安装位置。

2）各类设备的型号、规格、性能、特点和对安装技术要求，如摄像机距地的高度等。

3）线路的走线及连接情况。

4）设备连接关系。

平面图只表示设备和线路的平面位置而很少反映空间高度。但是我们在阅读平面图时，必须建立起空间概念。这对预算技术人员特别重要，可以防止在编制工程预算时，造成垂直敷设管线的漏算。

（4）相互对照、综合看图

为了避免视频监控系统设备及其线路与其他建筑设备及管路在安装时发生位置冲突，在阅读视频监控系统平面图时要对照阅读其他建筑设备安装工程施工图，同时还要了解规

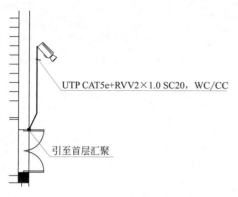

UTP CAT5e+RVV2×1.0 SC20，WC/CC

引至首层汇聚

图 3-48 某摄像机安装平面图

范的要求。

3. 识图案例分析示例

施工平面图是施工过程的空间组织的图解形式，用于全面平面展示相关建筑平面、设备布置、设备点位、设备走线等相关信息，在建筑施工中扮演不可替代的角色。建筑智能化施工平面图，常以建筑楼层为单位，分层展现出相关图纸，同时部分项目可采用区域重点施工内容为导线，逐个区域展开。如图 3-48 所示。

从该平面图中，可获取信息：该摄像机为枪形摄像机，施工线缆为非屏蔽超五类双绞线进行（UTP CAT5e）网络视频信号传输，供电采用 RVV2×1.0 线缆，穿 $\phi 20$ 的金属电线管（SC20），沿墙面暗敷（WC）或吊顶内暗敷设（CC），并引至首层汇聚。

设计说明中，常有线型说明，如图 3-49 所示。

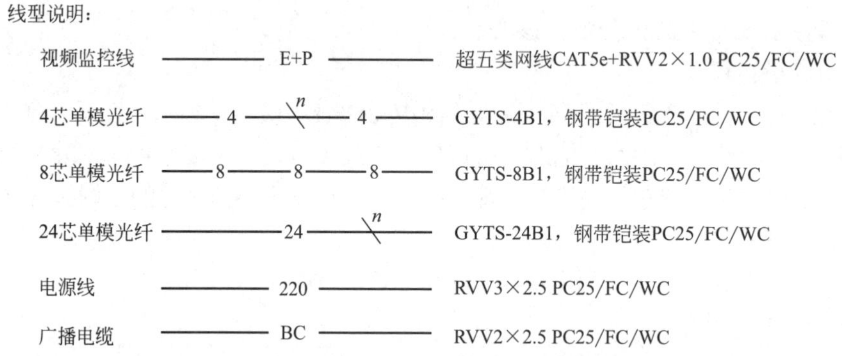

线型说明：

视频监控线	—— E+P ——	超五类网线CAT5e+RVV2×1.0 PC25/FC/WC
4芯单模光纤	—— 4 —/n— 4 ——	GYTS-4B1，钢带铠装PC25/FC/WC
8芯单模光纤	—— 8 — 8 — 8 ——	GYTS-8B1，钢带铠装PC25/FC/WC
24芯单模光纤	———— 24 —/n—	GYTS-24B1，钢带铠装PC25/FC/WC
电源线	—— 220 ——	RVV3×2.5 PC25/FC/WC
广播电缆	—— BC ——	RVV2×2.5 PC25/FC/WC

图 3-49 某工程项目建筑智能化系统线型说明

该线型体现出了各类线缆的线型、线缆图形、标识、敷设敷设等，为后续识图平面图提供基础。

任务 3.3 设备及管线质量控制

3.3.1 设备认知及选择

1. 网络高速球摄像机：DS-2DE6TH13IY-KHV

网络高速球摄像机是集成了视音频采集、智能编码压缩及网络传输等多种功能的数字监控产品。采用嵌入式操作系统和高性能硬件处理平台，具有较高稳定性和可靠性，满足多样化行业需求。如图 3-50 所示。

本赛项网络高速球摄像机采用 24V AC 电源供电，同时兼容 24V DC。如图 3-51 所示。

2. 红外外点阵筒形摄像机（方筒形）：DS-2CD2TH13WD-KHV

红外点阵筒形摄像机（方筒形），亦称为枪形摄像机（设备外观），采用支持 POE 及 12V DC 供电。该方筒形摄像机的安装须配套安装支架方可固定墙壁或吊顶。如图 3-52 所示。

3. 红外筒形摄像机（圆筒形）：DS-2CD26TH52F-KHV

红外筒形摄像机（圆筒形）采用支持 POE 及 12V DC 供电。其安装须配套安装支架方可固定墙壁或吊顶。如图 3-53 所示。摄像机接口如图 3-54 所示。

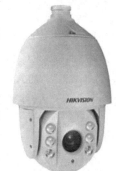

图 3-50　网络智能高速球摄像机

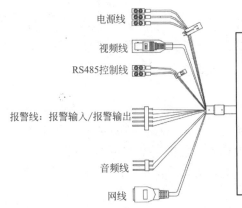

① 电源线：智能球支持24V AC和12V DC电源输入中的一种。如果智能球为DC直流供电，请注意电源正、负极不要接错。
② 视频线：同轴视频线。
③ RS485控制线：485控制线。
④ 报警线：包括报警输入和报警输出。
⑤ ALARM-IN与GND构成一路报警输入。
⑥ ALARM-OUT与ALARM-COM构成一路报警输出。
⑦ 音频线：AUDIO-IN与GND构成一路音频输入。
⑧ AUDIO-OUT 与 GND 构成一路音频输出。
⑨ 网线口：网络信号输出。
　注：部分设备无以上全部接口，仅做参考学习。

图 3-51　摄像机接口示意图

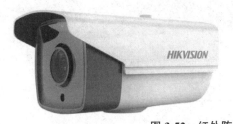

图 3-52　红外阵列筒形摄像机

注：摄像机螺栓安装孔（采用 1/4 20UNC 孔）

图 3-53　红外筒形摄像机

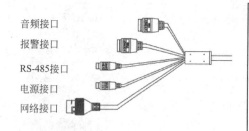

①音频接口：IN和G为一组音频输入，OUT和G为一组音频输出。
②报警接口：包括报警输入和报警输出。部分摄像机接口为绿色端子，部分摄像机为甩线。IN和G为一组报警输入，OUT和G为一组报警输出。
③RS-485接口：D+、D-连接485控制线。
④电源接口：摄像机电源支持24VAC(交流)和12VDC(直流)两种或12VDC一种供电方式，具体请以实际设备线缆标注为准。直流电源请注意接线区分正、负极。
⑤网络接口：网络信号输出。
⑦音频线：AUDIO-IN与GND构成一路音频输入。
⑧AUDIO-OUT与GND构成一路音频输出。
⑨网线口：网络信号输出。
注：竞赛部分设备无以上全部接口，仅做参考学习。

图 3-54　摄像机接口

4. 网络红外半球摄像机：DS-2CD26TH52F-KHV

网络红外半球摄像机采用支持 POE 及 12V DC 供电。其安装可直接吸顶安装或配套安装支架固定与墙壁或吊顶。如图 3-55 所示。

5. NVR 网络视频录像机：DS-7TH08N-KHV

NVR，全称 Network Video Recorder，即网络视频录像机，是网络视频监控系统的存储转发部分，NVR 与视频编码器或网络摄像机协同工作，完成视频的录像、存储及转发功能。同时，支持报警型号输入及相关编程等学习需求。如图 3-56 所示。

图 3-55　红外半球摄像机

图 3-56　NVR 网络视频录像机

物理接口示意图如图 3-57 所示（以最全的线缆接口进行介绍）。

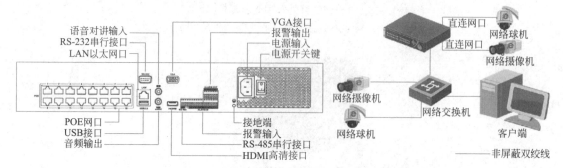

图 3-57　物理接口示意图及其典型应用原理示意图

6. 机柜

机柜是用于摆放设备专业设备，具备防火、防电磁、防尘等功能，是建筑智能化中终端系统的重要设备。

（1）分类

按应用对象，可分为：布线型机柜（又称为网络型机柜）、服务器型机柜。

按外观及应用环境场景，可分为：控制台型机柜、ETSI机柜、X Class通信机柜、EMC机柜、自调整组合机柜及用户自行定制机柜等。

我国建筑智能化项目中，常见的机柜有网络型机柜、服务器型机柜及琴台柜。

1）网络型机柜：常见的19英寸的标准机柜，它是宽度为600mm，深度为600mm。

2）服务器型机柜：由于该类机柜需要摆放服务器主机、显示器、存储设备等，和布线型机柜相比要求空间要大、通风散热性能更好。所以它的前门门条和后门门条一般都带透气孔，风扇也较多。

3）琴台柜：类似于办公台，实现运维人员值班操作、日常办公、摆放操作工作站等功能。同时其内部空间，可用于摆放主机等设备。

机柜根据所容纳的设备大小和数量多少，宽度和深度一般可选择600mm×800mm、800mm×600mm、800mm×800mm机柜，甚至要选购更大尺寸的产品。

常见各种类型机柜如图3-58所示。

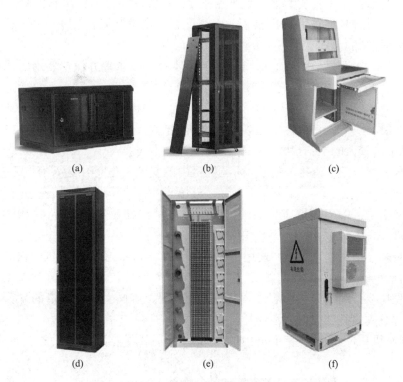

（a）　　　　　　　　　　（b）　　　　　　　　　　（c）

（d）　　　　　　　　　　（e）　　　　　　　　　　（f）

图 3-58　常见各种类型机柜（一）

（a）网络机柜（6U壁挂）；（b）19英寸服务器机柜（42U高2000mm×宽1000×深800mm）；

（c）控制台型机柜（也称为琴台柜）；（d）ETSI机柜（欧洲电信标准）；（e）X Class通信机柜（光纤交接柜）；

（f）户外通信机柜（配备动环、恒温、UPS等设备）

(g)

图 3-58　常见各种类型机柜（二）

（g）模块化数字中心机柜群（融合动力分配、UPS、精密空调、气体消防、动环、门禁及网络等模块化集成一体；节能、占地面积小）

（2）机柜中的配件

1）固定托盘。用于安装各种设备，尺寸繁多、用途广泛，有 19 英寸标准托盘、非标准固定托盘等。常规配置的固定托盘深度有 440mm、480mm、580mm、620mm 等规格。固定托盘的承重不小于 50kg。

2）滑动托盘。用于安装键盘及其他各种设备，可以方便地拉出和推回；19 英寸标准滑动托盘适用于任何 19 英寸标准机柜。常规配置的滑动托盘深度有 400mm、480mm 两种规格。滑动托盘的承重不小于 20kg。

3）理线环。布线机柜使用的理线装置，安装和拆卸非常方便，使用的数量和位置可以任意调整。

4）DW 型背板：可用于安装 110 型配线架或光纤盒，有 1U、2U 和 4U 等规格。

5）L 支架：L 支架可以配合 19 英寸标准机柜使用，用于安装机柜中的 19 英寸标准设备，特别是重量较大的 19 英寸标准设备，如机架式服务器等。

6）盲板：盲板用于遮挡 19 英寸标准机柜内的空余位置等用途，有 1U、2U、4U 等多种规格。

7）扩展横梁：用于扩展机柜内的安装空间之用，可配合理线器、配电单元的安装，形式灵活多样。

8）安装螺母：又称方螺母，适用于任意 19 英寸标准机柜，用于机柜内的所有设备的安装，包括机柜的大部分配件的安装。

9）键盘托架：用于安装标准计算机键盘，可配合市面上所有规格的计算机键盘，可翻折 90°。部分键盘托架需配合滑动托盘使用。

10）调速风机单元：安装于机柜的顶部，可根据环境温度和设备温度调节风扇的转速。

11）重载脚轮与可调支脚：重载脚轮单个承重 125kg，转动灵活，可承载重负荷，安装固定于机柜底座，可让操作者平稳、方便移动机柜。

PDU 模块：Power Distribution Unit，电源分配单元，用于电源分配取电使用，同时可兼顾防雷功能。

以上设备，具体如图 3-59 所示。

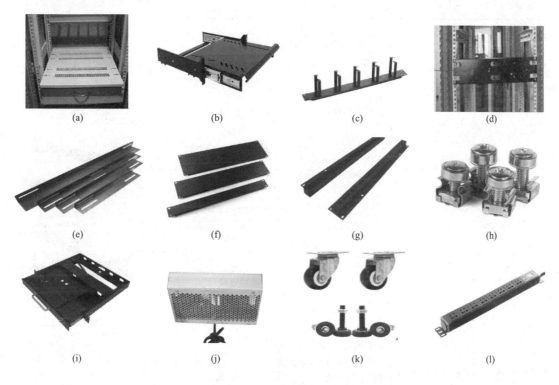

图 3-59　常见机柜中的配件
（a）固定托盘；（b）滑动托盘；（c）理线环；（d）DW 型背板；（e）L 支架；（f）盲板；（g）扩展横梁；
（h）安装 M6 螺母及卡扣；（i）键盘托架；（j）调速风机单元；（k）重载脚轮与可调支脚；（l）PDU 模块

3.3.2　管线认知及选择

1. 建筑智能化工程常见线缆线规（表 3-7）

建筑智能化工程常见线缆线规　　　　　表 3-7

序号	标识	示例	用途	说明	图片
1	BV	BV 2.5mm²	B 系列归类属于布电线，可用于动力传输，交流电压 450/750W 及以下电力传输等	铜芯聚氯乙烯绝缘单股 2.5mm² 线缆	
2	BRV	BVR 2.5mm²	可用于动力传输，交流电压 450/750W 及以下电力传输等	铜芯聚氯乙烯绝缘多股 2.5mm² 线缆	

续表

序号	标识	示例	用途	说明	图片
3	RV	RV 0.3mm²	用于弱电系统短距离连接、设备内部接线等，如电控柜、配电箱及各种低压电气设备，可用于电力、电气控制信号及开关信号的传输	铜芯聚氯乙烯绝缘0.3mm²连接软电线	
4	RVV	RVV 2×1.0mm²	可用于智能化系统设备电源、开关量信号传输等	2根1.0mm²铜芯聚氯乙烯绝缘聚氯乙烯套连接软电线	
		RVV 3×1.0mm²	可用于智能化系统设备电源、开关量信号传输等	3根1.0mm²铜芯聚氯乙烯绝缘聚氯乙烯套连接软电线	
5	RVS	RVS 2×1.5mm²	消防火灾自动报警系统的探测器线路；家用电器、小型电动工具、仪器仪表及动力照明用线	铜芯聚氯乙烯绝缘双绞型连接电线	
6	RVVS	RVVS 2×1.0mm²	用于弱电信号信号传输	铜芯双层聚氯乙烯绝缘双绞型连接电线	
7	RVVP	RVVP 2×1.0mm²	适用于通信、音频、广播、音响、防盗等系统需防干扰的线路，稳定的传输数据	铜芯聚氯乙烯绝缘屏蔽平行线	
8	RVSP	RVSP 2×1.0mm²	用于 RS485 通信信号线缆、总线等信号传输	铜芯聚氯乙烯绝缘屏蔽双绞线	
9	SYV	SYV-75-3	适用于非调制的视频信号传输，常称为监控线	实心聚乙烯绝缘的同轴电缆，又叫"视频电缆"	

续表

序号	标识	示例	用途	说明	图片
10	SWY	SWY-75-3	适用于调制的射频信号传输,常称为电视线	聚乙烯物理发泡绝缘的同轴电缆,又叫"射频电缆"	
11	HYA	HYA-2×0.5×100	可传输电话、电报、数据和图像等,如 10 对、20 对、30 对、50 对等;屏蔽、非屏蔽等	$0.5mm^2$ 线径 100 对大对数铜芯线缆	
12	GYXTW	GYXTW-4B1	通信用室(野)外光缆:架空或直埋敷设,用于通信传输,如视频监控、网络数据等。其中:GY—通信用室(野)外光缆;X—缆束管式(涂覆)结构;W—夹带平行钢丝的钢-聚乙烯粘结护套;4—四芯;B1—单模光纤	中心束管式铠装室外单模四芯光缆	
13	Cat.5e	UTP-Cat.5e	网络视频信号、计算机网络传输等	超五类非屏蔽双绞线	
14	Cat.6	UTP-Cat.6	网络视频信号、计算机网络传输等	六类非屏蔽双绞线(内有十字架)	

2. 建筑智能化工程常见线管及线槽（表 3-8）

建筑智能化工程常见线管及线槽　　　　　　　　　　　表 3-8

序号	标识	说明	图片
1	PC	PVC 电线管,如 PC20	

序号	标识	说明	图片
2	JDG	套接紧定式镀锌钢导管，如 JDG 20	
3	MR、CT	镀锌线槽，如 MR200×100 CT100×50	

3. 敷设方式（表3-9）

敷设方式 表3-9

序号	标识	符合	说明
安装位置标识			
1	梁	B	首位字母
2	顶板	C	首位字母
3	地板（地面）	F	首位字母
4	墙	W	首位字母
5	暗敷	C	第二位字母
6	明敷	E	第二位字母
敷设位置标识			
1	顶板下明敷设	CE	
2	吊顶内暗敷设	CC	
3	地板下暗敷设	FC	
4	地板上明敷设	FE	
5	墙内暗敷设	WC	
敷设材质标识			
1	金属桥架	CT、MR	
2	地面线槽	DT	
3	塑料线槽	PT	
4	焊接线管	GC	
5	镀锌线管	MT	

续表

序号	标识	符合	说明
敷设材质标识			
6	电线管	SC	
7	塑料管	PC、PVC	

4. 弱电电缆穿管、穿线槽标准

常见的超五类网线铜芯线径为 0.511mm，整根线缆的截面积约 19.625mm²，外接正方形面积为 25mm²。结合相关管线槽的线缆容积规定。相关线缆的穿管、槽的标准可参考表 3-10～表 3-13。

弱电电缆穿管、穿线槽标准（参考）　　　　　表 3-10

电缆类型	保护管类型	电缆穿保护管根数												
		1	2	3	4	5	6	7	8	9	10	11	—	—
		保护管最小管径(mm)												
超五类（非屏蔽） 六类（非屏蔽）	PC(FPC)	20	25	32			40			50			—	—

注：1. 表中截面利用率为 27.5%；
　　2. 穿管引入 86 插座盒时，电缆根数不应超过 4 根。

HYA 电话电缆穿管标准（参考）　　　　　表 3-11

电话电缆规格	穿管长度(m)	保护管种类	保护管弯曲数	HYA 电话电缆对数												
				10	15	20	25	30	50	100	150	200	300	400	—	—
				保护管最小管径(mm)												
2×0.5	30m 及以下	PC(FPC)	直通	20	25		32		40	50	63					
			一个弯曲	25	32		40		50	63			—			
			两个弯曲	32	40		50		63							

注：管道内径应不小于电缆外径；直通管道为 1.5；一个弯曲为 2.0；两个弯曲为 2.5。

同轴电缆穿管标准（参考）　　　　　表 3-12

电缆类型	保护管类型	电缆穿保护管根数											
		1	2	3	4	5	6	7	8	9	10	—	—
		保护管最小管径(mm)											
SYV-75-5		20	25	32			40			50			
SYV-75-7		25	32	40		50			63				
SYV-75-9	PC(FPC)												
SYWV-75-5/128P		20	25	32			40			50			
SYWV-75-7/128P		25	32	40		50			63				
SYWV-75-9/128P		40	50	63									

注：表中管道截面利用率为 40%。

双绞线及同轴电缆穿线槽标准（参考）　　　　　表 3-13

电缆类型\线槽规格（mm）	4 对对绞电缆			大对数电缆(三类非屏蔽)			同轴电缆		
	超五类（非屏蔽）	六类（非屏蔽）	七类	25 对	50 对	100 对	SYV-75-5	SYV-75-7	SYV-75-9
	各系列金属线槽容纳导线根数								
50×50	50	41	19	12	8	4	27	13	9
100×50	104	85	40	25	16	8	56	27	19
100×70	148	121	57	36	23	12	79	39	27
200×70	301	246	116	73	48	25	162	79	56
200×100	436	356	168	106	69	36	234	114	81
300×150	997	815	384	242	159	83	536	262	186
400×200	1773	1449	684	431	282	147	953	465	332

注：1. 表中管道截面利用率为 50%；
　　2. SYWV 系列以及带 128P 电缆参照此表乘以 0.9 系数。

3.3.3　操作工具认知及选择

1. 网络压线钳

网络压线钳，是常用于制作网络接口（RJ45 及 RI11）接口的专业工具，具备裁线、夹线、剥皮、压接等功能。如图 3-60 所示。

2. 网络测线仪

网络测试仪，可以对双绞线各线进行逐根（对）测试，并可区分判定哪一根（对）错线、短路和开路。一般可对 RJ11、RJ45 接口进行测试。如图 3-61 所示。

图 3-60　网络压线钳

图 3-61　网络测线仪

任务 3.4　施工工艺与要点

3.4.1　摄像头的安装总体注意事项

1. 摄像头安装前准备要求

作为视频采集的重要设备，其安装是否规范将影响前端视频画面采集、稳定性。摄像头安装前，需要注意以下几点：

（1）墙面/楼板是否平整。

（2）须清楚墙面/楼板材质：实体、气泡砖。

（3）安装配件是否齐全：螺栓、膨胀胶粒，是否满足摄像机安装需求；同时其材质是否为不锈钢材质等。

（4）初定摄像机的安装角度是否符合要求：须满足视频角度需求。

（5）监控点位位置安装何种摄像头等。

2. 摄像头接口连接工艺要求

摄像头接口连接须考虑防尘防水，必要时需配套防尘防水接线盒，具体可采用以下连接工艺：

（1）采用防水套连接安装工艺示例

现阶段网络摄像机出厂时均配有网口防水套，防水套配件安装示意如图 3-62 所示。

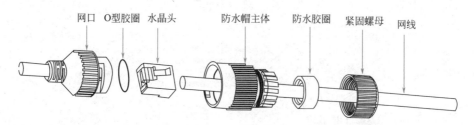

网口　O型胶圈　水晶头　　防水帽主体　　防水胶圈　紧固螺母　网线

图 3-62　防水套配件安装示意

具体安装步骤如下：

1）步骤 1：如已布置好网线，请将与摄像机端连接的网口水晶头剪开，把网线穿过如图 3-53 所示的紧固螺母、防水胶圈、防水帽主体。

2）步骤 2：将防水胶圈塞入防水帽主体内，用于增加密封性。

3）步骤 3：制作网线的水晶头，并将 O 型胶圈套在摄像机的网口上（现阶段有些防水套支持制作好水晶头后，亦放进防水帽主体内，可不需考虑该步骤顺序）。

4）步骤 4：将制作好的网线插入网口内，将防水帽主体套在网口端，将紧固螺母顺时针拧入防水帽主体，防水帽主体拧入网口时，请保持网口的卡扣和防水帽主体的缺口对齐，网口防水套安装完毕后如图 3-63 所示。

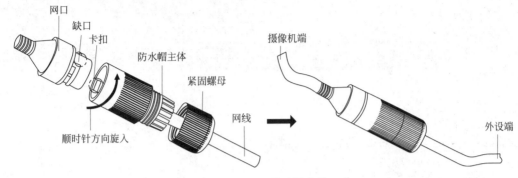

图 3-63　网口防水套安装完毕示意

（2）采用防水胶布安装工艺示例

网络摄像机出厂时带有防水胶带，安装防水胶带可防止设备线缆遇水短路，如设备安装在室外，请务必安装防水胶带，具体安装步骤如下：

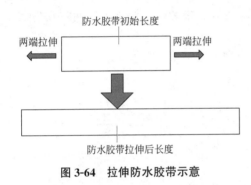

图 3-64　拉伸防水胶带示意

1）步骤 1：撕下随机附带的防水胶带背面的离型纸。

2）步骤 2：将防水胶带向两端拉伸（使粘好后，靠其回缩性，让接口更加密封），拉伸至初始长度的 1.5～2 倍，如图 3-64 所示。

3）步骤 3：拉伸后的防水胶带，以半搭式紧密缠绕在接线端子及附近的线缆上，直至接线端子和附近线缆都被缠绕在防水胶带内，在缠绕过程中请注意保持防水胶带一直处于绷紧状态，如图 3-65 所示。

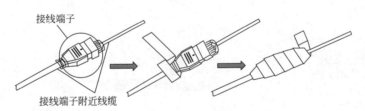

图 3-65　缠绕防水胶带示意

4）步骤 4：压紧接线端子两侧的防水胶带，达到绝缘密封，如图 3-66 所示。

图 3-66　压紧防水胶带示意

3.4.2 摄像头安装工艺

对于枪形、球形摄像头安装需配套支架安装，固定螺栓须满足摄像机重量、环境风力等需求。同时，需要确保每粒螺栓扭紧并不松动。

部分厂家的摄像安装配件中，配备定位贴纸，如图 3-67 所示。

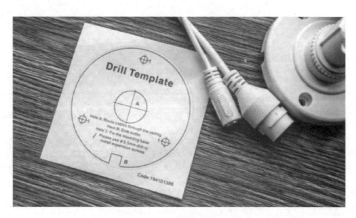

图 3-67　安装贴纸示意

贴纸使用方法：摄像机确定好定位后，提前确定摄像机出线口（贴纸中，缺口位置即为摄像机尾线出口位置），将该贴纸贴至拟定位置。

3.4.3 常见摄像头安装施工工艺要点

常见摄像头安装施工工艺要点图示，如图 3-68 所示。

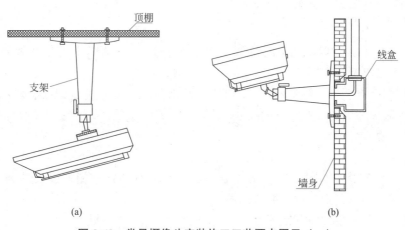

(a)　　　　　　　　　　　　　　　　　(b)

图 3-68　常见摄像头安装施工工艺要点图示（一）
（a）枪形摄像机于顶棚吊顶安装；（b）枪形摄像机于墙壁安装

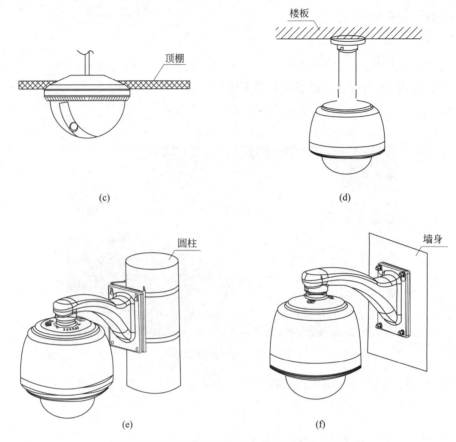

图 3-68　常见摄像头安装施工工艺要点图示（二）
（c）半球形摄像机于楼板吊装安装；（d）球形摄像机于楼板吊装
（e）球形摄像机于柱子安装；（f）球形摄像机于墙身壁装

3.4.4　摄像头连接网线制作工艺

现以 ANSI/TIA/EIA 568-B 标准制作六类直通线为例，制作和测试步骤如下：

1. 准备的工具及材料

准备网络压线钳、网线剥线器、斜口钳、网络测试仪、六类双绞线、水晶头保护套、RJ45 六类水晶头等工具及材料，如图 3-69 所示。

2. 剥线步骤

将水晶头保护套套入网线，用网线剥线器剥去六类双绞线约 4cm 的外皮，将露出的十字骨架用斜口钳剪掉。如图 3-70 所示。注意：调整剥线器调整钮，以校准剥线孔径；剥线器只能旋转一圈，否则会损伤网线内芯。

3. 网线排序及安装芯线固定器

按照 T568B 相关标准（8 根线从左到右顺序）：橙白、橙色、绿白、蓝色、蓝白、绿色、棕白、棕色排序并用力拉直线芯；安装芯线固定器（6 口朝上，2 口朝下），从左到右

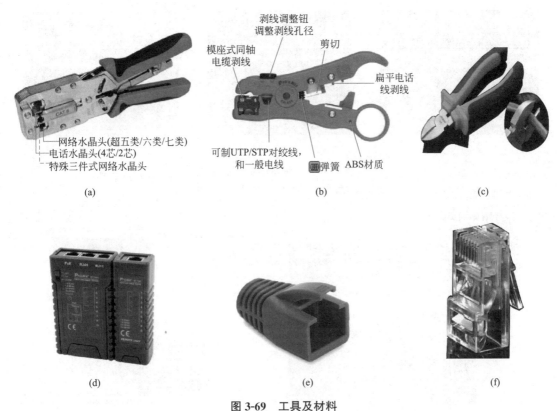

图 3-69　工具及材料

（a）网络压线钳；（b）网线剥线器；（c）斜口钳；
（d）网络测试仪；（e）六类双绞线及水晶头保护套；（f）RJ45 六类水晶头

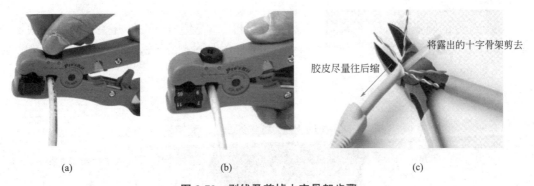

图 3-70　剥线及剪掉十字骨架步骤

（a）调整剥线器调整钮；（b）剥线；（c）剪掉十字骨架

将双绞线的 8 根线插入芯线固定器，同时将芯线固定器用力推到网线皮线处；用斜口钳将芯线固定器外露的线芯剪平。如图 3-71 所示。

4. 套接水晶头及压接水晶头

将水晶头（压片）朝下套接入网线并用力压紧；将水晶头插入压线钳的 RJ45 口并压

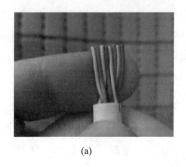 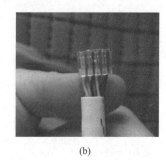 

(a)   (b)   (c)

图 3-71 网线排序制作步骤

(a) 线芯排序；(b) 安装线芯固定器；(c) 线芯剪平

紧，用力压下压线钳。如图 3-72 所示。

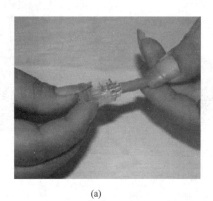 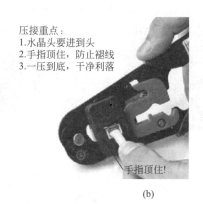

压接重点：
1. 水晶头要进到头
2. 手指顶住，防止褪线
3. 一压到底，干净利落

手指顶住！

(a)   (b)

图 3-72 套接水晶头和压接水晶头

(a) 套接水晶头；(b) 压接水晶头

5. 测试网线

将制作好的网线两端分别插入网络测试仪子母 RJ45 接口，按下开关，网络测试仪子母面板的 1～8 指示灯依次点亮。两个仪器同时闪烁的灯一致，即表示线序正确。如图 3-73 所示。

图 3-73 测试网线

任务 3.5　系统接线与调试

3.5.1　系统接线

1. 摄像机、网络硬盘录像机和监视器间的连接接线（图 3-74）

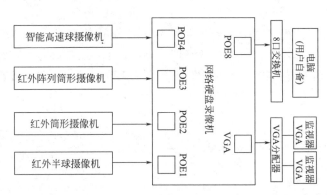

图 3-74　网络视频监控接线示意

（1）网线的连接

将红外半球摄像机的网络接入网络硬盘录像机的 POE1 口，红外筒形摄像机的网络接入网络硬盘录像机的 POE2 口，红外阵列筒形摄像机的网络接入网络硬盘录像机的 POE3 口，网络智能高速球摄像机网络接入网络硬盘录像机的 POE4 口。

网络硬盘录像机 LAN 输出网口接入交换机的任意 1 个网络口，电脑 PC 网口接入交换机的任意 1 个网络口，网络硬盘录像机 VGA 输出口 VGA 分配器进口，VGA 分配器出口接入 2 台监视器的 VGA 接口。

（2）视频电源连接

网络智能高速球摄像机的电源为 24V AC，网络硬盘录像机、监视器、8 口交换机、VGA 分配器的电源为 220V AC。

2. 周边防范子系统连接接线

红外对射探测器到电源输入连接到开关电源到 12V DC 输出；且其接收器到公共端 COM 连接到硬盘录像机报警接口的 G，常闭端连接到硬盘录像机报警接口的 A-LARM IN 1，如图 3-75 所示。

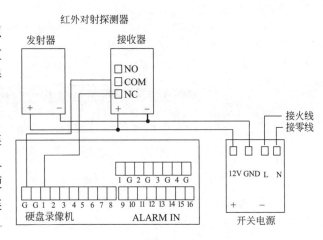

图 3-75　周边防范子系统接线

3.5.2　系统调试

1. 监视器的使用

打开电源，并打开监视器的电源开关。

2. 激活与配置网络摄像机

网络摄像机首次使用时需要进行激活并设置登录密码，才能正常登录和使用。可以通过客户端软件或浏览器方式激活。网络摄像机出厂初始信息如下：

IP 地址：192.168.1.64。HTTP 端口：8000。管理用户：admin。

（1）通过客户端软件激活

1）步骤 1：安装随机光盘或从官网下载的客户端软件，运行软件后，选择"控制面板"-"设备管理"图标，将弹出"设备管理"界面，如图 3-76 所示。"在线设备"中会自动搜索局域网内的所有在线设备，列表中会显示设备类型、IP、安全状态、设备序列号等信息。

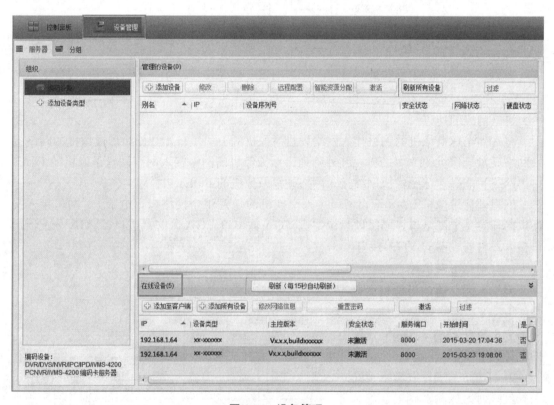

图 3-76　设备管理

2）步骤 2：选中处于未激活状态的网络摄像机，单击"激活"按钮，弹出"激活"界面。设置网络摄像机密码（密码设置为 admin12345），单击"确定"，成功激活摄像机后，列表中"安全状态"会更新为"已激活"，如图 3-77 所示。

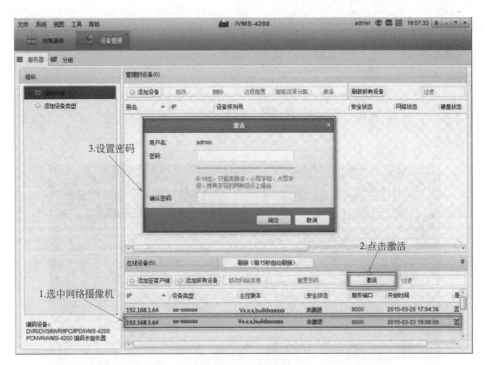

图 3-77 激活设备

（2）通过客户端软件修改摄像机 IP 地址

选中已激活的网络摄像机，单击"修改网络参数"，在弹出的页面中修改网络摄像机的 IP 地址（摄像机 IP 地址默认改为 192.168.1～254）、网关等信息。修改完毕后输入激活设备时设置的密码，单击"确定"。提示"修改参数成功"则表示 IP 等参数设置生效。若网络中有多台网络摄像机，建议修改网络摄像机的 IP 地址、子网掩码、网关等信息，以防 IP 地址冲突导致异常访问。设置网络摄像机 IP 地址时，保持设备 IP 地址与电脑 IP 地址处于同一网内。

（3）通过浏览器激活

1）步骤1：设置电脑 IP 地址与网络摄像机 IP 地址在同一网段，在浏览器中输入网络摄像机的 IP 地址，显示设备激活界面（密码设置为 admin12345），如图 3-78 所示。

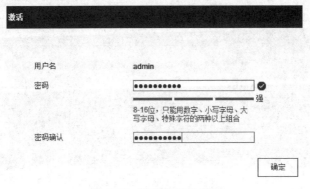

图 3-78 浏览器激活界面

2）步骤2：如果网络中有多台网络摄像机，请修改网络摄像机的IP地址，防止IP地址冲突导致网络摄像机访问异常。登录网络摄像机后，可在"配置-网络-TCP/IP"界面下修改网络摄像机IP地址、子网掩码、网关等参数。

3. 网络摄像机的添加

（1）POE摄像机的添加

1）步骤1：选择"主菜单→通道管理→通道配置"，进入通道管理的"通道配置"界面，如图3-79所示。

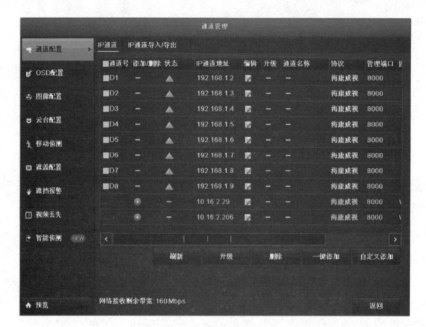

图3-79　IP通道管理界面

2）步骤2：编辑IP通道。

选择 或双击通道，可进入"编辑IP通道界面"。添加方式支持"即插即用"。

选择"即插即用"方式，需将IP通道连接到独立的100M以太网口或带POE供电的独立的100M以太网口上。如图3-80所示。

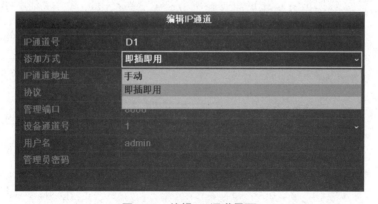

图3-80　编辑IP通道界面

3）步骤3：连接设备。

设备自动修改独立以太网口 IP 设备的 IP 地址，并成功连接。如图 3-81 所示。

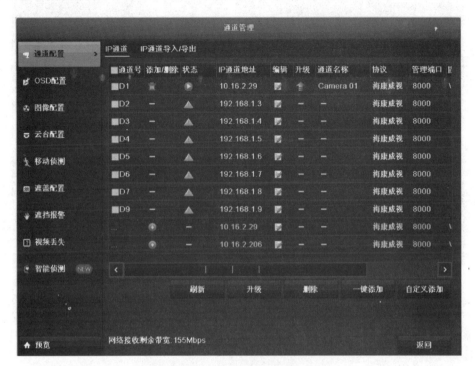

图 3-81　IP 即插即用添加成功界面

（2）非 POE 摄像机的添加

1）步骤1：选择"主菜单→通道管理→通道配置"，进入通道管理的"通道配置"界面，如图 3-82 所示。

2）步骤2：编辑 IP 通道。

选择 或双击通道，可进入"编辑 IP 通道界面"。添加方式选择"手动"，如图 3-83 所示。

若选择"手动"添加方式，需将设备接入与 IP 通道互联的网络，选择协议添加方式与"通道配置界面下添加 IP 通道"相同。

3）步骤3：输入 IP 通道地址（摄像机 IP 地址）、协议（海康摄像机默认为海康，其他厂家摄像机选择"ONVIF"）、管理端口（海康摄像机默认为"8000"，其他厂家摄像机选择"80"）、用户名（摄像机激活时用户名）、密码（摄像机激活时密码 admin12345），设备通道号"1"。单击"添加"，IP 设备被添加到 NVR 上。

4. 云台的设置及控制

（1）云台参数设置

1）步骤1：选择"主菜单→通道管理→云台配置"，进入"云台配置"界面，如图 3-84 所示。

2）步骤2：选择"云台参数配置"，进入云台参数配置界面，如图 3-85 所示。

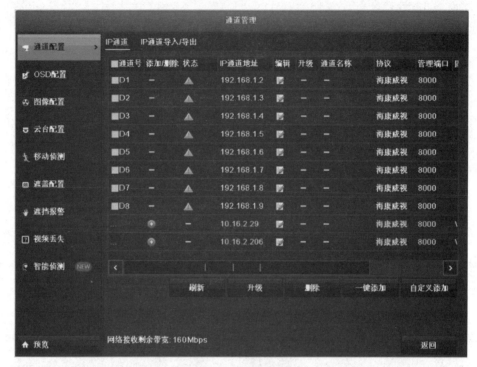

图 3-82　通道配置界面

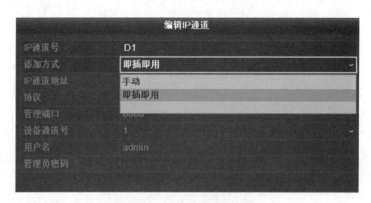

图 3-83　编辑 IP 通道界面

（2）云台控制操作

预览画面下，选择预览通道便捷菜单的"云台控制"，进入云台控制模式，如图 3-86 所示。

（3）预置点、巡航、轨迹的设置及调用

1）预置点的设置、调用

① 选择"主菜单→通道管理→云台配置"。进入"云台配置"界面。

② 设置预置点，具体操作步骤如下：

A. 步骤 1：使用云台方向键将图像旋转到需要设置预置点的位置。

图 3-84　云台控制参数设置界面

图 3-85　云台参数配置

图 3-86　云台控制

B. 步骤 2：在"预置点"框中，输入预置点号，如图 3-87 所示。

C. 步骤 3：单击"设置"，完成预置点的设置。

D. 步骤 4：重复以上操作可设置更多预置点。

③ 调用预置点。

A. 步骤 1：进入云台控制模式。

方法一："云台配置"界面下，单击"PTZ"。

方法二：预览模式下，单击通道便捷菜单"云台控制"或按下前面板、遥控器、键盘的"云台控制"键。

B. 步骤 2：在"常规控制"界面，输入预置点号，单击"调用预置点"，即完成预置点调用，如图 3-88 所示。

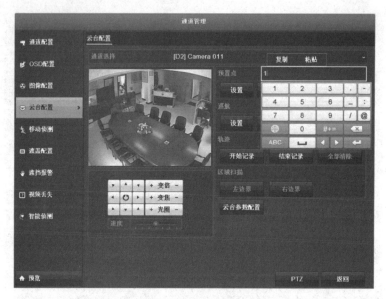

图 3-87 预置点设置界面

C. 步骤 3：重复以上操作可调用更多预置点。

2) 巡航的设置、调用

具体操作步骤如下：

① 选择"主菜单→通道管理→云台配置"，进入"云台配置"界面。

② 设置巡航路径，具体操作步骤如下：

A. 步骤 1：选择巡航路径。

B. 步骤 2：单击"设置"，添加关键点号。

C. 步骤 3：设置关键点参数，包括关键点序号、巡航时间、巡航速度等。

D. 步骤 4：单击"添加"，保存关键点，如图 3-89 所示。

E. 步骤 5：重复以上步骤，可依次添加所需的巡航点。

F. 步骤 6：点击"确定"，保存关键点信息并退出界面。

图 3-88 云台控制界面

图 3-89 关键点参数设置界面

③ 调用巡航。

A. 步骤 1：进入云台控制模式。

方法一："云台配置"界面下，单击"PTZ"。

方法二：预览模式下，单击通道便捷菜单"云台控制"或按下前面板、遥控器、键盘的"云台控制"键。

B. 步骤 2：在"常规控制"界面，选择巡航路径，单击"调用巡航"，即完成巡航调用，如图 3-90 所示。

图 3-90　巡航调用界面

C. 步骤 3：单击"停止巡航"，结束巡航。

3) 轨迹的设置、调用

具体操作步骤如下：

① 选择"主菜单→通道管理 → 云台配置"，进入"云台配置"界面。

② 设置轨迹，具体操作步骤如下：

A. 步骤 1：选择轨迹序号。

B. 步骤 2：单击"开始记录"，操作鼠标（点击鼠标控制框内 8 个方向按键）使云台转动，此时云台的移动轨迹将被记录。如图 3-91 所示。

图 3-91　轨迹设置界面

C. 步骤 3：单击"结束记录"，保存已设置的轨迹。

D. 步骤 4：重复以上操作设置更多的轨迹线路。

③ 调用轨迹。

A. 步骤 1：进入云台控制模式。

方法一："云台配置"界面下，单击"PTZ"。

方法二：预览模式下，单击通道便捷菜单"云台控制"或按下前面板、遥控器、键盘的"云台控制"键。

B. 步骤2：在"常规控制"界面，选择轨迹序号，单击"调用轨迹"，即完成轨迹调用，如图3-92所示。

C. 步骤3：单击"停止轨迹"，结束轨迹。

5. 录像设置

（1）手动录像设置

1）步骤1：通过设备前面板"录像"键或选择"主菜单→手动操作"。进入"手动录像"界面，如图3-93所示。

2）步骤2：设置手动录像的开启/关闭。

（2）定时录像设置

1）步骤1：选择"主菜单→录像配置→计划配置"。进入"录像计划"界面，如图3-94所示。

2）步骤2：选择要设置定时录像的通道。

图 3-92　轨迹调用界面

图 3-93　手动录像

3）步骤3：设置定时录像时间计划表，具体操作步骤如下：

① 选择"启用录像计划"。

② 录像类型选择"定时"，如图3-94所示。

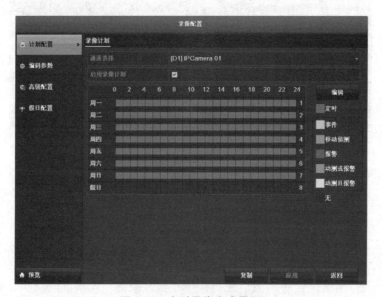

图 3-94　定时录像完成界面

4）步骤4：单击"应用"，保存设置。

6. 系统报警及联动

（1）报警输入设置

1）步骤1：选择"主菜单→系统配置→报警配置"。进入"报警配置"界面。

2）步骤2：选择"报警输入"属性页。进入报警配置的"报警输入"界面，如图3-95所示。

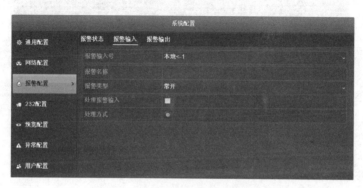

图 3-95　报警配置的报警输入界面

3）步骤3：设置报警输入参数。报警输入号：选择设置的通道号；报警类型：选择实际所接器件类型（门磁、红外对射属于常闭型）；处理报警输入：打勾；处理方式：根据实际选择，在选择PTZ选项时可以进行智能球机联动。

（2）报警输出设置

1）步骤1：选择"主菜单 → 系统配置→ 报警配置"。进入"报警配置"界面。

2）步骤2：选择"报警输出"属性页。进入报警配置的"报警输出"界面，如图3-96所示。

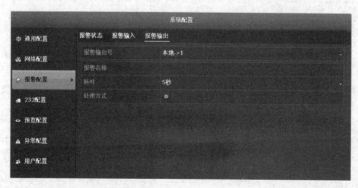

图 3-96　报警输出界面

3）步骤3：选择待设置的报警输出号，设置报警名称和延时时间。

4）步骤4：单击"布防时间"右面的命令按钮。进入报警输出布防时间界面，如图3-97所示。

5）步骤5：对该报警输出进行布防时间段设置。

6）步骤6：重复以上步骤，设置整个星期的布防计划。

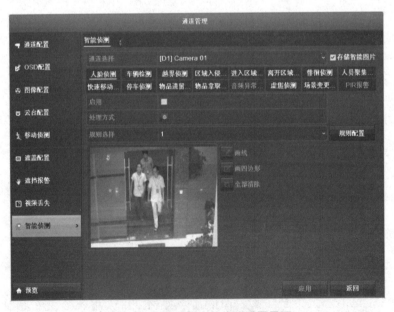

图 3-97　布防时间界面

7）步骤 7：单击"确定"，完成报警输出的设置。

7. 智能侦测

具体操作步骤如下：

1）步骤 1：选择"主菜单→通道管理→智能侦测"。进入"智能侦测"配置界面。

2）步骤 2：选择人脸侦测设置通道的智能侦测报警模式。

（1）人脸侦测

人脸侦测功能可用于侦测出场景中出现的人脸，NVR 人脸侦测配置具体步骤如下：

1）选择"主菜单→通道管理→智能侦测"。进入"智能侦测"配置界面，如图 3-98
所示。

图 3-98　智能侦测人脸侦测配置界面

2）设置需要人脸侦测的通道。

3）设置人脸侦测规则，具体步骤如下：

① 在规则下拉列表中，选择任一规则，人脸侦测只能设置 1 条规则。

② 单击"规则配置"。进入人脸侦测"规则配置"界面，如图 3-99 所示。

图 3-99　人脸侦测规则配置界面

③ 设置规则的灵敏度。灵敏度有 1~5 挡可选，数值越小，侧脸或者不够清晰的人脸越不容易被检测出来，用户需要根据实际环境测试调节。

④ 单击"确定"，完成对人脸侦测规则的设置。

4）设置规则的处理方式。

① 单击"处理方式"，进入处理方式的"触发通道"界面，如图 3-100 所示。

图 3-100　处理方式的触发通道界面

② 选择"布防时间"属性页，进入处理方式的"布防时间"界面，如图 3-101 所示。设置人脸侦测的布防时间。

图 3-101　处理方式的布防时间界面

③ 选择"处理方式"属性页，进入"处理方式"界面，如图 3-102 所示。设置报警联

动方式。

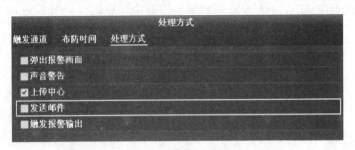

图 3-102　处理方式界面

5）绘制规则区域。鼠标左键单击绘制按钮，在需要智能监控的区域，绘制规则区域。

6）单击"应用"，完成配置。

7）勾选"启用"，启用人脸侦测功能。

（2）越界侦测

越界侦测是指越界侦测功能，可侦测视频中是否有物体跨越设置的警戒面，根据判断结果联动报警。具体操作步骤如下：

1）选择"主菜单→通道管理→智能侦测"。进入"智能侦测"配置界面。

2）选择"越界侦测"，进入智能侦测越界侦测配置界面，如图 3-103 所示。

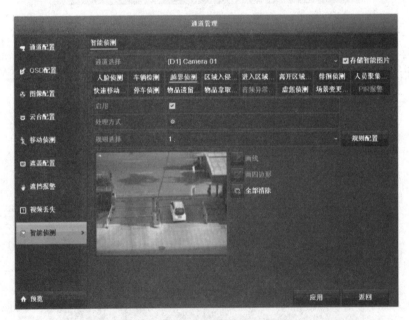

图 3-103　智能侦测越界侦测配置界面

3）设置需要越界侦测的通道。

4）设置越界侦测规则，具体步骤如下：

① 在规则下拉列表中，选择任一规则。

② 单击"规则配置"。进入越界侦测"规则配置"界面，如图 3-104 所示。

③ 设置规则的方向和灵敏度。

图 3-104　越界侦测规则配置界面

方向：有"A<->B（双向）""A->B""B->A"三种可选，是指物体穿越越界区域触发报警的方向。"A->B"表示物体从 A 越界到 B 时将触发报警；"B->A"表示物体从 B 越界到 A 时将触发报警；"A<->B"表示双向触发报警。

灵敏度：用于设置控制目标物体的大小，灵敏度越高时越小的物体越容易被判定为目标物体，灵敏度越低时较大物体才会被判定为目标物体。灵敏度可设置区间范围：1～100。

④ 单击"确定"，完成对越界侦测规则的设置。

5）设置规则的处理方式。

6）绘制规则区域。鼠标左键单击绘制按钮，在需要智能监控的区域，绘制规则区域。

7）单击"应用"，完成配置。

8）勾选"启用"，启用越界侦测功能。

（3）区域入侵侦测

区域入侵侦测功能可侦测视频中是否有物体进入到设置的区域，根据判断结果联动报警。具体操作步骤如下：

1）选择"主菜单→通道管理→智能侦测"。进入"智能侦测"配置界面。

2）选择"区域入侵侦测"，进入智能侦测区域入侵侦测配置界面，如图 3-105 所示。

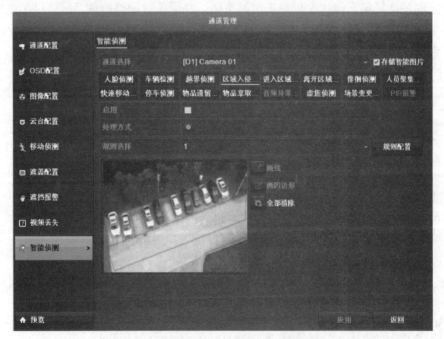

图 3-105　智能侦测区域入侵侦测配置界面

3）设置需要区域入侵侦测的通道。

4）设置区域入侵侦测规则，具体步骤如下：

① 在规则下拉列表中，选择任一规则，区域入侵侦测可设置 4 条规则。

② 单击"规则配置"。进入区域入侵侦测"规则配置"界面，如图 3-106 所示。

图 3-106　区域入侵侦测规则配置界面

③ 设置规则参数。

时间阈值（秒）：表示目标进入警戒区域持续停留该时间后产生报警。例如设置为 5s，即目标入侵区域 5s 后触发报警。可设置范围 1～10s。

灵敏度：用于设置控制目标物体的大小，灵敏度越高时越小的物体越容易被判定为目标物体，灵敏度越低时较大物体才会被判定为目标物体。灵敏度可设置区间范围：1～100。

占比：表示目标在整个警戒区域中的比例，当目标占比超过所设置的占比值时，系统将产生报警；反之将不产生报警。

④ 单击"确定"，完成对区域入侵规则的设置。

5）设置规则的处理方式。

6）绘制规则区域。鼠标左键单击绘制按钮，在需要智能监控的区域，绘制规则区域。

7）单击"应用"，完成配置。

8）勾选"启用"，启用区域入侵侦测功能。

（4）进入区域侦测

进入区域侦测功能可侦测是否有物体进入设置的警戒区域，根据判断结果联动报警。具体操作步骤如下：

1）选择"主菜单→通道管理→智能侦测"。进入"智能侦测"配置界面。

2）选择"进入区域侦测"，进入智能侦测进入区域侦测配置界面，如图 3-107 所示。

3）设置需要进入区域侦测的通道。

4）设置进入区域侦测规则，具体步骤如下：

① 在规则下拉列表中，选择任一规则，进入区域侦测可设置 4 条规则。

② 单击"规则配置"。进入区域侦测"规则配置"界面。

③ 设置规则的灵敏度。

灵敏度：用于设置控制目标物体的大小，灵敏度越高时越小的物体越容易被判定为目标物体，灵敏度越低时较大物体才会被判定为目标物体。灵敏度可设置区间范围：1～100。

④ 单击"确定"，完成对进入区域规则的设置。

5）设置规则的处理方式。

图 3-107　智能侦测进入区域侦测配置界面

6）绘制规则区域。鼠标左键单击绘制按钮，在需要智能监控的区域，绘制规则区域。

7）单击"应用"，完成配置。

8）勾选"启用"，启用进入区域侦测功能。

（5）离开区域侦测

离开区域侦测功能可侦测是否有物体离开设置的警戒区域，根据判断结果联动报警。具体操作步骤如下：

1）选择"主菜单→通道管理→智能侦测"。进入"智能侦测"配置界面。

2）选择"离开区域侦测"，进入智能侦测离开区域侦测配置界面，如图 3-108 所示。

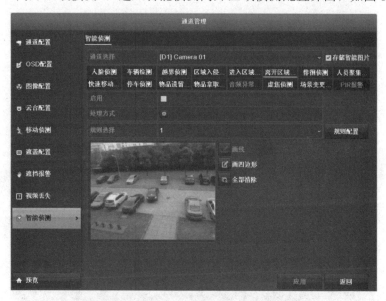

图 3-108　智能侦测离开区域侦测配置界面

3）设置需要离开区域侦测的通道。

4）设置离开区域侦测规则，具体步骤如下：

① 在规则下拉列表中，选择任一规则。离开区域侦测可设置 4 条规则。

② 单击"规则配置"。进入离开区域侦测"规则配置"界面，如图 3-109 所示。

图 3-109 离开区域侦测规则配置界面

③ 设置规则灵敏度。

灵敏度：用于设置控制目标物体的大小，灵敏度越高时越小的物体越容易被判定为目标物体，灵敏度越低时较大物体才会被判定为目标物体。灵敏度可设置区间范围：1～100。

④ 单击"确定"，完成对离开区域侦测规则的设置。

5）设置规则的处理方式。

6）绘制规则区域。鼠标左键单击绘制按钮，在需要智能监控的区域，绘制规则区域。

7）单击"应用"，完成配置。

8）勾选"启用"，启用离开区域侦测功能。

（6）物品遗留侦测

物品遗留侦测功能用于检测所设置的特定区域内是否有物品遗留，当发现有物品遗留时，相关人员可快速对遗留的物品进行处理。

具体操作步骤如下：

1）选择"主菜单→通道管理→智能侦测"。进入"智能侦测"配置界面。

2）选择"物品遗留侦测"，进入智能侦测物品遗留侦测配置界面，如图 3-110 所示。

图 3-110 智能侦测物品遗留侦测配置界面

3）设置需要物品遗留侦测的通道。

4）设置物品遗留侦测规则，具体步骤如下：

① 在规则下拉列表中，选择任一规则。

② 单击"规则配置"。进入物品遗留侦测"规则配置"界面，如图 3-111 所示。

图 3-111　物品遗留侦测规则配置界面

③ 设置规则的时间阈值和灵敏度。

时间阈值（秒）：表示目标进入警戒区域持续停留该时间后产生报警。例如设置为20s，即目标入侵区域 20s 后触发报警。可设置范围 5～3600s。

灵敏度：用于设置控制目标物体的大小，灵敏度越高时越小的物体越容易被判定为目标物体，灵敏度越低时较大物体才会被判定为目标物体。灵敏度可设置区间范围：0～100。

④ 单击"确定"，完成对物品遗留侦测规则的设置。

5）设置规则的处理方式。

6）绘制规则区域，鼠标左键单击绘制按钮，在需要智能监控的区域，绘制规则区域。

7）单击"应用"，完成配置。

8）勾选"启用"，启用物品遗留侦测功能。

（7）物品拿取侦测

物品拿取侦测功能用于检测所设置的特定区域内是否有物品被拿取，当发现有物品被拿取时，相关人员可快速对意外采取措施，降低损失。物品拿取侦测常用于博物馆等需要对物品进行监控的场景。具体操作步骤如下：

1）选择"主菜单 →通道管理→智能侦测"。进入"智能侦测"配置界面。

2）选择"物品拿取侦测"，进入智能侦测物品拿取侦测配置界面，如图 3-112 所示。

3）设置需要物品拿取侦测的通道。

4）设置物品拿取侦测规则，具体步骤如下：

① 在规则下拉列表中，选择任一规则。

② 单击"规则配置"。进入物品拿取侦测"规则配置"界面。

③ 设置规则的时间阈值和灵敏度。

时间阈值（秒）：表示目标进入警戒区域持续停留该时间后产生报警。例如设置为20s，即目标入侵区域 20s 后触发报警。可设置范围 20～3600s。

灵敏度：用于设置控制目标物体的大小，灵敏度越高时越小的物体越容易被判定为目标物体，灵敏度越低时较大物体才会被判定为目标物体。灵敏度可设置区间范围：0～100。

④ 单击"确定"，完成对物品拿取侦测规则的设置。

5）设置规则的处理方式。

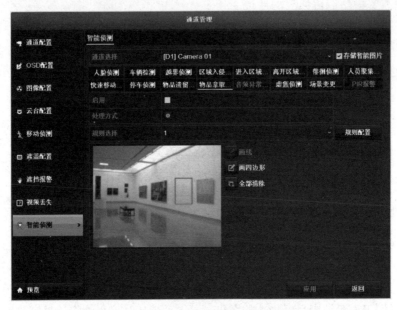

图 3-112   智能侦测物品拿取侦测配置界面

6）绘制规则区域。鼠标左键单击绘制按钮，在需要智能监控的区域，绘制规则区域。

7）单击"应用"，完成配置。

8）勾选"启用"，启用物品拿取侦测功能。

任务 3.6   质量自查验收

3.6.1   设备安装自查验收

设备安装自查验收表   表 3-14

器件	所属系统	实测安装尺寸		器件选择	施工工艺	
网络高速球摄像机	视频系统	误差内：□ 水平：360mm 实测：_____mm	垂直：1910mm 实测：_____mm	是否正确 □	是否牢固： 是否端正及扎带理线： ★出线是否缠绕管：	□ □ □
网络红外半球摄像机	视频系统	误差内：□ 左侧：300mm 实测：_____mm	居中：250mm 实测：_____mm	是否正确 □	是否牢固： 是否端正及扎带理线：	□ □
红外筒形摄像机（圆筒形）	视频系统	误差内：□ 水平：320mm 实测：_____mm	垂直：1920mm 实测：_____mm	是否正确 □	是否牢固： 是否端正及扎带理线： ★出线是否缠绕管：	□ □ □

3.6.2　线缆接线自查验收

线缆接线自查验收表　　　　　表 3-15

器件	所属系统	线规及接线	端接工艺	线号标识	
红外筒形摄像机（圆筒形）	视频系统	1根网线：☐	水晶头制作压胶：☐	★网线：305(可采用标签纸标识)	☐
红外点阵筒形摄像机（方筒形）	视频系统	1根网线：☐	水晶头制作压胶：☐	★网线：302(可采用标签纸标识)	☐
网络红外半球摄像机	视频系统	1根网线：☐	水晶头制作压胶：☐	★网线：303(可采用标签纸标识)	☐
硬盘录像机	视频系统	5根网线：☐　6根RV线：☐	★冷压/搪锡处理：☐	★网线：300、301、302、303、304(可采用标签纸标识) ☐　★信号：311、312、313、314、315、310 ☐	
电脑	视频系统	1根网线：☐	水晶头制作压胶：☐	★网线：300(可采用标签纸标识)	☐

3.6.3　功能调试自查验收

功能调试自查验收表　　　　　表 3-16

题号	配分	考核内容	评分标准	分值	得分	总得分
1	1.2	设置画面 OSD	球机为"小区"	0.3		
			方筒形为"智能大楼"	0.3		
			圆筒形为"教室"	0.3		
			半球为"走廊"	0.3		
2	1.6	按图完成视频监控系统报警部分接线，设置预置点1的监控区域为红外对射探测器保护区域，要求实现的功能如下：触发红外对射探测器，网络高速球摄像机应能从其他监控位置转向预置点1，声光报警器2发出声光警示信号，实现报警录像	预置点1：工位摆放设备台	0.4		
			触发红外对射，转向预置点1	0.4		
			声光报警器2能响	0.4		
			主机报警录像	0.4		
3	1.2	通过设置，将红外点阵筒形摄像机（方筒形）监控区域分成上下两个区域，区域上侧为设防区域，下侧为不设防区域，布防时间段为08:00—12:00。当NVR网络视频录像机接收到红外点阵筒形摄像机（方筒形）的动态监测信号时，声光报警器2发出声光警示信号	方筒形上侧为设防区域，下侧不设防区域	0.4		
			布防时间段为08:00—12:00	0.4		
			方筒形动态监测启用	0.2		
			声光报警器2能响	0.2		

续表

题号	配分	考核内容	评分标准	分值	得分	总得分
4	1	通过设置,将红外筒形摄像机(圆筒形)监控部分区域设置进入区域侦测,当有人进入该区域,触发 NVR 网络视频录像机录像,声光报警器 2 发出声光警示信号	圆筒形设置为区域侦测	0.4		
			区域侦测可触发主机录像	0.3		
			声光报警器 2 能响	0.3		
5	0.8	两台监视器可显示监控画面。通过软件设置,要求在显示器上画面显示的摄像机画面无重复,并通过软件控制网络高速球摄像机旋转、变倍和聚焦	两台监视器均有监控画面	0.4		
			软件中四画面无重复	0.2		
			软件可控制球机	0.2		
6	1.6	通过设置,将网络红外半球摄像机设置为遮挡检测,在网络高速球摄像机监控区域设置一个预置点 2(电脑桌),当遮挡网络红外半球摄像机时,实现网络高速球摄像机的预置点联动,声光报警器 2 发出声光警示信号,同时硬盘录像机进行录像	半球遮挡检测启用	0.4		
			预置点 2 为电脑桌	0.4		
			半球遮挡可联动预置点 2	0.4		
			声光报警器 2 能响	0.2		
			硬盘录像机进行录像	0.2		
7	0.6	震动探测器动作时,声光报警器 2 发出声光警示信号,同时硬盘录像机进行录像	触发震动探测器声光报警器 2 能响	0.4		
			硬盘录像机进行录像	0.2		
以上小计						

3.6.4　实训成果导向表（自评及测评）

实训成果导向表（自评及测评）　　　　　　　　　表 3-17

功能	序号	知识点	是否掌握（学生自评）	实训老师考核评价	得分
理论支撑	1	视频监控系统的发展历史及各阶段系统的特点	是□ 否□		
理论支撑	2	视频监控系统图例、施工图、系统的识图技能	是□ 否□		
理论支撑	3	摄像机的分类、安装标准	是□ 否□		
理论支撑	4	IP 网络信息基础	是□ 否□		
理论支撑	5	移动侦测、遮盖及智能侦测基本概念	是□ 否□		
理论支撑	6	智能检索概念	是□ 否□		
实训成果	7	网络线缆的接头制作、测试	是□ 否□		
实训成果	8	网络摄像机的 IP 信息基本配置	是□ 否□		
实训成果	9	掌握通过 Web 网页添加摄像头操作步骤	是□ 否□		
实训成果	10	掌握摄像头镜头选择规范及应用场景	是□ 否□		
实训成果	11	掌握通过 Web 网页对智能球形摄像机进行预置点、守望、巡航等编程	是□ 否□		

功能	序号	知识点	是否掌握 (学生自评)	实训老师 考核评价	得分
实训成果	12	掌握通过 Web 网页对主机进行录像模式设置:手动录像及移动录像	是□ 否□		
实训成果	13	掌握通过 Web 网页对主机进行编码参数设置	是□ 否□		
实训成果	14	掌握通过 Web 网页对主机进行修改通道名称	是□ 否□		
实训成果	15	掌握通过 Web 网页对主机进行摄像头画面色彩调整	是□ 否□		
实训成果	16	掌握通过 Web 网页对主机进行移动侦测功能配置	是□ 否□		
实训成果	17	掌握通过 Web 网页对主机进行遮盖功能配置	是□ 否□		
实训成果	18	掌握通过 Web 网页对主机进行视频丢失功能配置	是□ 否□		
实训成果	19	掌握越界侦测功能配置	是□ 否□		
实训成果	20	掌握区域入侵功能配置	是□ 否□		
职业修养	21	工具及实训台面是否收拾及打扫干净	是□ 否□		

任务 3.7 知识技能扩展

3.7.1 现阶段相关标准及规范

1. 相关国家标准

《安全防范工程技术标准》GB 50348—2018

《视频安防监控系统工程设计规范》GB 50395—2007

《视频安防监控数字录像设备》GB 20815—2006

《公共安全视频监控联网信息安全技术要求》GB 35114—2017

《民用闭路监视电视系统工程技术规范》GB 50198—2011

《住宅小区安全防范系统通用技术要求》GB/T 21741—2008

《安全防范视频监控联网系统信息传输、交换、控制技术要求》GB/T 28181—2016

《公共安全视频监控数字视音频编解码技术要求》GB/T 25724—2017

《安全防范视频监控人脸识别系统技术要求》GB/T 31488—2015

《视频监控系统无线传输设备射频技术指标与测试方法》GB/T 33778—2017

2. 行业/区域标准

《安全防范系统验收规则》GA 308—2001

《安全防范工程程序与要求》GA/T 75—1994

《安全防范视频监控矩阵设备通用技术要求》GA/T 646—2016

《安全防范视频监控摄像机通用技术要求》GA/T 1127—2013

《安全防范高清视频监控系统技术要求》GA/T 1211—2014

《安防线缆》GA/T 1297—2016

《安防线缆接插件》GA/T 1351—2018

《视频监控镜头》GA/T 1352—2018

《视频监控摄像机防护罩通用技术要求》GA/T 1353—2018

《安防视频监控车载数字录像设备技术要求》GA/T 1354—2018

《公共安全视频监控硬盘分类及试验方法》GA/T 1357—2018

《安防线缆应用技术要求》GA/T 1406—2017

《基于 IP 的远程视频监控设备技术要求》YD/T 1806—2008

3.7.2 现阶段视频监控系统主流设备厂家官网链接

详细内容可参见教学资源课件——《常见视频监控系统主流设备产品供货商》。

项目4

Chapter 04

建筑设备自动化系统安装与调试技能实训

 教学目标

1. 学习目标

(1) 掌握建筑设备自动化系统的组成、工作原理;

(2) 掌握自动化控制基本知识(开环、闭环控制原理);

(3) 掌握现场总线技术基本知识(DDC控制器、DDC控制器通道类型);

(4) 掌握各建筑设备系统的监控原理及施工图识图方法;

(5) 掌握建筑设备自动化系统各类传感器的施工工艺标准及调试方法;

(6) 掌握各类工程表格填写要点。

2. 能力目标

(1) 具备建筑设备自动化系统基础知识获取、分析、总结能力;

(2) 具备建筑设备自动化系统工程图纸识图、监控原理分析能力;

(3) 具备建筑设备自动化系统线缆选型能力;

(4) 具备各类传感器的安装及调试能力;

(5) 具备建筑设备自动化系统工程验收表格填写能力;

(6) 具备现场总线软件编程能力、故障排除能力。

思维导图

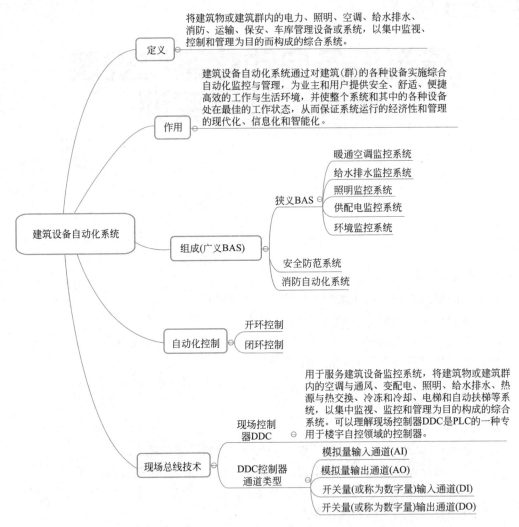

任务 4.1 系统工程识图

　　建筑设备自动化系统（BAS，Building Automation System）是将建筑物或建筑群内的电力、照明、空调、给水排水、消防、运输、保安、车库管理设备或系统，以集中监视、控制和管理为目的而构成的综合系统。

　　作用：建筑设备自动化系统通过对建筑（群）的各种设备实施综合自动化监控与管理，为业主和用户提供安全、舒适、便捷高效的工作与生活环境，并使整个系统和其中的各种设备处在最佳的工作状态，从而保证系统运行的经济性和管理的现代化、信息化和智能化。

组成：建筑智能化结构是由三大系统组成：建筑设备自动化系统（BAS）、办公自动化系统（OAS）和通信自动化系统（CAS），其中 BAS 是智能建筑不可缺少的一部分，其任务是对建筑物内的能源使用、环境、交通及安全设施进行监测、控制等，提供一个既安全可靠，又节约能源，而且舒适宜人的工作或居住环境。

建筑设备自动化系统分为广义 BAS 及狭义 BAS，具体如图 4-1 所示。

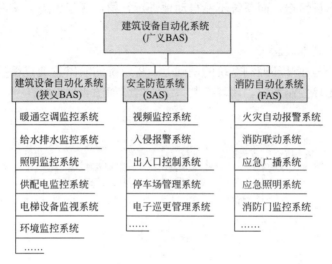

图 4-1　建筑设备自动化系统（广义及狭义）结构示意图

4.1.1　基础理论支撑

1. 自动化控制基本知识

（1）开环控制基本概念

如果系统在控制器与被控对象之间只有正向控制作用而不存在反馈控制作用，这种控制方式叫作开环控制方式。例如，直流电动机转速开环控制系统图如图 4-2 所示。开环控制系统由控制器和被控对象等组成。

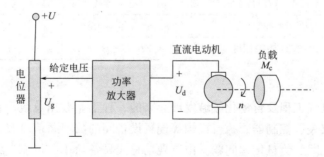

图 4-2　开环控制案例（直流电动机转速开环控制系统图）

开环系统的特点：

1）信号由输入到输出单方向传递，不对输出量进行任何检测，或虽然进行检测但对系统不起控制作用。

2）当外部条件和系统内部参数不变时，对于一个确定的输入量总存在一个与之对应的输出量。

3）当系统受到外部扰动或内部扰动时，会直接影响被控量，系统不能进行自动调节。

4）开环系统主要缺点在于：当系统受到扰动产生偏差时，只能通过操作人员调整给定输入量，使输出量恒定，而系统不能自动地进行补偿，纠正偏差，实时性差，难以达到较高的控制精度。

（2）闭环控制基本概念

闭环控制系统是在开环控制系统的基础上，将系统的输出量通过检测装置反馈到系统的输入端，构成闭环控制系统，闭环控制系统结构图如图 4-3 所示。

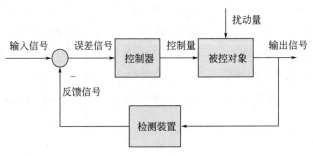

图 4-3　闭环控制系统结构图

（3）控制系统的发展历史

控制系统的发展历史，见表 4-1。

控制系统的发展历史

表 4-1

发展历史	名称	时代	代表设备
第一代	气动信号控制系统	20 世纪 50 年代	气动设备
第二代	模拟集中控制系统	20 世纪 60 年代	模拟量:4～20mA,0～10V 等
第三代	数字计算机集中式控制系统	20 世纪 60 年代	PC 控制器
第四代	集散式分布控制系统	20 世纪 60 年代	PLC
第五代	现场总线控制系统	20 世纪 70 年代中至今	DDC、智能仪表
第六代	基于 TCP/IP 网络	2000 年至今	DDC、智能仪表

2. 现场总线技术

现场总线是电气工程及自动化领域发展起来的一种工业数据总线，它主要解决工业现场的智能化仪表仪表、控制器、执行机构等现场设备间的数字通信以及这些现场控制设备和高级控制系统之间的信息传递问题。由于现场总线具备简单、可靠、经济实用等一系列突出的优点，因而受到了许多标准团体和计算机厂商的高度重视。

现场总线是 20 世纪 80 年代末、90 年代初国际上发展形成的，用于过程自动化、制造自动化、楼宇自动化等领域的现场智能设备互连通信网络。一般把现场总线系统称为第五代控制系统，也称作 FCS（现场总线控制系统）。

现场总线的网络拓扑结构有以下四大类：环型拓扑结构、星型拓扑结构、总线型拓扑结构、树型拓扑结构。如图 4-4 所示。

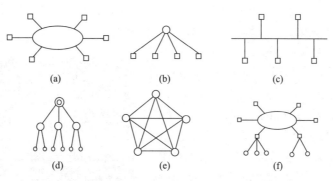

(a)　　　　　(b)　　　　　(c)

(d)　　　　　(e)　　　　　(f)

图 4-4　常见的网络拓扑结构示意

（a）环型拓扑结构；（b）星型拓扑结构；（c）总线型拓扑结构；
（d）树型拓扑结构；（e）网状拓扑结构；（f）混合型拓扑结构

（1）现场控制器（直接数字控制器）

现场控制器 DDC（Direct Digital Contror），是建筑智能楼宇中常见的楼宇控制器，它代替了传统控制组件，如温度开关、接收控制器或其他电子机械组件及专用功能优于 PLC 等，特别成为各种建筑环境控制的通用模式。

现场控制器 DDC 常服务于建筑设备监控系统。将建筑物或建筑群内的空调与通风、变配电、照明、给水排水、热源与热交换、冷冻和冷却、电梯和自动扶梯等系统以集中监视、控制和管理为目的构成的综合系统。可以理解现场控制器 DDC 是 PLC 的一种专用于楼宇自控领域的控制器。

以 DDC 控制器为核心的系统实例如图 4-5 所示。

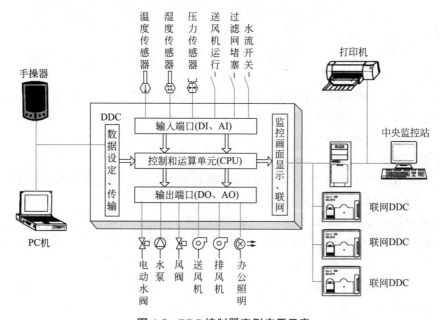

图 4-5　DDC 控制器实例应用示意

DDC 系统是利用微信号处理器来执行各种逻辑控制功能，它主要采用电子驱动，也可用传感器连接气动机构。DDC 系统最大的特点就是从参数的采集、传输到控制等各个环节均采用数字控制功能来实现。同时一个数字控制器可实现多个常规仪表控制器的功能，可有多个不同对象的控制环路。常见 DDC 控制器示例：

1）霍尼韦尔（PVB6436AS）

图 4-6　霍尼韦尔 PVB6436AS

PUB 和 PVB 控制器是 Spyder 家族系列的产品。此产品是通过 NiagaraAX Framework 软件编程和设定的，通过 BACnet MS/TP 网络控制 HVAC 设备。控制器提供多种选项和先进的系统控制功能，从而实现对商用建筑物的控制。控制器可以用于变风量 VAV 和通用 HVAC 控制的各种应用上。每个控制器都包含一个主微处理器负责程序控制，还有一个微处理器负责 BACnet MS/TP 网络通信。控制器为外接传感器提供了灵活的通用输入，数字输入，模拟输出和可控硅输出。图 4-6 为 PVB6436AS，带浮点执行器的控制器。

VAV 控制器可以提供压力无关的风量控制与压力相关的风阀控制。VAV 系统主要实现区域供冷，控制器可提供额外的可编程的输入输出，用于控制风机、VAV 再热盘管等设备。加热器有多级电加热及连续调节的热水加热，可以实现区域的送排风的压力控制。

2）江森 METASYS 架构控制器（FEC2621）

FEC 是一种可编程的数字控制器，可实现 BACnet MS/TP 和 N2 之间进行协议转换。当作为 BACnet MS/TP 设备时，是具有 MSTP 协议的 B-ASCs 设备。在 N2 模式下，可与江森自控之前的 N2 控制器系列通信。

FEC 控制器包括一个 32 位的微处理器、专利的自适应控制、点对点通信，直观的设计和可选的内置 LCD 本地用户界面。

FEC 全系列产品结合 IOM 系列扩展模块，可以涵盖极其广泛的楼宇控制应用，包括简单的风机盘管或热泵控制应用，到复杂的中央冷站管理控制应用。

FEC 系列控制器配有明亮的 LED 指示灯，可以在控制器封盖上看到，旨在指示电源、通信总线和 EOL 拨码状态以及各种故障情况，从而帮助排除控制器和总线故障。

每个控制器内置的 EOL 拨码，可以使得该控制器作为总线的末端设备，减少通信干扰及优化总线通信。

FEC 系列控制器上的 8 位 DIP 拨码，使得将控制器设置为总线上唯一地址的设备。拨码旁边的空白处用来记录地址编号。

FEC 系列控制器针对电源和通信总线终端提供了带标签可拆卸的插头。大部分型号均针对输入终端和输出终端设置了贴有标签的固定颜色编码的端子排，从而简化控制器安装和维修。

VMA16 控制器的 I/O 终端为铲形接线片。连接 I/O 铲形终端的螺栓终端适配器也作为可选配件提供。

FAC2612 型号针对 I/O 端子设置了带标签的可拆卸使用颜色区分的插头。带有一体化显示屏的 FEC2621 控制器，如图 4-7 所示。

FAC、FEC 和 IOM 控制器，可以通过控制器背板上的安装夹和 DIN 导轨，轻松地将控制器安装到水平切面为长 35mm 的 DIN 导轨，或者直接安装到墙壁或平坦的表面上。

某些 FEC 型号安装有带背光的用户界面显示面板，其亮度、对比度可调，保证了低光线下的可读性。该显示面板操作简单便捷，可本地监视、调整主要设定值和控制参数。对于不带显示面板的 FEC 型号和 FAC 型号，可选择

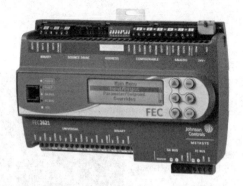

图 4-7　带有一体化显示屏的 FEC2621 控制器

DIS1710 本地控制器显示面板，该模块可直接连接到传感器/传动装置（SA）总线端口。

FEC 系列点的类型和数量，见表 4-2。

FEC 系列点的类型和数量　　　　　　　　　　　　表 4-2

点的类型	接收的信号	FEC16x1	FEC26x1
通用型输入(UI)	模拟量输入，电压信号，0～10VDC 模拟量输入，电流信号，4～20mA 模拟量输入，电阻信号，0～2000Ω，RTD(1k NI [Johnson Controls]，1k PT，A99B SI)，NTC (10k Type L, 2.252k Type 2)数字量输入，干触点保持输出模式	2	6
数字输入(BI)	干触点保持输出模式；脉冲计数模式(高速)，100Hz	1	2
模拟输出(AO)	模拟量输出，电压信号，0～10VDC 模拟量输出，电流信号，4～20mA	0	2
数字输出(BO)	24VAC 三端双向可控硅	3	3
可配置的输出(CO)	模拟量输出，电压信号，0～10VDC 数字输出模式，24VAC 三端双向可控硅	4	4

3) Delta 应用控制器（DAC-633），如图 4-8 所示。

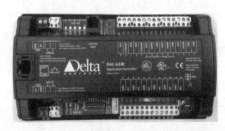

图 4-8　Delta 应用控制器（DDC，DAC-633E 型，基于 BACnet MS/TP 通信型 DDC)

DAC-633 是完全可编程的 Native BACnet 高级应用控制器。DAC-633 使用 BACnet IP 或 BACnet 以太网协议通过双绞线 10-baseT 进行通信或使用 BACnet MSTP 协议通过 RS-485 网络进行通信。DAC-633 被设计用来实现小型 I/O 数量需求的控制应用，它支持 BACstats 和其他 Delta LINK net 设备。

① 应用

DAC-633 可适用于控制不同类型的小型 I/O 数量装置或成套设备，例如：风机盘管、小型热泵、送排风机、小型锅炉或冷水机组等，完全可编程的 DAC-633 可通过创建、修改 BACnet 对象和 GCL＋程序来实现所需的控制应用，如图 4-9 所示。

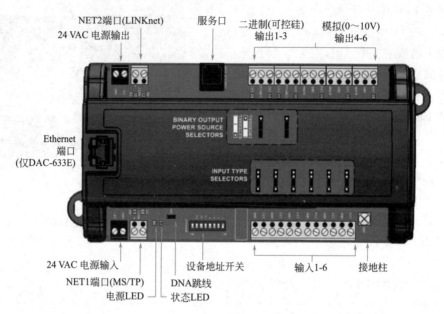

图 4-9　DAC-633/DAC-633E 端子示意

② 特点

• 采用 NativeBACnet 固件。

• 支持 GCL＋完全可编程。

• 支持 BACnet MS/TP 通信（DAC-633）。

• 支持 BACnet/IP 及 BACnet 以太网（DAC-633E）。

• 支持 DAC-633E 配置超级电容，用于时钟和 SRAM 断电信息保持（免维护）。

• 支持 6 个 BACstat 网络传感器（网络温控器）或 2 个 DFM 模块进行 I/O 扩展，每个模拟输出均提供执行器供电端子（24VAC）（既可内部供电，也可外接变压器），可以在网络上进行固件升级或进行控制器数据库的载入和保存，通过 FLASH loading 的升级，可支持 MODbus RTU 从站。

• 支持服务口。

• 支持螺栓或 DIN 导轨安装固定方式。

③ 输入：6 个通用输入（10 bit），可跳线设置为：0～5VDC，大于 1MΩ 外接负载；0～10VDC，20kΩ 外接负载；10kΩ 热电阻；干节点（使用 10k 跳线选项）；4～20mA，250Ω 对地电阻。

④ 输出：

• 3 个二进制可控硅输出。

• 24VAC（最大输出电流：0.5A，漏电流 $100\mu A$，最小有效电流：25mA，跳线选择：内部供电/外部供电）。

• 3 个模拟输出 0～10VDC（最大输出电流：20mA）。

• 每个输出都有 LED 状态指示灯。

（2）DDC 控制器通道类型

现场控制器常见有 4 种最基本类型的 I/O 通道：模拟量输入通道（AI）、模拟量输出通道（AO）、开关量（或称为数字量）输入通道（DI）、开关量（或称为数字量）输出通道（DO）。

1）AI 通道

AI 通道

表 4-3

	信号类型		线缆用线
可接入	温度、压力、流量、液位、空气质量、交流电压信号传感器模拟信号等。工业控制标准的电信号有 0～5VDC、0～10VDC、4～20mA DC 等，一般推荐在传输距离较长时尽可能采用电流信号，以降低线路损耗		屏蔽软线，如 RVVP 4×1.0、RVVP 3×1.0 等
端口信号分析	 电流型温度(湿度)传感器 电压型温度(湿度)传感器　现场　现场控制器 DDC 接受 AI 信号原理图		输入的模拟量主要有：温度、压力、流量、液位、空气质量等；经传感器(变送器)将这些非电量参数转变为标准的电信号；如 0～5V、0～10V、0～20mA、4～20mA 等，标准电信号经 AI 端口进入 DDC，经过内部的 A/D 转换器转换成数字量

2）AO 通道

AO 通道

表 4-4

	信号类型		线缆用线
可输出控制对象	DDC 控制器 AO 通道可输出标准电信号，一般为：4～20mA DC 标准直流电流信号，或 0～10V DC 标准直流电压信号，有些场合也使用 0～5V DC 或 2～10V DC 电压信号。 AO 通道的输出信号用来控制：直行程或角行程电动执行机构的行程或通过调速装置(如变频调速器)控制各种电动机的转速，亦可通过电/气转换器或电/液转换器来控制各种气动或液动执行机构		屏蔽软线，如 RVVP 2×1.0 等
端口信号分析	 AO 输出控制风阀执行器信号原理图		AO 信号一般都可以在电流型和电压型之间转换。如在 4～20mA 标准直流电流信号输出端接入一个 500Ω 的电阻，电阻的两端就是 2～10V DC 电压信号

3) DI 通道

DI 通道   表 4-5

	信号类型	线缆用线
可接入	1.各种开关如：限位开关、行程开关、脚踏开关、旋转开关、温度开关、液位开关等； 2.各种按键； 3.各种传感器的触点输出，如：环境动力监控中的传感器（水浸传感器、火灾报警传感器、玻璃破碎、振动、烟雾和凝结传感器）；脉冲信号进行测量。 4.继电器、干簧管的输出	非屏蔽软线，如 RVV2×1.0
端口信号分析	 DDC 接受 DI 信号原理图	开关量传感器将开关信号经 DI 端口送入 DDC，DDC 可直接判断 DI 输入端口上的开关信号，并将其转化成数字信号，"通"为"1"，"断"为"0"，DDC 对这些数字量信号进行逻辑运算和处理，DDC 对"0"和"1"的认定，一般数字量接口在没有接外设或外设是断开状态时，DDC 将其认定为"0"，当外设开关信号接通时，DDC 将其认定为"1"

4) DO 通道

DO 通道   表 4-6

	信号类型	线缆用线
可输出控制对象	电磁阀、继电器、指示灯、声光报警器等通断型控制设备	非屏蔽软线，如 RVV、BV、BVR 等
端口信号分析	 DO 输出控制 22VAC 灯具信号原理图	DO 信号一般以干接点形式输出，要求输出的"1"或"0"对应于干接点的通或断。 需要强调的是，DDC 控制器不可直接连接控制强电设备，须配置中间继电器配合使用，因为 DDC 内部接触器触点容量较小，无法长时间动作

3.各建筑设备系统监控原理图分析

（1）暖通监控系统中常见的监控原理图分析

1）新风机组（二管制）监控原理图（图 4-10）。

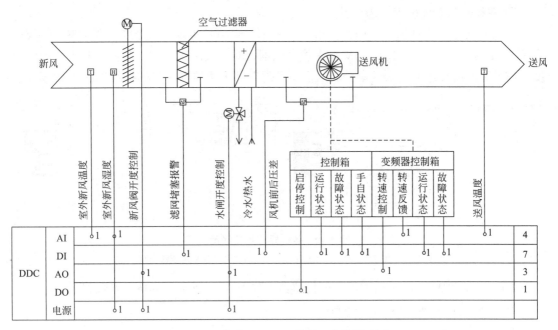

图 4-10　新风机组（二管制）监控原理图

① 室外新风温度监视原理

接入 DDC 的 AI 通道，无需电源供电，一般可采用热电阻式温度传感器、也可采用 NTC 温度传感器实现温度探测。其中，热电阻温度传感器是利用导体或半导体的电阻值随温度变化而变化的原理进行测温的一种传感器。如 Pt100、Pt1000、Cu10、Cu5 等。具体使用如图 4-11 所示。

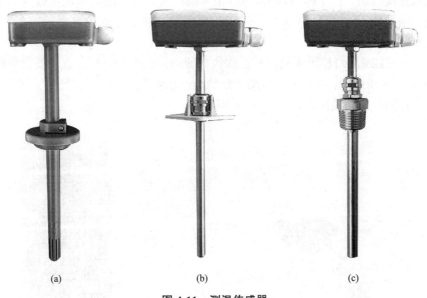

图 4-11　测温传感器

（a）空气滤罩式（风管）；（b）不锈钢探针式（风管）；（c）不锈钢护套式（水管）

② 室外新风湿度监视原理

接入 DDC 的 AI 通道，需电源供电，可采用三线制或四线制湿度变送器实现，一般可采用 4～20mA、0～10V 或 0～5V 型湿度变送器。对于实际工程中，现阶段基本采用温湿度一体的温湿度传感器，实现室外新风温度及湿度的采集监视。具体接线如图 4-12 所示。

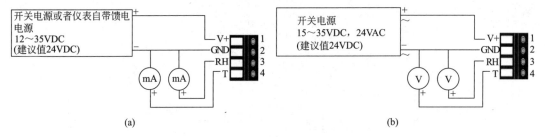

图 4-12　变送器应用接线图

(a) 采用 4～20mA 电流输出型；(b) 采用 0～10V 电压输出型

如西门子 QFM3160 风道式温湿度传感器，如图 4-13 所示，其技术参数如下：

- 湿度测量范围：0～100％RH。
- 湿度测量精度：0～100％相对湿度，23℃时，精度为±23％。
- 温度测量范围：0～50℃/－35～35℃/－40～70℃。
- 温度元件：Pt1000。
- 温度信号输出：0～10VDC。
- 湿度信号输出：0～10VDC。
- 工作电压：24VAC，13.5～35VDC。

③ 新风阀开度控制原理

新风阀开度控制，由 DDC 控制器 AO 信号输出控制所实现，一般可通过 DDC 控制器的 AO 输出通道输出 4～20mADC、0～10VDC 模拟量或者浮点信号给风阀执行器，实现新风风量调节。

如西门子 GDB131.1E 风阀执行器，该执行器为：无弹簧复位的电动旋转风阀执行器，转矩 5N·m，风阀面积：0.8m²。适用于模拟调节的控制器（0～10VDC）或者三位调节的控制器来控制的风阀或风门，如图 4-14 所示。

图 4-13　西门子 QFM3160 风道式温湿度传感器

图 4-14　西门子 GDB131.1E 风阀执行器

技术参数：

- 力矩：5N·m。
- 风阀面积：0.8m²。
- 角转动：90°。
- 环境温度：−32～55℃。
- 定位时间：150s。
- 尺寸：（宽×高×长）68mm×137mm×59.5mm。

④ 滤网堵塞报警监测原理

滤网堵塞报警，常采用压差开关实现过滤网堵塞报警。该报警信号通过开关量接入DDC 控制器的 DI 通道，实现堵塞监测。

中央空调的系统中，常见的压差开关，如图 4-15 所示。

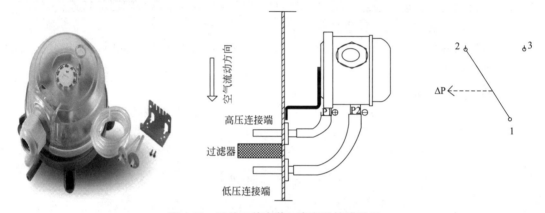

图 4-15　压差开关安装示意图及接线端子

安装示意图中，压差开关导流管分为高压端及低压端，高压端接过滤网的空气源头端，低压端接过滤网过滤后低压处，不可接反。

压差开关的接线端中，1 与 2 为常闭触点，1 与 3 为常开触点。

⑤ 水阀开度控制原理

水阀开度控制，其控制设备是水阀执行器，如图 4-16 所示，水阀执行器的控制原理与风阀执行器的电气控制原理基本相同，只是执行器的执行机械机构不同。水阀执行器连接 DDC 控制器的 AO 输出通道，实现管道中流体的流量调节，从而调节系统的温度、湿度、压力、流量。同时，因执行器一般用电较多，所以需为执行器提供独立电源。

水阀开度执行器，接受控制 DDC 控制器输出的开关量或标准模拟量（0～10VDC 或 4～20mADC）控制信号，并同时输出阀位反馈信号。

⑥ 风机前后压差监视原理

常采用压差开关实现风机前后压差监视，压差开关连接DDC 控制器的 DI 输入通道，监视风机是否产生压差。

图 4-16　西门子电动液压执行器（SKD60）

⑦ 风机控制及运行监控原理

· 风机的启停控制：接入 DDC 控制器的 DO 输出通道，并通过接触器强弱电隔离，实现风机启停控制。

· 风机的运行状态：通过控制风机接触器的辅助触点，接入 DDC 控制器的 DI 输入通道，实现风机状态监视。

· 风机的故障状态：通过风机的故障信号触点，接入 DDC 控制器的 DI 通道，实现风机故障状态监视。

· 风机手自动状态：通过手自动切换开关辅助触点，实现风机控制模式的手自动状态监视。

· 风机变频控制：通过 DDC 控制器的 AO 输出通道，输出 0～10V/4～20mA 调速控制信号，实现风机的变频控制。

· 风机的转速反馈：通过 DDC 控制器的 AI 输入通道，采集变频器的转速信号（0～10V/4～20mA）实现风机的转速监视。

· 风机的变频器运行状态及故障：通过 DDC 控制器的 DI 输入同时，实现变频器的运行与故障监视。

⑧ 送风温度的监视原理

送风温度的监视原理和新风温度的监视原理一致，在此不再做解释。

2）送、排风机监控原理图（图 4-17）

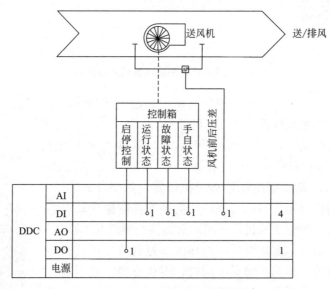

图 4-17 送、排风机监控原理图

送、排风机监控原理基本与新风机组（二管制）监控原理中部分设备相同，相互参考分析即可，在此不再做分析。

3）精密空调监控原理图（图 4-18）

精密空调监控原理基本与新风机组（二管制）监控原理中部分设备相同，相互参考分析即可，在此不再做分析。

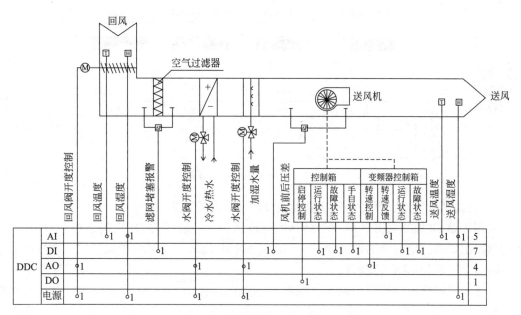

图 4-18　精密空调监控原理图

4）空调机组（二管制）监控原理图（图 4-19）

4-1
半集中式
空调系统
的组成
及原理

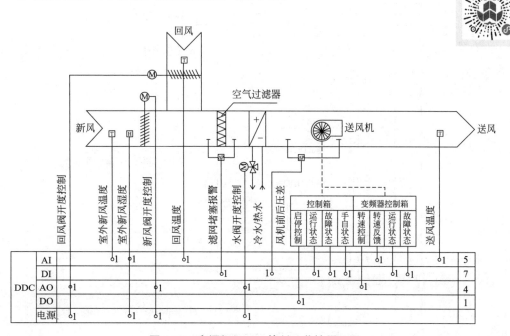

图 4-19　空调机组（二管制）监控原理图

空调机组（二管制）监控原理基本与新风机组（二管制）监控原理中部分设备相同，相互参考分析即可，在此不再做分析。

（2）照明系统监控原理图（图 4-20）

由图可知：

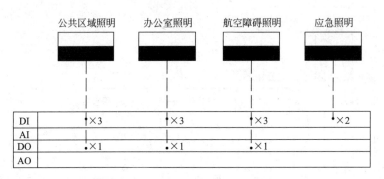

图 4-20　照明系统监控原理图

1）公共区域照明、办公室照明及航空故障照明监控原理

采用 3 路 DI 监视公共区域照明灯具的运行状态，一般通过 DDC 控制器的 DI 输入通道连接控制灯具的继电器的辅助触点，实现灯具状态监视，同时采用接触器，做好强弱电电气隔离，以保护 DDC 控制器。

具体接线原理图如照明控制箱接线原理示意图，如图 4-21 所示。1KM 与 2KM 实现照明回路的状态反馈；KA1 常开触点及 KA2 常开触点实现 DDC 控制灯具；万能切换开关的辅助触点，实现手自动状态的反馈。

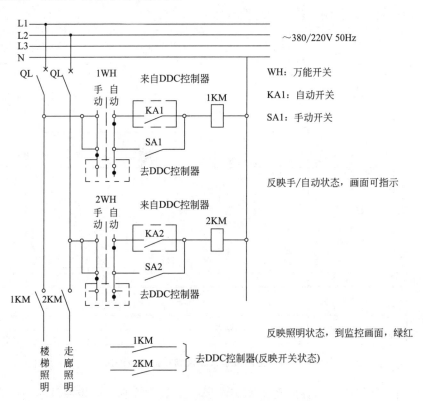

图 4-21　照明控制箱接线原理示意

2）应急照明监视原理

对于应急照明回路，为了确保应急照明系统的稳定性及特殊性，建筑设备自动化系统

一般只实现应急灯具的状态监视，不做控制。因此，应急照明控制箱中的应急回路的状态继电器只与 DDC 控制器的 DI 输入通道连接，实现应急灯具的回路监视。

（3）生活给水系统监控原理图（图 4-22）

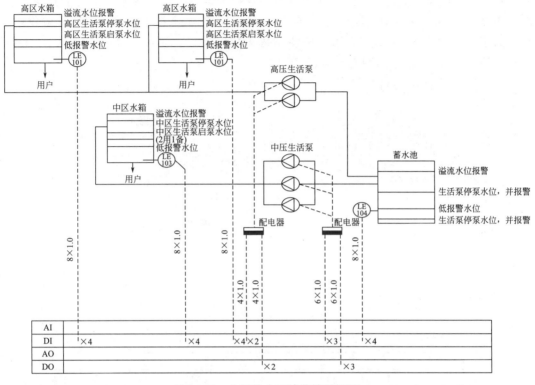

图 4-22　生活给水系统监控原理图

由图可知：

1）高位水箱监视原理

通过 4 个水位传感器（图中 LE101 等均是代表水位传感器，101 为其编号），与 DDC 控制器 DI 输入通道连接，实现水位状态监视。其余中位水箱相同原理。常见的水位传感器如图 4-23 所示。

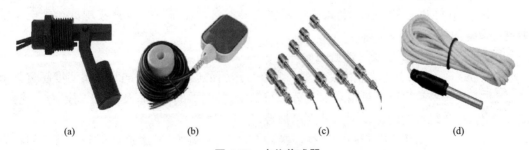

（a）　　　　　　（b）　　　　　　（c）　　　　　　（d）

图 4-23　水位传感器

（a）鸭嘴液位浮球开关（浮球浮起接通）；（b）浮球开关（双路触点开关）；
（c）不锈钢浮球开关（双球导轨式）；（d）电极式液位传感器（配套控制器使用）

2）高位生活泵监控原理

水泵控制，配置强电配电器（即水泵强电控制箱），通过 DI 输入通道实现水泵运行状态监视，通过 DO 输出通道实现水泵控制。其余水泵原理相同。

拓展：一般水泵监控中，比较齐全的监控点位为运行状态、故障状态、手自动状态。图 4-22 缺少故障、手自动监控点位。同时，现阶段建筑给水系统常采用恒压变频供水系统，对于恒压变频给水系统，还涉及变频控制（AO 输出）、变频反馈（AI 输入）、工频/变频切换状态（DI 输入）监控点。

（4）生活排水系统监控原理图（图 4-24）

4-3
排水系统
组成和
原理

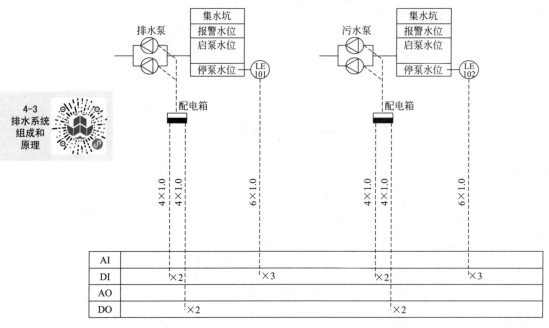

图 4-24　生活排水系统监控原理图

生活排水系统监控原理基本与生活给水系统监控原理中部分设备相同，相互参考分析即可，在此不再做分析。

（5）供配电系统监视原理图（图 4-25）

由图 4-25 可知：在低压配电系统中，建筑设备自动化系统一般只实现低压配电系统中重要设备的状态监视，不做控制。

1）1 号变压器监视原理

TE-101 为温度变送器，实现变压器的温度监视；同时具备温度超过阈值报警输出开关量信号。其分别与 DDC 控制器的 AI 输入及 DI 输入通道连接，实现温度的自动测量及高温报警。

4-4
供配电系统的组成及原理

高压真空断路的监视，接入 DDC 控制器的 DI 通道，实现断路器的状态监视。低压出线的通断监视，可通过分合闸电磁铁进行分合闸信号采集，连接 DDC 控制器 DI 输入通道，实现断路器的分合闸监视。如图 4-26 所示。

电压互感器（V，BT101）接入 DDC 控制器的 AI 输入通道，实现电压监视。

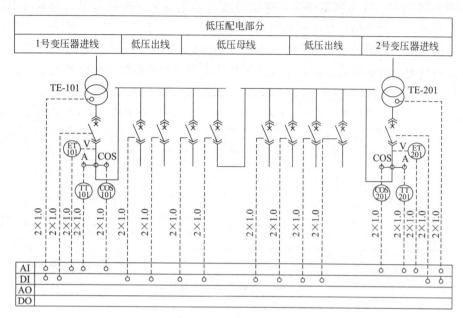

图 4-25　供配电系统监视原理图

电流互感器（A，IT101）接入 DDC 控制器的
AI 输入通道，实现电流监视（一般降为 mA 级
别）。

功率因数（cos101）接入 DDC 控制器的 AI 输
入通道，实现功率、功率因数的监视。

高压线路的电压电流测量方法具体如图 4-27
所示。

2）低压出线、低压母线监视原理

低压出线及低压母线的监视，主要是监视断路
器的通断。

图 4-26　分合闸电磁铁及其安装示意图

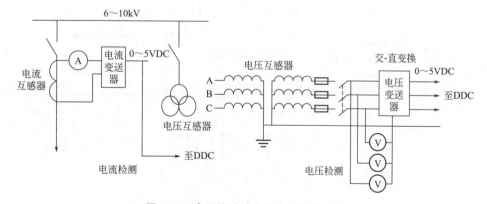

图 4-27　高压线路的电压电流测量方法

（6）电梯系统监视原理图

由图 4-28 可知：在电梯系统中，建筑设备自动化系统一般只实现电梯系统中重要设备的状态监视，不做控制。其中包括电梯的运行状态（上升或下降）、是否在运行、是否故障、是否遇到火警报警等，部分实际项目还可以实现电梯运行时间的累计统计及其电压、电流等电力参数的监测，在此不做介绍具体实现方法可参照供配电监视系统。

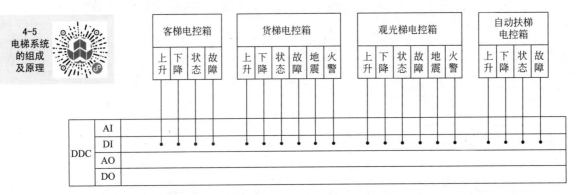

图 4-28　电梯系统监视原理图

4.1.2　DDC 照明控制子系统理论支撑

1. 系统说明

DDC 照明控制子系统主要用来完成对 DDC 编程调试、软件组态应用和照明系统控制等技能的考核、实训。由 DDC（Direct Digital Controller，直接数字控制器）、USB 网络接口、上位机监控系统（力控组态软件）、照明控制箱和照明灯具等组成。其结构框图如图 4-29 所示。

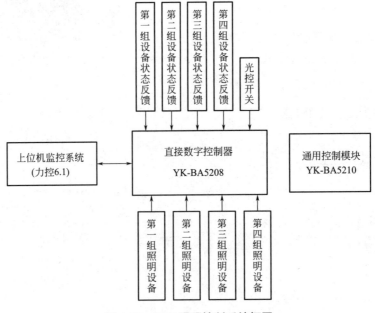

图 4-29　DDC 照明控制系统框图

2.原理说明

YK-BA5210 节能运行模块共包含两种类型的功能模块，即 Real Time（实时时钟）功能模块和 Event Scheduler（任务列表）功能模块。

（1）Real Time 功能模块及其网络变量说明

Real Time 功能模块用来输出系统时间，并对系统时间进行校准。用户操作表 4-7 中说明的网络变量即可完成相应的功能。

Real Time 功能模块网络变量说明　　　　　　　　　　表 4-7

缺省名称	缺省类型	描述
nvi_TimeSet	SNVT_time_stamp	输入网络变量，对系统日期和时间进行校准，校准内容包括年、月、日、时、分、秒
nvo_RealTime	SNVT_time_stamp	输出网络变量，输出当前系统日期和时间，包括年、月、日、时、分，该网络变量 1 分钟刷新一次
nvi_WeekSet	SNVT_data_day	输入网络变量，对系统的星期进行校准
nvo_NowWeek	SNVT_data_day	输出网络变量，输出当日是星期几

（2）Event Scheduler 功能模块及其网络变量说明

Event Scheduler 功能模块根据当前时间、星期及用户输入的周计划表对设备进行定时启停控制。Event Scheduler 功能模块无相应的 Plug-in 配置程序，用户只需操作表 4-8 中说明的网络变量即可对任务列表进行设置。

Event Scheduler 功能模块网络变量说明　　　　　　　表 4-8

缺省名称	缺省类型	描述
nvi_SchEvent	UNVT_sch	输入网络变量，用于任务列表内容的设置。该网络变量为自定义网络变量，其结构说明如下所述。 typedef struct { unsigned short enable; unsigned short subenable; unsigned short action; unsigned short hour1; unsigned short minute1; unsigned short week1; unsigned short hour2; unsigned short minute2; unsigned short week2; unsigned short hour3; unsigned short minute3; unsigned short week3; unsigned short hour4; unsigned short minute4; unsigned short week4; unsigned short hour5; unsigned short minute5;

缺省名称	缺省类型	描述
nvi_SchEvent	UNVT_sch	unsigned short week5; unsigned short hour6; unsigned short minute6; unsigned short week6; unsigned short hour7; unsigned short minute7; unsigned short week7; unsigned short hour8; unsigned short minute8; unsigned short week8; }UNVT_sch, 其中, enable:任务列表总使能,0—屏蔽,1—使能。 subenable:各时间点的动作使能,0表示无效,1表示有效。 第7位:第1时间段有效性;第6位:第2时间段有效性; 第5位:第3时间段有效性;第4位:第4时间段有效性; 第3位:第5时间段有效性;第2位:第6时间段有效性; 第1位:第7时间段有效性;第0位:第8时间段有效性。 action:各时间点动作,0表示停,1表示启。各位意义如下所述: 第7位:第1时间段动作;第6位:第2时间段动作; 第5位:第3时间段动作;第4位:第4时间段动作; 第3位:第5时间段动作;第2位:第6时间段动作; 第1位:第7时间段动作;第0位:第8时间段动作。 hours N:第 N 个时间点的小时数,取值为 0~23; minute N:第 N 个时间点的分钟数,取值为 0~59; week N:第 N 个时间段周的相关性,0表示无效,1表示有效。 第6位:星期日的有效性;第5位:星期一的有效性; 第4位:星期二的有效性;第3位:星期三的有效性
nvo_SchEvent	UNVT_sch	第2位:星期四的有效性;第1位:星期五的有效性; 第0位:星期六的有效性; 输出网络变量,用于输出任务列表设置内容,其数据结构同上
nvo_Out	SNVT_switch	输出网络变量,用于输出任务动作

（3）Event Scheduler 功能模块应用举例

假设有一组设备,该组内的设备具有相同的起停时间任务表,其中设备共有 6 个起停时间点。可见各用一个任务列表功能模块就可以实现,然后将任务列表功能模块的启停命令输出网络变量绑定到与其对应设备的相应输入网络变量上。

操作说明:

1）确定该组设备的定时启停时间见表 4-9。

设备启停时间控制表

表 4-9

设备组号	时间列表
1	周一到周五日程:①6:00 开 ②11:50 关 ③13:00 开 ④17:00 关 周六、周日日程:⑤9:00 开 ⑥16:00 关

2）根据该组设备的定时启停时间表，可对任务列表模块配置如下，见表 4-10：

任务列表功能模块　　　　　　　　　　　　　　　　　　　表 4-10

使能	时间点	动作	星期设置						
✓	6:00	开	日	一	二	三	四	五	六
			×	✓	✓	✓	✓	✓	×
✓	11:50	关	日	一	二	三	四	五	六
			×	✓	✓	✓	✓	✓	×
✓	13:00	开	日	一	二	三	四	五	六
			×	✓	✓	✓	✓	✓	×
✓	17:00	关	日	一	二	三	四	五	六
			×	✓	✓	✓	✓	✓	×
✓	9:00	开	日	一	二	三	四	五	六
			✓	×	×	×	×	×	✓
✓	16:00	关	日	一	二	三	四	五	六
			✓	×	×	×	×	×	✓
×	无关	无关	无关						
×	无关	无关	无关						

3）表 4-10 对应的网络变量数据为：

0x01，0xfc，0xa8，0x06，0x00，0x3e，0x0b，0x32，0x3e，0x0d，0x00，0x3e，0x11，0x00，0x3e，0x09，0x00，0x41，0x10，0x00，0x41，0x00，0x00，0x00，0x00，0x00，0x00。

4）将其转化为十进制数，数据之间用空格隔开：

1 252 168 6 0 62 11 50 62 13 0 62 17 0 62 9 0 65 16 0 65 0 0 0 0 0 0

5）将计算出来的数值写入网络变量 nvi_SchEvent，并下载到设备。

注意：不支持同一天内两个时间点相同，但动作相反的任务，因为启动和停止设定在一个时间点上，可能引起设备的反复起停。由上位机完成时间点重合时动作是否一致的判定，若不一致，给用户提示重新设定。

4.1.3　建筑环境监控子系统理论支撑

1. 系统概述

随着社会的发展，人民生活水平的提高，大家对居住小区的生活环境要求逐步提高，对环境气象的关注日趋强烈，配套建筑环境监控实训系统，模拟监测小区内的气象参数，系统包括无线终端和传感器，可检测温度、湿度、光照度、二氧化碳、PM2.5 等数据，配有建筑环境监控软件（APP），可在各种智能终端上实时显示建筑环境的监测数据，也可对风扇、灯光等设备进行控制。

2. 系统组成与功能

"BEMT-1 建筑环境监控实训系统"由温湿度无线智能终端、光照度无线智能终端、PM2.5 无线智能终端、二氧化碳无线智能终端、电器无线智能终端、温湿度传感器、光照度传感器、PM2.5 传感器、二氧化碳传感器、继电器模块、无线路由器、建筑环境监控软件 APP、平板电脑等几部分组成。

（1）无线智能终端

无线智能终端能够实时采集传感器的数据、分析并处理传感器的数据、通过无线网络上传传感器的数据到监控软件、处理并执行监控软件下发的指令。无线智能终端留有与各类传感器的通信接口，可方便扩展传感器。无线智能终端外观如图 4-30 所示。

无线智能终端左侧设有 1 个复位按钮 RESET、1 个 WiFi 配置按键 SB1、WiFi 天线接口、SWD 下载接口、6 个 LED 指示灯、1 个电源接口，如图 4-31 所示。

图 4-30　无线终端外观图

图 4-31　无线终端左侧面

1）RESET：此按钮为无线智能终端的复位按钮。

2）SB1：此按键为 WiFi 配置按键。

3）天线接口：此接口为 WiFi 的天线接口，需接上 2.4G 天线。

4）SWD：此接口为无线智能终端的固件下载接口，支持自编固件下载仿真。

5）LED 指示灯

① POWER：电源指示灯（红色）；

② D1：网络连接状态指示灯（黄色），当终端成功联网后，指示灯亮；若连接断开，指示灯灭；

③ D2：数据发送指示灯（绿色），终端每上传一次数据，此灯闪烁一次；

④ D3：数据接收指示灯（绿色），终端每接收一次数据，此灯闪烁一次；

⑤ D4：WiFi 配置指示灯（绿色），当无线智能终端正在配置 WiFi 网络时，此灯亮起，配置完成后，此灯熄灭；

⑥ D5：无线智能终端的工作指示灯。

6）电源接口：此接口为终端的电源输入接口，支持 9～15VDC 的电源，默认接 12VDC。

无线智能终端右侧是一排 16P 的传感器通信接口，如图 4-32 所示。

接口定义见表 4-11。

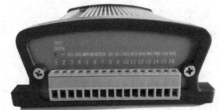

图 4-32　无线终端右侧面

接口定义表　　　　　　　　　　　　表 4-11

接口序号	功能描述	对应传感器接口
1	5VDC+	输出 5VDC,接传感器+5V
2	5VDC−	电源 GND
3	IIC 总线 SCL	光照度传感器的 SCL；温湿度传感器的 SCL
4	IIC 总线 SDA	光照度传感器的 SDA；温湿度传感器的 DATA
5	SPI 总线 MOSI	SPI 总线接口,支持扩展 SPI 通信的传感器
6	SPI 总线 MISO	
7	SPI 总线 SCK	
8	SPI 总线 SS	
9	模拟量采集 ADC1	四路 ADC 采样接口
10	模拟量采集 ADC2	
11	模拟量采集 ADC3	
12	模拟量采集 ADC4	
13	脉宽调制输出 PWM1	继电器模块 KM1_CTR
14	脉宽调制输出 PWM2	继电器模块 KM2_CTR
15	串口发送 TXD	PM2.5 传感器 RXD；二氧化碳传感器的 RXD
16	串口接收 RXD	PM2.5 传感器 TXD；二氧化碳传感器的 TXD

注　序号 3~16 的接口都可以用作普通 I/O 口。

（2）传感器模块

本实训系统包括有温湿度传感器、光照度传感器、二氧化碳传感器、PM2.5 传感器、继电器模块等 5 个模块。

1）温湿度传感器（图 4-33）

温湿度传感器侧面有两个接口，接口如下：

① 电源接口：5VDC 电源输入。

② 通信接口：1：A1，此接口保留，做扩展用；

　　　　　　2：DQ，此接口保留，做扩展用；

　　　　　　3：DATA，温湿度传感器通信数据线；

　　　　　　4：SCL，温湿度传感器通信时钟线。

2）光照度传感器（图 3-34）

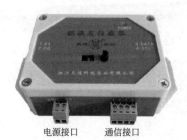

电源接口　　通信接口

图 4-33　温湿度传感器

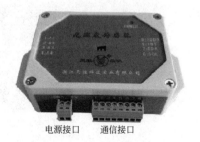

电源接口　　通信接口

图 4-34　光照度传感器

光照度传感器的侧面接口如下：

① 电源接口：5VDC 电源输入。

② 通信接口：1～4：A1～A4，这个四个接口保留，扩展用；

　　　　　　5：ADDR，传感器地址选择线，默认悬空，不接；

　　　　　　6：INT，传感器阈值报警信号线；

　　　　　　7：SDA，传感器通信的数据线；

　　　　　　8：SCL，传感器通信的时钟线。

3）PM2.5 传感器（图 4-35）

PM2.5 传感器侧面接口如下：

① 电源接口：5VDC 电源输入。

② 通信接口：TXD：PM2.5 传感器串口通信数据发送；

　　　　　　RXD：PM2.5 传感器串口通信数据接收。

4）二氧化碳传感器（图 4-36）

二氧化碳传感器侧面接口如下：

① 电源接口：5VDC 电源输入。

② 通信接口：TXD：二氧化碳传感器串口通信数据发送；

　　　　　　RXD：二氧化碳传感器串口通信数据接收。

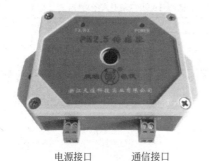

电源接口　　　通信接口

图 4-35　PM2.5 传感器

电源接口　　　通信接口

图 4-36　二氧化碳传感器

5）继电器模块

继电器模块上有两路继电器输出，其外观如图 4-37 所示。

电源接口　　　通信接口

图 4-37　继电器模块

继电器模块侧面接口如下：

① 电源接口：5VDC 电源输入。

② 通信接口：1：KM1 _ TCR，继电器 1 控制信号端；

　　　　　　　2：KM2 _ TCR，继电器 2 控制信号端；

　　　　　　　3：KM1 _ COM，继电器 1 输出公共端；

　　　　　　　4：KM1 _ NO，继电器 1 输出常开端；

　　　　　　　5：KM1 _ NC，继电器 1 输出常闭端；

　　　　　　　6：KM2 _ COM，继电器 2 输出公共端；

　　　　　　　7：KM2 _ NO，继电器 2 输出常开端；

　　　　　　　8：KM2 _ NC，继电器 2 输出常闭端。

继电器的控制信号端输入一个高电平，则继电器吸合，输入一个低电平，继电器断开。

3. 网络设备

本套件中使用的网络设备为无线路由器，它是一种带有无线覆盖功能的路由器，主要应用于用户上网和无线网络覆盖。无线路由器可以看作一个转发器，将接入的有线宽带网络信号通过天线转发给附近的无线网络设备（笔记本电脑、支持 WiFi 的手机等）。目前无线路由器一般都支持专线 xDSL/Cable、动态 xDSL、PPTP 三种接入方式，它还具有其他一些网络管理的功能，如 DHCP 服务、NAT 防火墙、MAC 地址过滤等功能，无线路由器参考图片如图 4-38 所示。

图 4-38　无线路由器

4. 操作及使用说明

（1）传感器的连接

传感器安装固定完后，参照接线图，将传感器和其对应的无线智能终端连接起来，标红、黑的用 23 芯线，标白、蓝的用 16 芯线，无线智能终端的电源输入（POWER）默认用 12VDC 电源供电，电源连接注意正负极，防止接反；接线工具用小一字螺丝刀，各个无线智能终端与传感器配套使用，无线智能终端不能任意互换，具体连接如图 4-39 所示。

（2）无线路由器配置

无线路由器出厂时已经默认设置好，如果不小心改掉了，可以先将无线路由器复位，再根据下面步骤重新设置。

复位方法：无线路由器背面有一个标识为"QSS/RESET"的按钮，在通电状态下，按住该按钮 5s 后，SYS 指示灯（左起第一个指示灯）快速闪烁 3 次后松开，复位成功。具体使用说明还可以参考 TP-LINK 无线路由器自带的使用说明书。

1）用网线（交叉网线）将电脑与无线路由器后面有 1、2、3、4 标识的任一个网孔相连，无线路由器插上配套电源（5VDC 电源适配器）。

2）在 Windows 桌面上右键单击"网络"，选择"属性"；在弹出的网络和共享中心界面中单击"本地连接"，选择"属性"；在弹出的界面中双击"Internet 协议（TCP/IP）"；设置 PC 机 IP 地址为 192.168.1.100，子网掩码为 255.255.255.0，默认网关为 192.168.1.1，

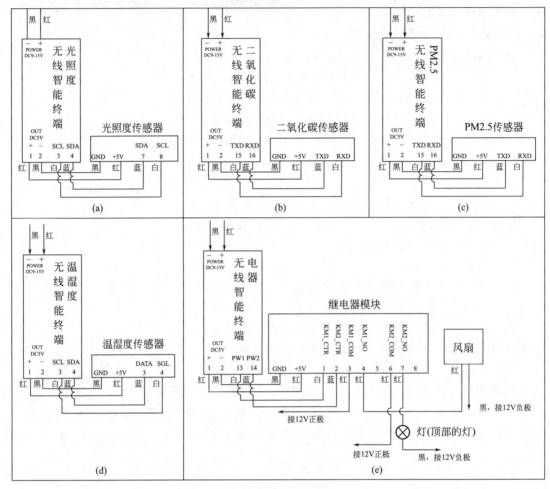

图 4-39　传感器连接示意

（a）光照度传感器连接示意；（b）二氧化碳传感器连接示意；（c）PM2.5传感器连接示意；
（d）温湿度传感器连接示意；（e）继电器模块连接示意

具体设置如图 4-40 所示，点击"确定"退出。

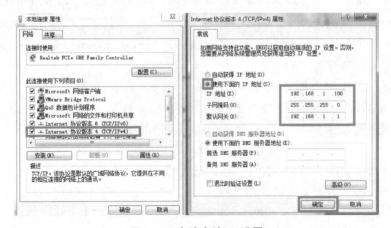

图 4-40　电脑本地 IP 设置

3）打开浏览器，在地址栏中输入 192.168.1.1，按回车后弹出对话框，具体如图 4-41 所示。

4）设置密码为 123456。点击"确定"后进入路由器运行状态界面，在左侧列表中点击"设置向导"，进入"设置向导"界面，如图 4-42 所示。

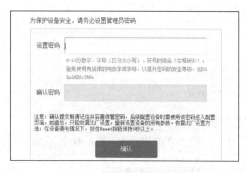

图 4-41　路由器登录界面

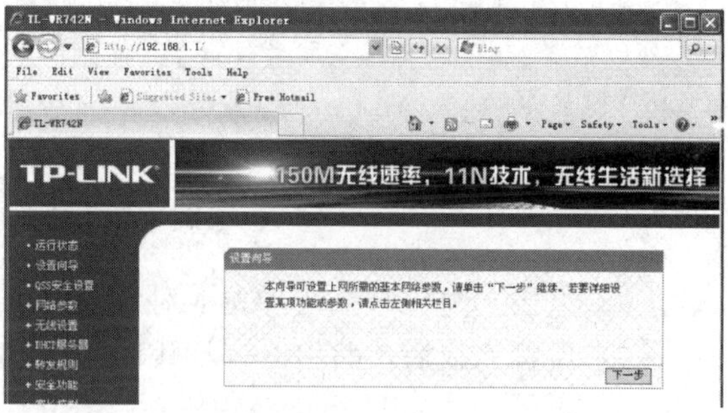

图 4-42　路由器设置向导

5）点击"下一步"后进入上网方式设置界面，选择上网方式：动态 IP（以太网宽带，自动从网路服务器获取 IP 地址）。具体设置如图 4-43 所示。

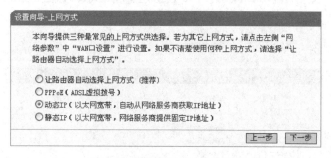

图 4-43　路由器上网方式选择

6）点击"下一步"后进入无线设置界面，设置无线路由器的 SSID：BEMT1＿1（具体 SSID 设定请根据路由器背面的标签来设置，如果标签上写的是 BEMT1＿2，则设为 BEMT1＿2），WPA-PSK/WPA2-PSK 密码：12345678。具体设置如图 4-44 所示。

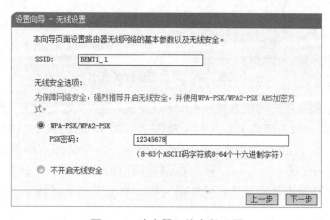

图 4-44　路由器无线参数设置

7）点击"下一步"后进入无线路由器设置向导确认界面，具体如图4-45所示。

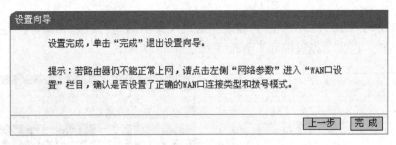

设置向导

设置完成，单击"完成"退出设置向导。

提示：若路由器仍不能正常上网，请点击左侧"网络参数"进入"WAN口设置"栏目，确认是否设置了正确的WAN口连接类型和拨号模式。

上一步　完成

图4-45　路由器设置向导确认

8）点击"完成"按钮，完成对无线路由器的设置。

9）设置完成后，路由器自动跳回运行状态界面，运行状态界面如图4-46所示。

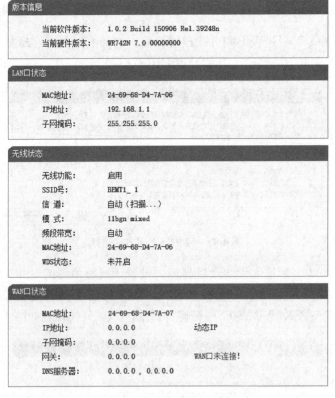

版本信息

当前软件版本：　1.0.2 Build 150906 Rel.39248n
当前硬件版本：　WR742N 7.0 00000000

LAN口状态

MAC地址：　24-69-68-D4-7A-06
IP地址：　192.168.1.1
子网掩码：　255.255.255.0

无线状态

无线功能：　启用
SSID号：　BEMT1_1
信　道：　自动（扫描…）
模　式：　11bgn mixed
频段带宽：　自动
MAC地址：　24-69-68-D4-7A-06
WDS状态：　未开启

WAN口状态

MAC地址：　24-69-68-D4-7A-07
IP地址：　0.0.0.0　　动态IP
子网掩码：　0.0.0.0
网关：　0.0.0.0　　WAN口未连接！
DNS服务器：　0.0.0.0 , 0.0.0.0

图4-46　路由器运行状态

10）在界面左侧，点击网络参数→LAN口设置，将IP地址改为192.168.101.1（具体IP请根据路由器后面的标签来设，如果标签上写的IP地址为192.168.102.1，则设置为192.168.102.1），再点击"保存"，确认重启路由器，等待路由器重启完成后，修改电脑本地IP地址为192.168.101.10，再次在浏览器中输入192.168.101.1，输入密码，登录路由器，如果能登录则说明整个设置正确完成，如果不能请回到第一步，重新设置。如图4-47所示。

图 4-47   LAN 口设置

（3）监控软件的使用

平板电脑开机后，打开 WiFi 设置，连接到 BEMT1 _ 1（具体 SSID 根据路由器来定）WiFi，输入 WiFi 密码：12345678，勾选高级选项，将 IPV4 设置为静态，IPV4 地址设为 192.168.101.2（具体 IP 根据路由器确定，最后一位为 2，前面三位和路由器的前三位相同），网关为 192.168.101.1（根据路由器来定），设置好后，点击连接即可，具体操作参考图 4-48。

打开桌面上的建筑环境监控系统软件，在登录界面点击"注册新用户"，输入用户名和密码。使用刚注册的用户名和密码登录，如图 4-49 所示。

图 4-48   平板 IP 设置

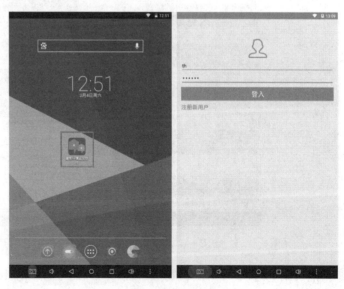

图 4-49   软件登录

登录后，点击右上角菜单图标，选择"开始监控"，如图 4-50 所示。

给所有无线终端上电，等待所有终端联网成功后，就可以监控到无线终端所传来的数据，如图 4-51 所示。

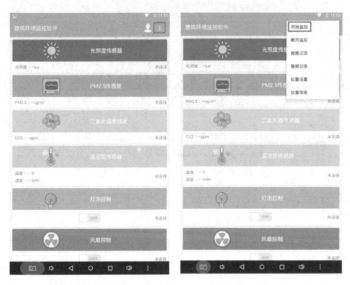

图 4-50　开始监控　　　　　　　　　　　　图 4-51　传感器上传数据

　　点击菜单选项，选择"位置信息"，点击位置编号 1～5 来查看不同位置上的传感器信息及数据，如图 4-52 所示。

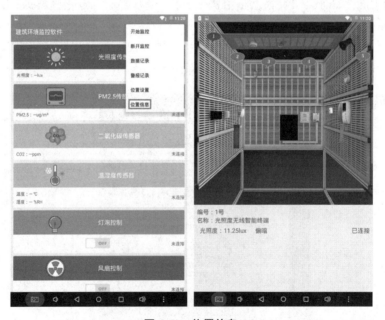

图 4-52　位置信息

　　点击菜单选项，选择"位置设置"，可以对位置编号 1～5 设定相应传感器，如图 4-53 所示。

　　此外，还可以通过菜单选项中的数据记录和报警记录查看历史数据。

　　（4）常见故障处理

　　因操作或保养等原因，导致设备存在故障时，请就设备所发生的问题的可能原因对照

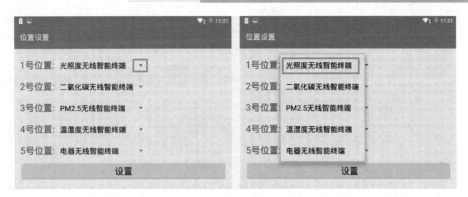

图 4-53　位置设置

下表，并采取相应的对策进行简单的检查或调整，就有可能排除问题，使设备恢复正常，见表 4-12。

常见故障处理　　　　　　　　　　　　　　　　　　表 4-12

故障现象	可能原因	处理方法
无电源	电源线没有正确连接	检查是否已经接入正确的电源适配器
	电源开关没有打开	检查各个电源开关有没有打开
无数据上传	网络参数有误	检查路由器、平板 IP 设置是否正确
	路由器没电	检查路由器是否工作
	天线没有安装或被覆盖物遮挡	检查天线是否安装，移除遮挡物
	平板连接到其他 WiFi	检查平板连接的 WiFi SSID 是否正确
	没有点击"开始监控"	点击软件上的开始"监控按钮"

4.1.4　建筑设备自动化系统施工图

　　一般情况下，建筑设备自动化系统相关图纸包括：设计说明、监控原理图（如暖通系统监控原理图、照明系统监控原理图、给水排水系统监控原理图、供配电系统监控原理图、电梯系统监控原理图等）、各系统监控点表、传感器安装示意图、图纸目录等。如图 4-54 所示。

　　（1）设计说明：包括图纸系统概述、设计依据、设计范围、系统组成、系统设计功能（监控功能流程、监控参数、控制步骤流程等）、系统集成设计范围、施工说明等。

　　（2）监控原理图：体现各监控设备的监控原理图、设备 I/O 明细情况。

　　（3）监控点表：体现各设备监控点位信息、设备名称、设备位置、设备编号、设备点位数等。

　　（4）传感器安装示意图：各传感器、变送器、执行器的安装规范、示例等相关信息。

　　（5）图纸目录：可整体展现出全套图纸的名称、图号、规格大小等相关信息，方便图纸检索、查阅等。

　　一般情况下，监控原理图包含 3 大内容：受控对象工艺流程、电气管线情况及 DDC 监控点位统计表。如图 4-55 所示。

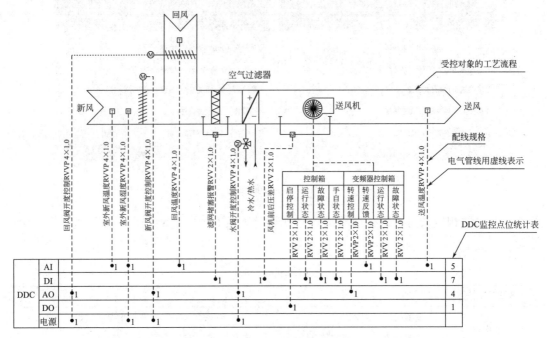

图 4-54　空调机组监控原理图分析

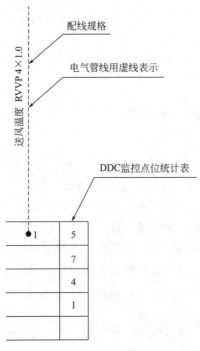

图 4-55　监控原理图的组成

　　电气管线情况：常用虚线表示，部分图纸会标识出其线缆规格。例如：送风温度，其
采用线缆：RVVP 4×1.0 DDC 监控点位统计表，见表 4-13。

表 4-13

监控点表示例

建筑设备监控系统(BAS)点表

楼层	DDC箱编号	设备名称	配电箱编号	设备编号(或电控箱编号)	数量	数字输入 DI												模拟量输入 AI											数字输出 DO		模拟输出 AO				监控点小计				
						设备运行状态	设备故障报警	手自动状态	变频器状态	变频器故障报警	初效过滤网压差	中效过滤网压差	电动风阀开关状态报警	高/低液位报警	风阀开关状态	水管压力反馈	风阀开度反馈	送风温湿度	回风温湿度	新风温湿度	回新风温湿度	风管回风温湿度	电动二通阀反馈	变频器频率反馈	室内CO浓度	室内空气质量	风管CO_2浓度	室内CO_2浓度	设备启停控制	风阀控制	电动二通阀调节	变频器调节	压差旁通调节	风阀调节	DI	AI	DO	AO	合计
屋顶	1#DDC-W-1	空调机组	WACX1	K-T1-01	1	1	1				1	1	1				2	1	1				1				1	1	1		1			2	6	6	1	3	16
		合计																																	6	6	1	3	16
	1#DDC-W-2	排风机(变频)	WACP1	P-T1-01	1	1	1	1		1													1	1					1			1			3	1	1	1	6
		排风机	WACP2	P-T1-02	1	1	1	1		1																			1						3	0	1	0	4
		合计																																	6	1	2	1	10
	1#DDC-W-3	新风机组(变频)	WACX1	X-T1-01	1	1	1	1		1	1	1			2			1	1				1	1					1	2	1	1			8	4	2	2	17
		空调机组	WACX1	K-T1-02	1	1	1	1		1	1	1					2	1	1				1				1	1	1		1			2	6	6	1	3	16
		合计																																					
	1#DDC-W-4	生活水箱			2									6																				6	0	0	0	6
		加压供水泵			3	3	3	3								1																		9	1	0	0	10
		合计																																	15	1	0	0	16
3~23	1#DDC-ZM-1	公共照明	T1-nAL1		21	21	21																						21						42	0	21	0	63
		合计																																	42	0	21	0	63
总计						29	8	0		3	3	3	0	6	2	1	4	0	0	0	1	3	2	0	0	0	2	3	26	2	3	2	0	4	83	18	28	9	138

4.1.5 建筑环境监控系统

建筑环境监控系统主要通过温湿度传感器、光照度传感器、PM2.5 传感器及继电器控制模块，实现对建筑室内环境质量进行监控。

本项目中，建筑环境监控系统相关图例如图 4-56 所示。

建筑环境监控系统图例说明：

序号	图例	设备名称	数量	备注
1	WiFi	无线智能终端(WiFi)	5	壁装，具体安装位置详见安装大样图
2	T/H	温度、湿度传感器模块	1	壁装，具体安装位置详见安装大样图
3	GZ	光照度传感器模块	1	壁装，具体安装位置详见安装大样图
4	CO_2	CO_2传感器模块	1	壁装，具体安装位置详见安装大样图
5	$PM_{2.5}$	PM2.5传感器模块	1	壁装，具体安装位置详见安装大样图
6	C	风扇及灯光控制模块	1	壁装，具体安装位置详见安装大样图
7	AP	无线路由器	1	壁装，具体安装位置详见安装大样图
8	DDC控制箱	DDC控制箱	1	(450mm×650mm×150mm)壁装
9		总电源箱	1	(430mm×610mm×120mm)壁装

图 4-56　建筑环境监控系统相关图例

任务 4.2　操作工具选择

建筑设备自动化系统涉及技术、专业较广，参见的相关操作工具可分为：设备安装类、设备信号测试类及物理量测试类。

4.2.1 设备安装类

设备安装类工具，有冲击钻、手磨机、开孔器、扳手、螺丝刀、钳子、铁锤、梯子、穿线器等，如图 4-57 所示。

4.2.2 设备信号测试类

建筑智能化系统工程中，常见的设备信号测试类仪器仪表，如图 4-58 所示。

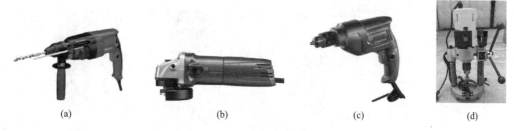

图 4-57　设备安装类工具

（a）冲击钻（用于混凝土开孔等）；（b）手磨机（切割、研磨及刷磨金属与石材等）；
（c）手电钻（用于非冲击类的开孔等）；（d）空调管道开孔器（安装水流开关、管道温度传感器等）

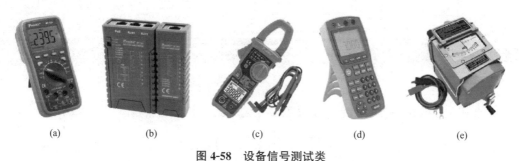

图 4-58　设备信号测试类

（a）万用表；（b）网线测试仪；（c）钳表；（d）高精度模拟信号发生器；（e）摇表（绝缘电阻表测试仪）

4.2.3　物理量测试类

建筑智能化系统工程中，常见的物理量测试类仪器仪表，如图 4-59 所示。

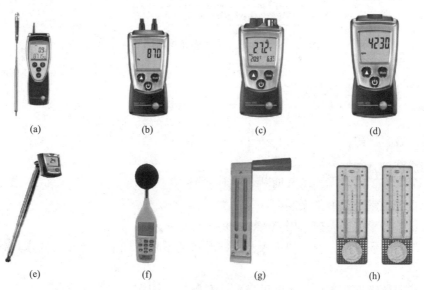

图 4-59　物理量测试类（一）

（a）热电偶温度计；（b）液体式压力记；（c）便携式非接触测温仪；（d）光电转速表；
（e）热球风速仪；（f）声级计；（g）手摇式干湿球温度计；（h）固定式干湿球温度计

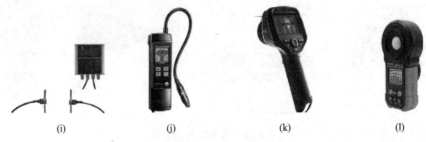

图 4-59　物理量测试类（二）

(i) 超声波流量计；(j) 制冷剂检漏仪；(k) 红外热像仪；(l) 光照度测试仪

任务 4.3　施工工艺流程

结合相关建筑设备自动化系统常规安装工艺，其安装工艺流程图可参考图 4-60。

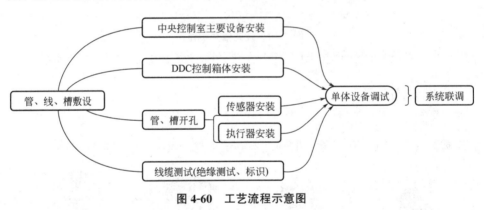

图 4-60　工艺流程示意图

4.3.1　施工工艺各流程标准

1.管、线、槽敷设（图 4-61）

2.线缆测试（绝缘测试、标识）

线缆穿管施工前，须测试其通断，同时标记。

3.中央控制室主要设备安装

（1）设备外形完好无损，内外表面漆层完好。

（2）设备外形尺寸、设备内主板及接线端口的型号、规格符合设计要求，备品、备件齐全。

（3）按照图纸连接主机、不间断电源、打印机、网络控制器等设备。

（4）对引入的电缆或导线进行校线，按图纸要求编号。

（5）交流供电设备的外壳及基础应可靠接地。当采用联合接地时，接地电阻不应大

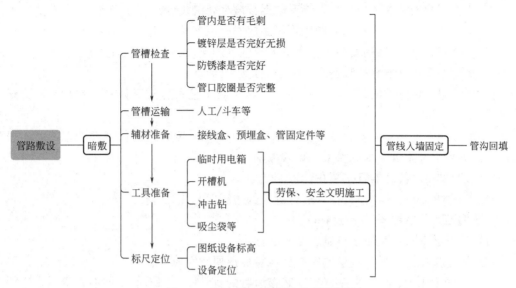

图 4-61   管、线、槽敷设参考流程图

于 1Ω。

4. DDC 现场控制箱安装

（1）根据图纸，确定好 DDC 现场控制箱安装位置、标高等。

（2）根据 DDC 现场控制箱的重量，确定好膨胀螺栓。

（3）DDC 现场控制箱安装位置尽量避开高压、强磁、潮湿等环境。

5. 温湿度传感器安装（图 4-62）

（1）室内外温湿度传感器的安装位置应符合以下要求：

1）温湿度传感器应尽可能远离窗、门和出风口的位置。

2）并列安装的传感器，距地高度应一致，高度差不应大于 1mm，同一区域内高度差不应大于 5mm。

3）温湿度传感器应安装在便于调试、维修的地方。

（2）温度传感器至现场控制器之间的连接应符合设计要求，应尽量减少因接线引起的误差。

（3）风管型温湿度传感器的安装应符合下列要求（图 4-62b）：

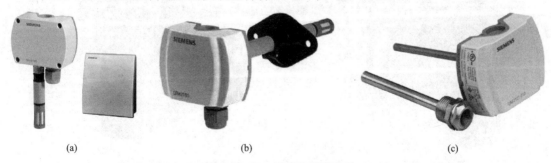

图 4-62   温、湿度传感器安装

（a）温湿度传感器（西门子）；（b）风管型温湿度传感器（西门子）；（c）水管型温度传感器

1）传感器应安装在风速平稳，能反映温湿度变化的位置。

2）风管型温湿度传感器应在做风管保温层时完成安装。

（4）水管温度传感器的安装应符合下列要求（图 4-62c）：

1）水管温度传感器宜在暖通水管完毕后进行安装。

2）水管温度传感器的开孔与焊接工作，必须在工艺管道防腐衬里、吹扫和压力试验前进行。

3）水管温度传感器的安装位置应在水流温度变化灵敏和具有代表性的地方，不宜选择在阀门等阻力件附近、水流流束死角和振动较大的位置。

4）水管型温度传感器宜安装在管道的侧面。

5）水管型温度传感器不宜在管道焊缝及其边缘上开孔和焊接。

6. 压力压差传感器安装（图 4-63）

（1）传感器宜安装在便于调试、维修的位置。

（2）风管型压力、压差传感器应在做风管保温层时完成安装。

（3）风管型压力、压差传感器应安装在风管的直管段，如不能安装在直管段，则应避开风管内通风死角和蒸汽排放口的位置。

（4）水管型压力与压差传感器应在暖通水管路安装完毕后进行安装，其开孔与焊接工作必须在工艺管道的防腐衬里、吹扫和压力试验前进行。

（5）水管型压力、压差传感器不宜在管道焊缝及其边缘处开孔及焊接。

（6）水管型压力、压差传感器宜安装在管道水流流束稳定的位置，不宜安装在阀门附近、水流流束死角和振动较大的位置。

7. 风压压力开关安装（图 4-64）

（1）安装压差开关时，宜将薄膜处于垂直于平面的位置。

（2）风压压差开关的安装应在做风管保温层时完成。

图 4-63　压差传感器

图 4-64　风压压力开关（西门子）

（3）风压压差开关宜安装在便于调试、维修的地方。

（4）风压压差开关安装完毕后应做密闭处理。

（5）风压压差开关的线路应通过软管与压差开关连接。

（6）风压压差开关应避开蒸汽排放口。

8. 电动调节阀安装（图 4-65）

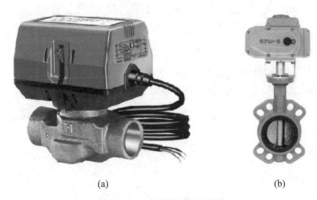

(a)　　　　　　　　　　　　(b)

图 4-65　电动调节阀安装

（a）风机盘管阀；（b）蝶阀执行器

（1）空调器的电动阀旁一般应装有旁通管路。

（2）电动阀的口径与管道通径不一致时，应采用渐缩管件，且结合处不允许有间隙、松动现象。同时电动阀口径一般不应低于管道口径两个等级。

（3）执行机构应固定牢固，操作手轮应处于便于操作的位置，并注意安装的位置便于维修、拆装。

（4）执行机构的机械传动应灵活，无松动或卡涩现象。

（5）有阀位指示装置的电磁阀、电动阀，阀位指示装置应面向便于观察的位置。

（6）电磁阀、电动阀一般安装于回水管道。

（7）阀体上箭头的指向应与介质流动方向一致，并应垂直安装于水平管道上，严禁倾斜安装。

（8）大型电动调节阀安装时，为避免给调节阀带来附加压力，应安装支架，在有剧烈振动的场所，应同时采取抗震措施。安装于室外的电动阀应加防护罩。

（9）在管道冲洗前，应将阀体完全打开。

9. 风阀执行器安装（图 4-66）

（1）风阀控制器安装前应按安装使用说明书的规定，检查工作电压、控制输入、线圈和阀体间的电阻等，应符合设计和产品说明书的要求，风阀控制器与风阀门轴的连接应固定牢固。风阀控制器在安装前宜进行模拟动作试验。

图 4-66　风阀执行器

（2）风阀控制器上的开闭箭头的指向与阀门开闭方向一致。

（3）风阀的机械机构开闭应灵活，无松动或卡涩现象。

（4）风阀控制器应与风阀门轴垂直安装，垂直角度不小于85°。

（5）风阀控制器安装后，风阀控制器的开闭指示位置应与风阀实际状况一致，风阀控制器宜面向便于观察的位置。

10. 单体设备调试

（1）单体设备程序调试必须条件

1）楼宇自控系统的设备包括现场的各种阀门、执行器、传感器等全部安装完毕，线路敷设和接线全部符合图纸及设计的要求。

2）楼宇自控系统的受控设备及其自身的系统安装完毕，且调试合格；同时其设备或系统的测试数据必须满足自身系统的工艺要求，具备相应的测试记录。

3）检测楼宇自控系统设备与各联动系统设备的数据传输符合设计要求。

4）确认按设计图纸、产品供应商的技术资料、软件和规定的其他功能和联锁、联动程序的控制要求。

（2）现场控制器测试调试必须条件

1）数字量输入测试

信号检查：按设备说明书和设计要求确认干接点输入和电压、电流等信号是否符合要求。

动作试验：按上述不同信号的要求，用程序方式或手动方式对全部测点进行测试，并将测试值记录下来。

2）数字量输出测试

信号电平的检查：按设备说明书和设计要求确认继电器开关量的输出起/停（ON/OFF）、输出电压或电流开关特性是否符合要求。

动作试验：用程序方式或手动方式测试全部数字量输出，记录其测试数值并观察受控设备的电气控制开关工作状态是否正常，并观察受控设备运行是否正常。

3）模拟量输入测试

按设备说明书和设计要求确认其有源或无源的模拟量输入的类型、量程（容量）、设定值（设计值）是否符合规定。

4）模拟量输出测试

按设备使用说明书和设计要求确定其模拟量输出的类型、量程（容量）与设定值（设计值）是否符合。

5）现场控制器功能测试

应按产品设备说明书和设计要求进行，通常进行运行可靠性测试和现场控制器软件主要功能及其实时性测试。

（3）空调单体设备的调试条件

1）检查新风机控制柜的全部电气元器件有无损坏，内部与外部接线是否正确，严防强电电源串入现场控制器。

2）按监控点表要求，检查装在新风机的温湿度传感器、电动阀、风阀、压差开关等设备的位置、接线是否正确，并检查输入、输出信号的类型、量程是否和设计一致。

3）在手动位置确认风机在手动控制状态下已运行正常。

4）确认现场控制器和I/O模块的地址码设置是否正确。

5）确认现场控制器送电并接通主电源开关后，观察现场控制器和各元件状态是否运行正常。

6）用笔记本电脑或手提检测器检测所有模拟量输入点送风温度和风压的量值，并核对其数值是否正确。记录所有开关量输入点（风压开关和防冻开关等）工作状态是否正常。强置所有的开关量输出点开与关，确认相关的风机、风门、阀门等工作是否正常。强置所有模拟量输出点、输出信号，确认相关的电动阀（冷热水调节阀）的工作是否正常及其位置调节是否跟随变化，并打印记录结果。

7）启动新风机时，新风阀门应联锁打开，送风温度调节控制应投入运行。

8）模拟送风温度大于送风温度设定值，热水调节阀逐渐减小开度直至全部关闭（冬天工况）；或者冷水阀逐渐加大，开度直至全部打开（夏天工况）。模拟送风温度小于送风温度设定值时，确认其冷热水阀运行工况与上述完全相反。

9）模拟送风湿度小于送风湿度设定值时，加湿器运行湿度调节。

10）新风机停止运转时，则新风门以及冷、热水调节阀门、加湿器等应回到全关闭位置。

11）单体调试完成时，应按工艺和设计要求在系统中设定其送风温度、湿度和风压的初始状态。

（4）空气处理机单体设备调试条件

1）启动空调机时，新风门、回风门、排风门等应联动打开。

2）空调机启动后，回风温度应随着回风温度设定值改变而变化，在经过一定时间后应能稳定在回风温度设定值范围之内。如果回风温度跟踪设定值的速度太慢，可以适当提高比例积分微分调节器PID的放大作用；如果系统稳定后，回风温度和设定值的偏差较大，可以适当提高PID调节的积分作用；如果回风温度在设定值上下明显地做周期性波动，其偏差超过范围，则应先降低或取消微分作用，再降低比例放大作用，直到系统稳定为止。PID参数设置的原则是：首先保证系统稳定，其次满足其基本的精度要求；各项参数值设置精度不宜过高，应避免系统振荡，并有一定裕量。当系统调试不能稳定时，应考虑有关的机械或电气装置中是否存在妨碍系统稳定的因素，做仔细检查并排除这样的干扰。

3）空调机停止转动时，新风机风门、排风门、回风门、冷热水调节阀、加湿器等应回到全关闭位置。

4）变风量空调机应按控制功能变频或分挡变速的要求，确认空气处理机的风量、风压随风机的速度也相应变化。当风压或风量稳定在设计值时，风机速度应稳定在某一点上，并按设计和产品说明书的要求记录30％、50％、90％风机速度时相对应的风压或风量（变频、调速）；还应在分挡变速时测量其相应的风压与风量。

11. 系统联调

（1）控制中心设备的接线检查。按系统设计图纸要求，检查主机与网络器、开关设备、现场控制器、系统外部设备（包括电源UPS、打印设备）、通信接口（包括与其他子系统）之间的连接、传输线型号规格是否正确。通信接口的通信协议、数据传输格式、速率等是否符合设计要求。

（2）系统通信检查。主机及其相应设备通电后，启动程序检查主机与本系统其他设备通信是否正常，确认系统内设备无故障。

（3）对整个楼控系统监控性能和联动功能进行测试，要求满足设计图纸及系统监控点表的要求。

12. 质量标准保证（表4-14）

质量标准保证具体要求 表4-14

项目		具体要求
主控项目	空调与通风系统的功能检测要求	建筑设备监控系统应对空调系统进行温湿度及新风量自动控制、预定时间表自动启停、节能优化控制等控制功能进行检测,应着重检测系统测控点(温度、相对湿度、压差和压力等)与被控设备(风机、风阀、加湿器及电动阀门等)的控制稳定性、响应时间和控制效果,并检测设备联锁控制和故障报警的正确性
	中央管理工作站与操作分站的功能检测要求	1. 对建筑设备监控系统中央管理工作站与操作分站进行功能检测时,应主要检测其监控和管理功能,检测时应以中央管理工作站为主,对操作分站主要检测其监控和管理权限以及数据与中央管理工作站的一致性。 2. 应检测中央管理工作站显示和记录各种测量数据、运行状态、故障报警信息的实时性和准确性,以及对设备进行控制和管理的功能,并检测中央管理工作站控制命令的有效性和参数设定的功能,保证中央管理工作站的控制命令被无冲突地执行。 3. 应检测中央管理工作站操作的方便性,人机界面应符合友好、汉化、图形化要求,图形切换流程清楚易懂,便于操作。对报警信息的显示和处理应直观有效。 4. 对操作权限检测,确保系统操作的安全性
一般项目	传感器精度要求	检测传感器采样显示值与现场实际值的一致性,应符合设计及产品的技术文件的要求
	控制设备及执行器的性能测试要求	包括控制器、电动风阀、电动水阀、变频器等。主要测定控制设备的有效性、正确性和稳定性;测试核对电动调节阀在零开度、50%、80%的行程处与控制指令的一致性及响应速度;测试结果应满足合同技术文件及控制工艺对设备性能的要求

任务 4.4 质量自查验收

4.4.1 设备安装自查验收（表4-15）

设备安装自查验收表 表4-15

器件	所属系统	实测安装尺寸		器件选择	施工工艺	
CO_2 无线智能终端	环境系统	误差内:□ 水平:200mm 实测:_____mm	垂直:1920mm 实测:_____mm	是否正确□	是否牢固: 是否端正及扎带理线: ★出线是否缠绕管:	□ □ □
CO_2 传感器模块	环境系统	误差内:□ 水平:440mm 实测:_____mm	垂直:1920mm 实测:_____mm	是否正确□	是否牢固: 是否端正及扎带理线: ★出线是否缠绕管:	□ □ □

续表

器件	所属系统	实测安装尺寸		器件选择	施工工艺	
温湿度无线智能终端	环境系统	误差内:□ 水平:200mm 实测:_____mm	垂直:1920mm 实测:_____mm	是否正确 □	是否牢固: 是否端正及扎带理线: ★出线是否缠绕管:	□ □ □
温度、湿度传感器模块	环境系统	误差内:□ 水平:440mm 实测:_____mm	垂直:1920mm 实测:_____mm	是否正确 □	是否牢固: 是否端正及扎带理线: ★出线是否缠绕管:	□ □ □
光照度无线智能终端	环境系统	误差内:□ 水平:200mm 实测:_____mm	垂直:1920mm 实测:_____mm	是否正确 □	是否牢固: 是否端正及扎带理线: ★出线是否缠绕管:	□ □ □
光照度传感器模块	环境系统	误差内:□ 水平:440mm 实测:_____mm	垂直:1920mm 实测:_____mm	是否正确 □	是否牢固: 是否端正及扎带理线: ★出线是否缠绕管:	□ □ □
PM2.5无线智能终端	环境系统	误差内:□ 水平:200mm 实测:_____mm	垂直:1920mm 实测:_____mm	是否正确 □	是否牢固: 是否端正及扎带理线: ★出线是否缠绕管:	□ □ □
PM2.5传感器模块	环境系统	误差内:□ 水平:440mm 实测:_____mm	垂直:1920mm 实测:_____mm	是否正确 □	是否牢固: 是否端正及扎带理线: ★出线是否缠绕管:	□ □ □

4.4.2　线缆接线自查验收（表 4-16）

线缆接线自查验收表

表 4-16

器件	所属系统	线规及接线		端接工艺	
温湿度无线智能终端	环境系统	6 根 RV 线:	□	★冷压针型处理:	□
温度、湿度传感器模块	环境系统	4 根 RV 线:	□	★冷压针型处理:	□
CO_2 无线智能终端	环境系统	6 根 RV 线:	□	★冷压针型处理:	□
CO_2 传感器模块	环境系统	4 根 RV 线:	□	★冷压针型处理:	□
光照度无线智能终端	环境系统	6 根 RV 线:	□	★冷压针型处理:	□
光照度传感器模块	环境系统	4 根 RV 线:	□	★冷压针型处理:	□
PM2.5无线智能终端	环境系统	6 根 RV 线:	□	★冷压针型处理:	□
PM2.5传感器模块	环境系统	4 根 RV 线:	□	★冷压针型处理:	□
电器无线智能终端	环境系统	6 根 RV 线:	□	★冷压针型处理:	□
风扇及灯光继电器模块	环境系统	8 根 RV 线:	□	★冷压针型处理:	□

4.4.3 功能调试自查验收

1. DDC 照明控制子系统功能调试自查验收表（表 4-17）

DDC 照明控制子系统功能调试自查验收表 表 4-17

题号	配分	重点检查内容	评分标准	分值	得分	总得分
界面	1	是否采用统一组态界面	采用统一组态界面进行组态编程	1		
1	1	监测各个灯的工作状态	手动时每个灯由对应的开关控制	0.8		
			自动时光控开关作用手动开关不起作用	0.2		
2	1.2	手动控制：点击组态界面上"手动"按键后,分别点击组态界面上四盏灯按键的开/关,实现控制装置中相应照明灯点亮/熄灭,要求灯亮时,为原色;灯灭时,为灰色	手动能控制四盏灯的开与关	0.8		
			灯亮时为原色;灯灭为灰色	0.4		
3	0.8	自检控制：点击组态界面上"自检"按键,2s后实现以下控制顺序:路灯开—路灯关—室内灯开—室内灯关—草坪灯开—草坪灯关—球场灯开—球场灯关—路灯球场灯开—室内灯草坪灯开—所有灯关	开灯顺序全部正确	0.8		
4	1	自动控制：点击组态界面上"自动"按键,路灯、草坪灯受光控影响,天暗灯亮、天亮灯灭,在监控界面上通过图形颜色的变化反映光控开关的实际动作状态(光控开关动作时,为绿色;光控开关无动作时,为灰色);室内灯上午8:00开,下午4:00关	"自动"时,光控控制草坪灯	0.2		
			光控开关有动作时,为绿色	0.4		
			光控开关无动作时,为灰色			
			室内灯上午 8:00 开,下午 4:00 关	0.4		
5	1.8	在自动状态下,通过配置DDC模块,要求设置一个按钮"循环开始",当按下循环开始后,弹出循环暂停和循环停止两个按钮,DDC照明系统4盏灯按从左往右的顺序依次打开后,每打开一盏灯后亮3s才打开下一盏灯,直到所有灯打开后,从右往左间隔2s依次熄灭,直至全部熄灭,4s后从头开始,以此循环;在循环过程中,如果按下循环暂停按钮,则所有循环暂停;再次按下循环暂停按钮,则循环继续;在循环过程中,如果按下循环停止按钮,则所有灯全部点亮2s后全部熄灭	循环开始,弹出循环暂停和循环停止两个按钮	0.4		
			从左往右的顺序依次打开	0.2		
			每打开一盏灯后亮 3s	0.2		
			从右往左间隔 2s 依次熄灭,直至全部熄灭	0.2		
			4s 后从头开始及循环	0.2		
			按下循环暂停按钮,则所有循环暂停	0.2		
			再次按下循环暂停按钮,则循环继续	0.2		
			按下循环停止按钮,则所有灯全部点亮 2s 后全部熄灭	0.2		

续表

题号	配分	重点检查内容	评分标准	分值	得分	总得分
6	0.6	为了解灯具的使用寿命,在组态界面显示记录草坪灯被点亮的次数,次数达到 5 次组态界面弹出"请爱护我!"按钮	能显示记录草坪灯被点亮的次数	0.2		
			弹出"请爱护我!"按钮	0.4		
7	0.6	将上述两个系统所完成的组态工程文件及 DDC 编程文件分别存放到计算机 D 盘"工位号"文件夹"DDC 照明系统"下的"上位机工程"和"DDC 工程"两个子文件夹内	上位机工程保存正确:"D:\工位号\DDC 照明系统\上位机工程\"	0.2		
			DDC 工程保存正确:"D:\工位号\DDC 照明系统\DDC 工程\"	0.2		
			文件名称正确:"上位机工程""DDC 工程"	0.2		
以上小计						

2. 建筑环境监控子系统功能调试自查验收表 (表 4-18)

建筑环境监控子系统功能调试自查验收表 　　　　　　　　　　表 4-18

题号	配分	重点检查内容	评分标准	分值	得分	总得分
1	2	通过移动终端采集 PM2.5、CO_2 浓度值、光照度传感器照度、温湿度值	移动终端能采集 PM2.5 浓度值	0.5		
			移动终端能采集 CO_2 浓度值	0.5		
			移动终端能采集光照度传感器照度	0.5		
			移动终端采集温湿度值	0.5		
2	1	通过移动终端,控制灯具和风扇的开/关。先打开射灯开关,再打开风扇开关,风扇才能工作。否则风扇不工作。根据功能要求完成接线图竣工图纸绘制(补充连接导线)	没开射灯,风扇不能开启	0.5		
			开射灯,风扇才可开启	0.5		
3	1	根据各传感器的安装位置,在移动终端从左向右依顺序配置各传感器的位置	各传感器位置正确由左往右为:CO_2—温湿度—光照度—PM2.5—电器错一个扣 0.2	1		
以上小计						

4.4.4　实训成果导向表（表4-19）

实训成果导向表（自评及测评）　　　　　　　　表4-19

功能	序号	知识点	是否掌握（学生自评）	实训老师考核评价	得分
理论支撑	1	建筑设备自动化系统组成及工作原理	是□　否□		
理论支撑	2	自动控制基础	是□　否□		
理论支撑	3	各设备系统的监控原理、监控点位识图	是□　否□		
理论支撑	4	监控点位线缆敷设	是□　否□		
理论支撑	5	参见传感器的安装与调试（温度传感器、压力传感器、压差开关等）	是□　否□		
实训成果	6	掌握DDC的输入输出端口的识别及接线	是□　否□		
实训成果	7	掌握常见传感器的安装方法及调试布置	是□　否□		
实训成果	8	掌握无线终端的安装及调试	是□　否□		
实训成果	9	掌握环境监测—CO_2传感器的安装及接线调试	是□　否□		
实训成果	10	掌握环境监测—PM2.5传感器的安装及接线调试	是□　否□		
实训成果	11	掌握环境监测—光照度传感器的安装及接线调试	是□　否□		
实训成果	12	掌握环境监测—温湿度传感器的安装及接线调试	是□　否□		
实训成果	13	掌握环境监测—开关继电器的安装及接线调试	是□　否□		
实训成果	14	掌握无线路由器的出产恢复、网页登录及配置	是□　否□		
实训成果	15	掌握无线路由器的WiFi设置	是□　否□		
实训成果	16	掌握无线平板的WiFi链接，IP地址设置	是□　否□		
实训成果	17	掌握环境监测APP软件配置	是□　否□		
实训成果	18	掌握环境监测APP的传感器的位置配置	是□　否□		
职业修养	19	工具及实训台面是否收拾及打扫干净	是□　否□		

4.4.5　实际工程质量验收示例

1. 智能建筑冷冻和冷却系统观感质量检查验收记录示例（表 4-20）

智能建筑冷冻和冷却系统观感质量检查验收记录　　　　　　表 4-20

单位(子单位)工程名称					
所属子分部（系统）/分项（子系统）工程名称	建筑设备监控系统/冷冻和冷却系统				
总包单位		项目经理（负责人）			
安装单位		项目经理（负责人）			

序号	检查项目	抽查百分数-抽查部位、区、段	质量评价汇总统计		
			好	一般	差
1	现场控制器的安装及布局	100%-2层	好		
2	扩展模块的安装及布局	100%-2层	好		
3	浸入式温度传感器的安装及布局流量计的安装及布局	100%-3层	好		
4	水流开关的安装及布局压力传感器的安装及布局	100%-10.00m	好		
5	现场控制器的安装及布局	100%-10.00m	好		
观感质量验收综合意见			符合要求		

安装单位	监理（建设）单位
经检查,该系统工程观感、质量符合要求。 项目质量技术负责人: 项目经理（负责人）: 　　　　　　年　月　日	专业监理工程师 （建设单位项目专业技术负责人）: 　　　　　　年　月　日

2. 智能建筑工程设备（单元）单体检测调试记录示例（表 4-21）

智能建筑工程设备（单元）单体检测调试记录 　　　　表 4-21

单位（子单位）工程名称		某电视塔	
所属子分部（系统）/分项（子系统）工程名称		建筑设备监控系统/空调与通风系统、给水排水系统、热源和热交换系统、冷冻和冷却系统、电梯和自动扶梯系统	
依据 GB 50339 的条目		第6.3条	
检测调试部位、区、段		−10.00～454.00m	
安装单位		项目经理（负责人）	
施工执行标准名称及编号		《建筑工程施工质量验证统一标准》GB 50300—2013 《建筑电气工程施工质量验收规范》GB 50303—2015 《智能建筑工程质量验证标准》GB 50339—2013	
设备（单元）名称、型号、规格	检测调试内容（项目、参数）及其标准（设计、合同）规定要求		检测调试结果
DDC控制箱 1050×1250×220mm 800×900×220mm 850×1000×220mm 950×1200×220mm （长×宽×深） 网络分站：IPC 扩展模块：MS-IOM1710 扩展模块：IOU44710 控制器：TE26162	1)测试模拟量信号的检测精度。显示值与实际值的相对误差不大于5%。 2)测试与统计模拟量及开关量的接入率及完好率。对设备状态作监视的模拟量与开关量按照总数的10%进行抽测。对未接入及不完好的模拟量和开关量要进行分析和改进。对于不符合"完好"要求和无法接入的模拟量和开关量，应分别列表说明各点存在的问题和解决措施。 3)测试控制功能。主要控制回路100%测试，一般控制回路10%测试。主要测定控制回路的有效性、正确性和稳定性。测试与核对电动执行机构与电动调节阀在20%、50%与80%的行程处对控制指令的一致性与响应速度。控制效果应满足合同技术文件与控制工艺对功能的要求。 4)测试实时性能。巡检速度、开关信号和报警信号的反应速度应满足合同技术文件与设备工艺性能指标的要求（抽检10%，小于10台时全部抽检）。 5)可靠性测试。抽检10%，小于10台时全部抽检。插件带电插拔时，应能正常工作；DDC抗干扰能力测试。 6)检验维护功能。抽检10%，小于10台时全部抽检。 维护人员通过任一DDC接口进行在线编程和修改；网络通信中断的报警功能；自治能力和自治水平（网络通信线路局部开路时自动恢复重组通信等）		符合要求
备注	无		
安装单位检查评定结果	专业工长（施工员）		施工班组长	
	检测调试人员			
	符合设计及施工规范要求，经检查质量合格。 项目专业质量检查员： 　　　　　　　　　　　　　　　　　　　　年　月　日			
监理（建设）单位验收结论	专业监理工程师 （建设单位项目专业技术负责人）： 　　　　　　　　　　　　　　　　　　　　年　月　日			

3. 智能建筑建筑设备监控系统工程验收相关项目结论汇总表示例（表4-22）

智能建筑建筑设备监控系统工程验收相关项目结论汇总表　　　　表4-22

单位(子单位)工程名称					
所属子分部(系统)/分项(子系统)工程名称	建筑设备监控系统/空调与通风系统、给水排水系统、热源和热交换系统、冷冻和冷却系统、电梯和自动扶梯系统				
系统所在部位、区、段					
安装单位			项目经理(负责人)		
项目	结论 通过	结论 不通过	备注	签名	
工程量完成及质量控制验收				验收人：	年　月　日
系统检测验收				验收人：	年　月　日
系统功能抽查				抽查人：	年　月　日
观感质量验收				验收人：	年　月　日
资料审查				审查人：	年　月　日
人员培训考评				考评人：	年　月　日
运行管理队伍及规章制度审查				审查人：	年　月　日
设计等级要求评定				评定人：	年　月　日
系统验收	通过			验收机构负责人：	年　月　日
备注					

验收机构人员

姓名	工作单位	职务、职称	在验收机构的职务和分工职责

4. 安全和功能检验资料核查及主要功能抽查记录示例（表4-23）

智能建筑建筑设备监控系统工程安全和功能检验资料核查及主要功能抽查记录　表4-23

单位(子单位)工程名称					
所属子分部(系统)/分项(子系统)工程名称	建筑设备监控系统/空调与通风系统、给水排水系统、热源和热交换系统、冷冻和冷却系统、电梯和自动扶梯系统				
总包单位			项目经理(负责人)		
安装单位			项目经理(负责人)		
序号	安全和功能目录	资料份数	核查意见	抽查结果	核查(抽查)人
1	系统试运行记录		符合要求	符合要求	
2	接地测试记录		符合要求	符合要求	
3	电气线路绝缘强度测试记录		符合要求	符合要求	
核查、抽查结论	项目质量技术负责人： 项目经理(负责人)： 　　　　年　月　日		专业监理工程师 (建设单位项目专业技术负责人)： 　　　　年　月　日		

注：抽查项目由验收组协商确定。

任务4.5　知识技能扩展

详细内容可参见教学资源课件——《常见建筑设备自动化系统设备产品供货商》。

项目5

Chapter 05

综合布线与网络系统安装与调试技能实训

1. 学习目标

(1) 掌握综合布线与网络系统基本理论知识；

(2) 掌握综合布线与网络系统常见线缆及配件；

(3) 掌握综合布线与网络系统相关图纸识图能力及识图方法；

(4) 掌握综合布线与网络系统相关设备及配件施工方法及工艺标准；

(5) 掌握综合布线与网络系统线缆敷设质量控制方法；

(6) 掌握综合布线与网络系统的质量检测测试方法。

2. 能力目标

(1) 具备综合布线与网络系统常见工具规范使用能力；

(2) 具备综合布线与网络系统工程图纸识图能力；

(3) 具备综合布线与网络系统设备安装及调试能力；

(4) 具备综合布线与网络系统常见线缆敷设、线端处理、标识能力；

(5) 具备综合布线与网络系统质量检测测试能力。

思维导图

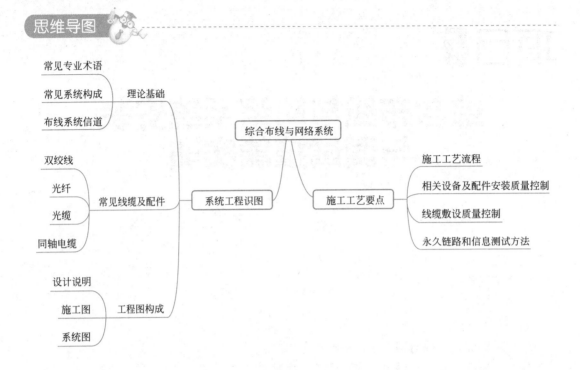

系统工程识图

5.1.1 基础理论支撑

1. 常见专业术语（表 5-1）

综合布线系统常见的专业术语　　　　　表 5-1

序号	名词	解释
1	布线（Cabling）	能够支持电子信息设备相连的各种缆线、跳线、接插软线和连接器件组成的系统
2	建筑群子系统（Campus Subsystem）	建筑群子系统由配线设备、建筑物之间的干线缆线、设备缆线、跳线等组成
3	电信间（Telecommunications Room）	放置电信设备、缆线终接的配线设备，并进行缆线交接的一个空间
4	工作区（Work Area）	需要设置终端设备的独立区域
5	信道（Channel）	连接两个应用设备的端到端的传输通道
6	链路（Link）	一个 CP 链路或是一个永久链路

续表

序号	名词	解释
7	永久链路(Permanent Link)	信息点与楼层配线设备之间的传输线路。它不包括工作区缆线和连接楼层配线设备的设备缆线、跳线,但可以包括一个 CP 链路
8	集合点(CP,Consolidation Point)	楼层配线设备与工作区信息点之间水平线缆路由中的连接点
9	CP 链路(CP Link)	楼层配线设备与集合点(CP)之间,包括两端的连接器件在内的永久性的链路
10	建筑群配线设备(Campus Distributor)	终接建筑群主干缆线的配线设备
11	建筑物配线设备(Building Distributor)	为建筑物主干缆线或建筑群主干缆线终接的配线设备
12	楼层配线设备(Floor Distributor)	终接水平缆线和其他布线子系统缆线的配线设备
13	入口设施(Building Entrance Facility)	提供符合相关规范的机械与电气特性的连接器件,使得外部网络缆线引入建筑物内
14	信息点(TO,Telecommunications Outlet)	缆线终接的信息插座模块

注 (其他术语还包括):

1. IEC (International Electrotechnical Commission):国际电工技术委员会。
2. IEEE (the Institute of Electrical and Electronics Engineers):电气及电子工程师学会。
3. ISO (International Organization for Standardization):国际标准化组织。
4. TIA (Telecommunications Industry Association):电信工业协会。
5. UL (Underwriters Laboratories):保险商实验所安全标。

2. 常见系统构成

综合布线系统的基本构成应包括建筑群子系统、干线子系统和配线子系统 (图 5-1)。配线子系统中可以设置集合点 (CP),也可不设置集合点。

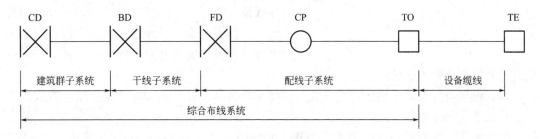

图 5-1　综合布线系统基本构成

CD (Campus Distributor) -建筑群配线设备;BD (Building Distributor) -建筑物配线设备;
FD (Floor Distributor) -楼层配线设备;CP (Consolidation Point) -集合点;
TO (Telecommunications Outlet) -信息点;TE (Terminal Equipment) -终端设备

3. 布线系统信道

布线系统信道应由长度不大于 90m 的水平缆线、10m 的跳线和设备缆线及最多 4 个连接器件组成,永久链路则应由长度不大于 90m 水平缆线及最多 3 个连接器件组成。如图 5-2 所示。

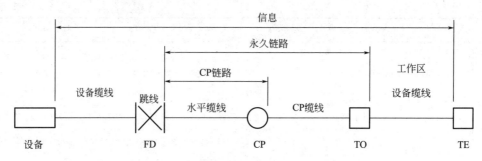

图 5-2　布线系统信道、永久链路、CP 链路构成

5.1.2　常见线缆及配件

1. 双绞线基本概念

（1）双绞线的结构

双绞线（TP，Twisted Pair Wire）是综合布线系统中最常用的传输介质，主要应用于计算机网络、电话语音等通信系统。

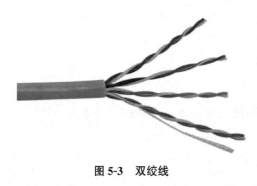

图 5-3　双绞线

双绞线由按规则螺旋结构排列的两根、四根或八根绝缘导线组成。一个线对可以作为一条通信线路，各线对螺旋排列的目的是为了使各线对发出的电磁波相互抵消，从而使相互之间的电磁干扰最小。如图 5-3 所示。

在双绞线电缆内，不同线对具有不同的扭绞长度，按逆时针方向扭绞。把两根绝缘的铜导线按一定密度互相绞合在一起，可降低信号干扰的程度，每一根导线在传输中辐射出来的电波会被另一根线上发出的电波抵消，一般扭线越密其抗干扰能力就越强。

双绞线较适合于近距离、环境单纯（远离磁场、潮湿等）的局域网络系统。双绞线可用于传输数字和模拟信号。

线芯标识：铜电缆的直径通常用 AWG（American Wire Gauge）单位来衡量。AWG 是美国制定的线缆规格，也是业界常用的参考标准；AWG 数越小，电线直径越大。直径越大的电线具有更大的物理强度和更小的电阻。双绞线的绝缘铜导线线芯大小有 22、24 和 26 等规格，常用的 5 类和超 5 类非屏蔽双绞线是 24AWG，直径约为 0.51mm。

（2）双绞线的分类（按照有无屏蔽层分类）

双绞线按结构不同，可分为屏蔽双绞线（STP，Shielded Twisted Pair）和非屏蔽双绞线（UTP，Unshielded Twisted Pair）两类。

1）屏蔽双绞线

定义：屏蔽双绞线一般指电缆的外层由铝箔包裹，相对非屏蔽双绞线具有更好的抗电磁干扰能力，造价也相对高一些。屏蔽双绞线电缆和非屏蔽双绞线电缆的结构，如图 5-4 所示。

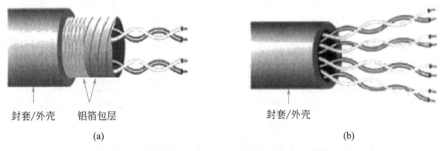

封套/外壳　铝箔包层　　　　　　　　　封套/外壳
(a)　　　　　　　　　　　　　　(b)

图 5-4　屏蔽双绞线电缆和非屏蔽双绞线电缆的结构
(a) 屏蔽双绞线电缆的结构；(b) 非屏蔽双绞线电缆的结构

屏蔽层的作用：在双绞线电缆中增加屏蔽层，目的是为了提高电缆的物理性能和电气性能，减少周围信号对电缆中传输的信号的电磁干扰。

屏蔽层的种类：屏蔽整个电缆；屏蔽电缆中的线对；屏蔽电缆中的单根导线。

屏蔽双绞线电缆的类型：电缆屏蔽层由金属箔、金属丝或金属网构成。屏蔽双绞线电缆与非屏蔽双绞线电缆一样，电缆芯是铜双绞线电缆，护套层是塑胶皮。只不过在护套层内增加了金属层。按金属屏蔽层数量和金属屏蔽层绕包方式，屏蔽双绞线电缆可分为以下几种：

① 电缆金属箔屏蔽双绞线电缆（F/UTP）；

② 线对金属箔屏蔽双绞线电缆（U/FTP）；

③ 电缆金属编织网加金属箔屏蔽双绞线电缆（SF/UTP）；

④ 电缆金属箔编织网屏蔽加上线对金属箔屏蔽双绞线电缆（S/FTP）。

2) 非屏蔽双绞线

定义：是指没有用金属屏蔽层来屏蔽的双绞线。非屏蔽双绞线由于没有屏蔽层，因此在传输信息过程中会向周围发射电磁波，使用专用设备可以很容易地窃听，因此在安全性要求较高的场合应选用屏蔽双绞线。

(3) 双绞线的分类（按照频率和信噪比进行分类）

1) 一类线（CAT1）：线缆最高频率带宽是 750kHz，用于报警系统或只适用于语音传输（一类标准主要用于 20 世纪 80 年代初之前的电话线缆），不用于数据传输。

2) 二类线（CAT2）：线缆最高频率带宽是 1MHz，用于语音传输和最高传输速率 4Mbps 的数据传输，常见于使用 4Mbps 规范令牌传递协议的旧的令牌网。

3) 三类线（CAT3）：指在 ANSI 和 EIA/TIA568 标准中指定的电缆，该电缆的传输频率 16MHz，最高传输速率为 10Mbps（10Mbit/s），主要应用于语音、10Mbit/s 以太网（10BASE-T）和 4Mbit/s 令牌环，最大网段长度为 100m，采用 RJ 形式的连接器，已淡出市场。

4) 四类线（CAT4）：该类电缆的传输频率为 20MHz，用于语音传输和最高传输速率 16Mbps（指的是 16Mbit/s 令牌环）的数据传输，主要用于基于令牌的局域网和 10BASE-T/100BASE-T。最大网段长为 100m，采用 RJ 形式的连接器，未被广泛采用。

5) 五类线（CAT5）：该类电缆增加了绕线密度，外套一种高质量的绝缘材料，线缆最高频率带宽为 100MHz，最高传输率为 100Mbps，用于语音传输和最高传输速率为 100Mbps

的数据传输，主要用于 100BASE-T 和 1000BASE-T 网络，最大网段长为 100m，采用 RJ 形式的连接器。这是最常用的以太网电缆。在双绞线电缆内，不同线对具有不同的绞距长度。通常，4 对双绞线绞距周期在 38.1mm 长度内，按逆时针方向扭绞，一对线对的扭绞长度在 12.7mm 以内。

6）超五类线（CAT5e）：超 5 类衰减小、串扰少，并且具有更高的衰减与串扰的比值（ACR）和信噪比（SNR）、更小的时延误差。超 5 类线主要用于千兆位以太网（1000Mbps）。

7）六类线（CAT6）：该类电缆的传输频率为 1～250MHz，六类布线系统在 200MHz 时综合衰减串扰比（PS-ACR）应该有较大的余量，它提供 2 倍于超五类的带宽。六类布线的传输性能远远高于超五类标准，最适用于传输速率高于 1Gbps 的应用。六类与超五类的一个重要的不同点在于：改善了在串扰以及回波损耗方面的性能，对于新一代全双工的高速网络应用而言，优良的回波损耗性能是极重要的。六类标准中取消了基本链路模型，布线标准采用星形的拓扑结构，要求的布线距离为：永久链路的长度不能超过 90m，信道长度不能超过 100m。

8）超六类或 6A（CAT6A）：此类产品传输带宽介于六类和七类之间，传输频率为 500MHz，传输速度为 10Gbps，标准外径 6mm。和七类产品一样，国家还没有出台正式的检测标准，只是行业中有此类产品，各厂家宣布一个测试值。

9）七类线（CAT7）：传输频率为 600MHz，传输速度为 10Gbps，单线标准外径 8mm，多芯线标准外径 6mm。

（4）双绞线的特性参数

双绞线的电气特性直接影响其传输质量，其电器特性参数同时也是布线工程的测试参数。

1）特性阻抗

特性阻抗是指链路在规定工作频率范围内呈现的电阻。无论使用何种双绞线，每对芯线的特性阻抗在整个工作带宽范围内应保证恒定、均匀。链路上任何点的阻抗不连续性将导致该链路信号发生反射和信号畸变。

特性阻抗包括电阻及频率范围内的感性阻抗和容性阻抗，与线对间的距离及绝缘体的电气性能有关。双绞线的特性阻抗有 100 Ω、120 Ω、150 Ω几种，综合布线中通常使用 100 Ω的双绞线。

2）直流电阻

直流电阻是指一对导线电阻的和。

3）衰减

衰减（A，Attenuation）是指信号传输时在一定长度的线缆中的损耗，它是对信号损失的度量。单位为分贝（dB），应尽量得到低分贝的衰减。

衰减与线缆的长度有关，长度增加，信号衰减也随之增加，同时衰减量与频率有着直接的关系。双绞线的传输距离一般不超过 100m。

4）近端串音

在一条链路中处于线缆一侧的某发送线对，对于同侧的其他相邻（接收）线对通过电磁感应所造成的信号耦合（由发射机在近端传送信号，在相邻线对近端测出的不良信号耦合）为近端串音（NEXT，Near End Cross Talk）。应尽量得到高分贝的近端串扰。

5）近端串音功率和

近端串音功率和（PSNEXT，Power Sum NEXT）是指在 4 对对绞电缆的一侧测量 3 个相邻线对对某线对近端串扰总和（所有近端干扰信号同时工作时，在接收线对上形成的组合串扰）。

6）衰减串音比值

衰减串音比值（ACR，Attenuation-to-Crosstalk Ratio）是指在受相邻发送信号线对串扰的线对上，其串扰损耗（NEXT）与本线对传输信号衰减值（A）的差值。ACR 是系统信号噪声比的唯一衡量标准，它对于表示信号和噪声串扰之间的关系有着重要的价值。ACR 值越高，意味着线缆的抗干扰能力越强。

7）远端串扰

与近端串扰相对应，远端串扰（FEXT，Far End Cross Talk）是信号从近端发出，而在链路的另一端（远端），发送信号的线对向其他同侧相邻线在通过电磁耦合时而造成的串扰。

8）等电平远端串音

等电平远端串音（ELFEXT，Equal Level FEXT）是指某线对上远端串扰损耗与该线路传输信号衰减的差值。

从链路或信道近端线缆的一个线对发送信号，经过线路衰减从链路远端干扰相邻接收线对（由发射机在远端传送信号，在相邻线对近端测出的不良信号耦合）为远端串音（FEXT）。

9）等电平远端串音功率和

等电平远端串音功率和（PS ELFEXT，Power Sum ELFEXT）是指在 4 对对绞电缆的一侧测量 3 个相邻线对对某线对远端串扰总和（所有远端干扰信号同时工作，在接收线对上形成的组合串扰）。

10）回波损耗

回波损耗（RL，Return Loss）是由于链路或信道特性阻抗偏离标准值导致功率反射而引起（布线系统中阻抗不匹配产生的反射能量）。由输出线对的信号幅度和该线对所构成的链路上反射回来的信号幅度的差值导出。回波损耗对于全双工传输的应用非常重要。电缆制造过程中的结构变化、连接器类型和布线安装情况是影响回波损耗数值的主要因素。

11）传播时延

传播时延是指信号从链路或信道一端传播到另一端所需的时间。

12）传播时延偏差

传播时延偏差是指以同一缆线中信号传播时延最小的线对作为参考，其余线对与参考线对时延差值（最快线对与最慢线对对信号传输时延的差值）。

13）插入损耗

插入损耗是指发射机与接收机之间插入电缆或元器件产生的信号损耗。通常指衰减。

2. 双绞线的接口及配件

（1）RJ45 接口基本知识

RJ 是 Registered Jack 的缩写，意思是"注册的插座"。在 FCC（美国联邦通信委员会标准和规章）中 RJ 是描述公用电信网络的接口，计算机网络的 RJ45 是标准 8 位模块化接口的俗称。利用水晶头和插座两种元器件组成的连接器连接于双绞线之间，以实现导线的电气连续性。

RJ45 是布线系统中信息插座（即通信引出端）连接器的一种，连接器由插头（水晶头）和插座（模块）组成，插头有 8 个凹槽和 8 个触点。

常见的 RJ45 接口，如图 5-5 所示。

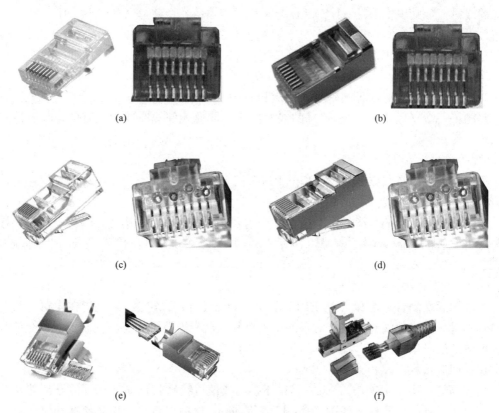

(a)   (b)

(c)   (d)

(e)   (f)

图 5-5　常见的 RJ45 接口

（a）非屏蔽超五类水晶头（线排整齐一字）；（b）屏蔽超五类水晶头（线排整齐一字）；（c）非屏蔽六类水晶头（线排错位排序）；（d）屏蔽六类水晶头（线排错位排序）；（e）七类水晶头；（f）免工具压制型七类水晶头

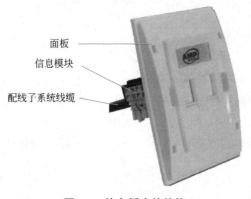

面板

信息模块

配线子系统线缆

图 5-6　信息插座的结构

（2）信息插座基本知识

信息插座通常由信息模块、面板和底盒三部分组成。信息模块是信息插座的核心，双绞线电缆与信息插座的连接实际上是与信息模块的连接。如图 5-6 所示。

信息插座中的信息模块通过配线子系统与楼层配线架相连，通过工作区跳线与应用综合布线的终端设备相连。信息模块的类型必须与配线子系统和工作区跳线的线缆类型一致。如图 5-7 所示。

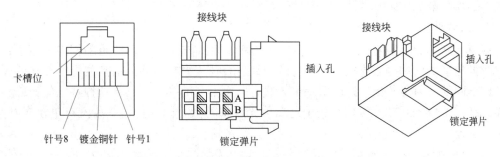

图 5-7 RJ45 模块的正视图、侧视图、立体图

RJ45 信息模块用于端接水平电缆，模块中有 8 个与电缆导线连接的接线。

RJ45 信息模块的类型是与双绞线电缆的类型相对应的，比如根据其对应的双绞线电缆的等级，RJ45 信息模块可以分为三类、五类、超五类和六类 RJ45 信息模块等。RJ45 信息模块也分为非屏蔽模块和屏蔽模块。如图 5-8 所示。

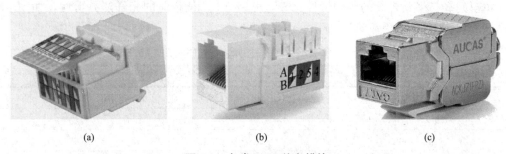

图 5-8 各类 RJ45 信息模块

（a）免打型信息模块；（b）压制型信息模块；（c）屏蔽信息模块

3. 光纤、光缆基本概念

（1）光纤的工作原理

光纤是光导纤维的简写，是一种由玻璃或塑料制成的纤维，可作为光传导工具。传输原理是"光的全反射"。

【小知识】香港中文大学前校长高锟因在"有关光在纤维中的传输以用于光学通信方面"取得了突破性成就，获得 2009 年度诺贝尔物理学奖。

光纤裸纤一般分为四层：中心高折射率玻璃芯（芯径一般为 50 或 $62.5\mu m$），中间为低折射率硅玻璃包层（直径一般为 $125\mu m$），最外是加强用的树脂涂层和绝缘的紧套被覆。如图 5-9 所示。

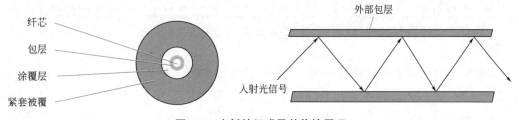

图 5-9 光纤的组成及其传输原理

（2）光纤的分类

1）多模光纤

多模光纤芯的直径有 $50\mu m$ 和 $62.5\mu m$ 两种，大致与人的头发的粗细相当。用于距离相对较近的区域内的网络连接。多模光纤的纤芯直径较大，不同入射角的光线在光纤介质内部以不同的反射角传播，这时每一束光线有一个不同的模式，具有这种特性的光纤称为多模光纤。多模光纤在光传输过程中比单模光纤损耗大，因此传输距离没有单模光纤远，可用带宽也相对较小些。

2）单模光纤

用于距离长的通信，纤芯直径很小，其纤芯直径为 $8 \sim 10\mu m$，而包层直径为 $125\mu m$，常用的是 $9/125\mu m$。由于单模光纤的纤芯直径接近一个光波的波长，因此光波在光纤中进行传输时，不再进行反射，而是沿着一条直线传输。正由于这种特性使单模光纤具有传输损耗小、传输频带宽、传输容量大的特点。在没有进行信号增强的情况下，单模光纤的最大传输距离可达3000m，且不需要进行信号中继放大。

单模光纤与多模光纤的各种特性比较，见表5-2。某企业的光纤产品特性，如图5-10所示。

单模光纤与多模光纤的特性比较表 表 5-2

项目	多模光纤	单模光纤
纤芯直径	粗（$50 \sim 62.5\mu m$）	细（$8.3 \sim 10\mu m$）
耗散	大	极小
效率	低	高
成本	低	高
传输速率	低	高
光源	发光二极管	激光

（3）光传输系统的组成

光传输系统由光源、传输介质、光发送器、光接收器组成。光源有发光二极管 LED、光电二极管（PIN）、半导体激光器等，传输介质为光纤介质，光发送器主要作用是将电信号转换为光信号，再将光信号导入光纤中，光接收器主作用是从光纤上接收光信号，再将光信号转换为电信号。光传输系统示意，如图5-11所示。

（4）光缆

1）光缆的一般结构

多数光纤在使用前必须由几层保护结构包覆，包覆后的缆线即被称为光缆。光缆的基本结构一般是由缆芯、加强钢丝、填充物和护套等几部分组成，另外根据需要还有防水层、缓冲层、绝缘金属导线等构件。光缆的组成，如图5-12所示。

2）光缆芯分类

光缆一般含多根光纤且多为偶数，例如6芯光缆、8芯光缆、12芯光缆、24芯光缆、48芯光缆等，一根光缆可容纳上千根光纤。在综合布线系统中，一般采用纤芯为 $62.5\mu m/125\mu m$ 规格的多模光缆，有时也用 $50\mu m/125\mu m$ 和 $100\mu m/140\mu m$ 的多模光缆。户外布线大于2km时可选用单模光缆。

对比	多模	单模
光纤成本	昂贵	不太昂贵
传输设备	基本的、成本低	更昂贵(激光二极管)
衰减	高	低
传输波长	850～1300nm	1260～1640nm
使用	芯径更大，易于处理	连接更复杂
距离	本地网络(<2km)	接入网/中等距离/长距离网络(>200km)
带宽	有限的带宽(短距离内为10Gb/s)	几乎无限的带宽(对于DWDM为>1Tb/s)
结论	光纤更昂贵，但是网络开通相对不昂贵	提供更高的性能，但是建立网络很昂贵

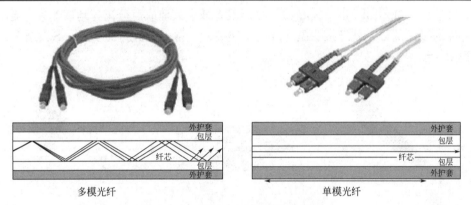

图 5-10　单模光纤及多模光纤的特性

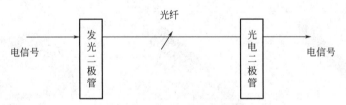

图 5-11　光传输系统示意图

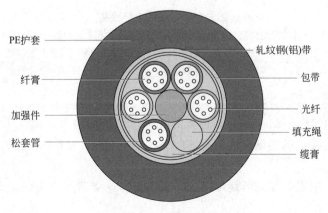

图 5-12　光缆的组成

3）光缆的分类

光缆分类有较多方法，通常的分类方法如下：

① 按照应用场合分类：室内光缆、室外光缆、室内外通用光缆等；

② 按照敷设方式分类：架空光缆、直埋光缆、管道光缆、水底光缆等；

③ 按照结构分类：紧套管光缆、松套管光缆、单一套管光缆等；

④ 按照光缆缆芯结构分类：层绞式、中心束管式、骨架式和带状式；

⑤ 按照光缆中光纤芯数分类：4 芯、6 芯、8 芯、12 芯、24 芯、36 芯、48 芯、72 芯……144 芯等。

4. 光纤的接头及配件

（1）光纤接头

光纤接头（Optical Fiber Splice），将两根光纤永久地或可分离开地联结在一起，并有保护部件的接续部分，光纤接头是光纤的末端装置。常见的光纤接头有：SC、ST、FC 等几种类型，如图 5-13 所示。

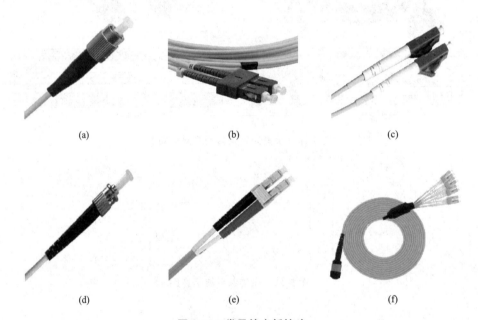

图 5-13　常见的光纤接头

(a) FC 接头（常用于光纤配线架、光端机）；(b) SC 接头（常用于路由器、交换机、光纤收发器）；
(c) LC 接头（常用于路由器、光纤模块、交换机）；(d) ST 接头（常用于光纤配线架、光纤终端盒）；
(e) 双纤万兆 LC（常用于核心交换机）；(f) 万兆 MPO-8 芯 LC（常用于核心交换机）

（2）光纤适配器（耦合器）

光纤适配器（Fiber Adapter）又称光纤耦合器、跳线法兰，实际上就是光纤的插座，它的类型与光纤连接器的类型对应，有 ST、SC、FC、LC、MU 等几种，和光纤连接器是对应的。

光纤耦合器一般安装在光纤终端箱上，提供光纤连接器的连接固定。常见的光纤耦合器，如图 5-14 所示。

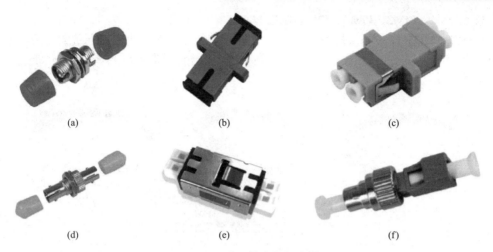

(a)　　　　　　　　(b)　　　　　　　　(c)

(d)　　　　　　　　(e)　　　　　　　　(f)

图 5-14　常见的光纤耦合器

(a) FC 耦合器；(b) SC 耦合器；(c) LC 耦合器；(d) ST 耦合器；(e) MU 耦合器；

(f) 不同接口转换耦合器（FC 转 LC）

（3）光纤跳线和尾纤

光纤跳线是由一段 1～10m 的互连光缆与光纤连接器组成，用在配线架上交接各种链路。

光纤跳线有单芯和双芯、单模和多模之分。由于光纤一般只是单向传输，进行全双工通信的设备需要连接两根光纤来完成收、发工作，因此如果使用单芯跳线，就需要两根跳线。光纤跳线结构，如图 5-15 所示。

根据光纤跳线两端的连接器的类型，光纤跳线有多种类型，如图 5-16 所示。

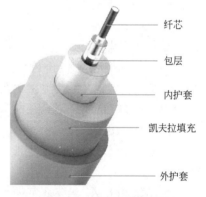

纤芯

包层

内护套

凯夫拉填充

外护套

图 5-15　光纤跳线结构

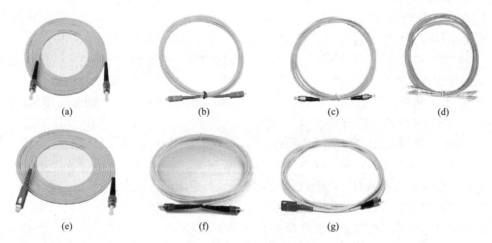

(a)　　　　　(b)　　　　　(c)　　　　　(d)

(e)　　　　　(f)　　　　　(g)

图 5-16　光纤跳线的类型

(a) ST-ST 跳线；(b) SC-SC 跳线；(c) FC-FC 跳线；(d) LC-LC 跳线；

(e) ST-SC 跳线；(f) ST-FC 跳线；(g) FC-SC 跳线

（4）OM1、OM2、OM3、OM4 光纤

"OM"（Stand for Optical Multi-mode，即光模式）是多模光纤表示光纤等级的标准。常见的 OM 光纤跳线，如图 5-17 所示。不同等级传输时的带宽和最大距离不同，从以下几个方面分析它们之间的区别：

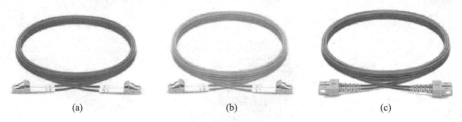

图 5-17　常见的 OM 光纤跳线示意

(a) OM1/OM2 光纤跳线；(b) OM3/OM4 光纤跳线；(c) OM5 光纤跳线

1）参数与规格对比：

① OM1 指 850nm/1300nm 满注入带宽在 200MHz/500MHz·km 以上的 $50\mu m$ 或 $62.5\mu m$ 芯径多模光纤。

② OM2 指 850nm/1300nm 满注入带宽在 500MHz/500MHz·km 以上的 $50\mu m$ 或 $62.5\mu m$ 芯径多模光纤。

③ OM3 是经过 850nm 激光优化的 50um 芯径多模光纤，在采用 850nmVCSEL 的 10GB/s 以太网中，光纤传输距离可以达到 300m。

④ OM4 是 OM3 多模光纤的升级版，光纤传输距离可以达到 550m。

2）应用对比：

① OM1 和 OM2 光缆多年来被广泛部署于建筑物内部，支持最大值为 1GB 的以太网路传输。

② OM3 和 OM4 光缆通常用于在数据中心的布线环境，支持 10G 甚至是 40G/100G 高速以太网路的传输。

3）功能与特点对比

① OM1：芯径和数值孔径较大，具有较强的集光能力和抗弯曲特性。

② OM2：芯径和数值孔径都比较小，有效地降低了多模光纤的模色散，使带宽显著增大，制作成本也降低 1/3。

③ OM3：采用阻燃外皮，可以防止火焰蔓延以及防止散发烟雾、酸性气体和毒气等，并满足 10GB/s 传输速率的需要。

④ OM4：为 VSCEL 激光器传输而开发，有效带宽比 OM3 多一倍以上。

（5）光纤接续及配线设备

光纤配线设备主要分为室内配线和室外配线设备两大类。其中：

1）室内配线包括机架式（光纤配线架、混合配线架）、机柜式（光纤配线柜、混合配线柜）和壁挂式（光纤配线箱、光纤终端盒、综合配线箱）。

2）室外配线设备包括光缆交接箱、光纤配线箱、光缆接续盒。

这些配线设备主要由配线单元、熔接单元、光缆固定开剥保护单元、存储单元及连接器件组成。如图 5-18 所示。

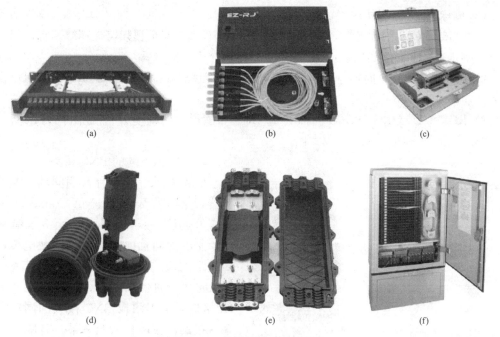

图 5-18 光纤接续及配线设备

（a）机架式光纤配线架；（b）光纤终端盒；（c）光纤交接箱；（d）立式光纤接续盒；

（e）光纤接续盒（炮筒式）；（f）光纤交接箱（室外立式）

5. 同轴电缆及其接口

（1）同轴电缆的结构

同轴电缆由绝缘保护套层、外导体（屏蔽层）、绝缘层、内导体组成。外层为防水、绝缘的塑料用于保护电缆，外导体为网状的金属网用于屏蔽电缆，绝缘体为围绕内导体的一层绝缘塑料，内导体为一根圆柱形的硬铜芯。同轴电缆内部结构如图 5-19 所示。

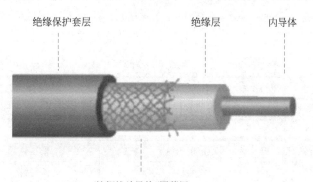

图 5-19 同轴电缆内部结构

根据不同的应用，同轴电缆分为基带同轴电缆和宽带同轴电缆两种：

1）基带同轴电缆为 50Ω 阻抗，主要用于计算机网络通信，可以传输数字信号。

2）宽带同轴电缆为 75Ω 阻抗，主要用于有线电视系统传输模拟信号，通过改造后也可以用于计算机网络通信。

（2）同轴电缆的类型

1）RG6/RG-59 同轴电缆。用于视频、CATV 和私人安全视频监视网络。特性阻抗为 75 Ω。RG6 是支持住宅区 CATV 系统的主要传输介质。

2）RG-8 或 RG-11 同轴电缆。即通常所说的"粗缆"，特性阻抗为 50 Ω。可组成粗缆以太网，即 10Base-5 以太网。

3）RG-58/U 或 RG-58C/U 同轴电缆。即通常所说的"细缆"，特性阻抗为 50 Ω。可组成细缆以太网，即 10Base-2 以太网。

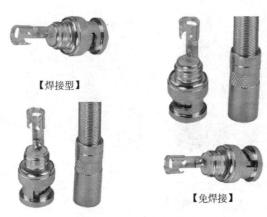

【焊接型】

【免焊接】

图 5-20　BNC 接头

（3）同轴电缆的 BNC 接头

BNC 接头，是一种常用同轴电缆的连接器，全称是 Bayonet Nut Connector（刺刀螺母连接器）。BNC 接头至今没有被淘汰，是因为同轴电缆是一种屏蔽电缆，有传送距离长、信号稳定的优点。目前它还被大量用于通信系统中，如网络设备中的 E1 接口就是用两根 BNC 接头的同轴电缆来连接的，在高档的监视器、音响设备中也经常用来传送音频、视频信号。在模拟式视频监控系统中仍被广泛使用。通常 BNC 接头可分为焊接型和免焊型两种，如图 5-20 所示。

（4）同轴电缆型号

根据《实心聚乙烯绝缘柔软射频电缆》GB/T 14864—2013 命名方法，同轴电缆的命名通常由 4 部分组成。第一部分用英文字母，为电缆型号标准，分别表示：电缆的代号、芯线绝缘材料、护套材料和派生特性，见表 5-3；第二部分用数字表示：电缆的特性阻抗（Ω）；第三部分用数字表示：芯线绝缘外径（mm）；第四部分用数字表示：结构序号。举例如图 5-21 所示。

电缆型号释义　　　　　　　　　　　表 5-3

分类代号		绝缘材料		护套材料		派生特征	
符号	含义	符号	含义	符号	含义	符号	含义
S	同轴射频电缆	Y	聚乙烯	V	聚氯乙烯	P	屏蔽
SE	对称射频电缆	W	稳定聚乙烯	Y	聚乙烯	Z	综合
SJ	强力射频电缆	F	氟塑料	F	氟塑料		
SG	高压射频电缆	X	橡皮	B	玻璃丝编制侵硅有机漆		
ST	特性射频电缆	I	聚乙烯空气绝缘	H	橡皮		
SS	电视电缆	D	稳定聚乙烯空气绝缘	M	棉砂编织		

"SYV-75-5-1"的含义是：该电缆为同轴射频电缆，芯线绝缘材料为聚乙烯，护套材料为聚氯乙烯，电缆的特性阻抗为 75Ω，芯线绝缘外径为 7mm，结构序号为 1。

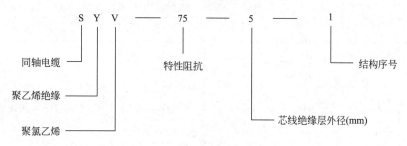

图 5-21　同轴电缆的命名含义举例

5.1.3　工程图构成

综合布线系统相关图纸中，包括相关设计说明、施工图、系统图、线缆线型等。

1. 设计说明

设计说明包括：项目概况、相关规范、各子系统的设计主要内容及功能、其他施工相关内容及图例说明等。

（1）项目概况

描述本项目的大体情况如工程位置、建筑面积、建筑高度、各楼层情况、建筑性质，同时总体概括本项目的设计内容。如：

本工程位于广州天河区内，总建筑面积 89003m。地下 2 层，主要为车库、各种机房；地上 21 层，主要为塔楼，为商务公寓。建筑主体高度 70.35m。属一类高层建筑。本工程的综合布线系统支持计算机网络系统、无线 WiFi 覆盖系统、电话语音通信系统。

（2）图例说明

图例说明是以图形及列表的表达形式，统一概况性地说明该工程图中所涉及的图例，并加以说明其含义。综合布线系统中，常见的图例见表 5-4。

2. 施工图

综合布线系统施工图，常以项目的各楼层为信息点位等基础依据展开。涉及信息点位具体施工位置、线缆敷设情况、配线间子系统等。

3. 系统图

（1）有线电视系统图

由某酒店公寓有线电视系统局部图（图 5-22）可知：有线电视系统机房设备位于弱电房内，采用 SYWV-75-9 同轴电缆引至给区域；如一层中，经过放大器（ ⟩ ）作信号放大后，信号输送至分配器（ ），支路采用 SYWV-75-5 同轴电缆输送信号至各楼层分支器（ ），同时在每段线路末端加装末端电阻（ ）。

（2）电话语音系统图

由某酒店公寓电话语音系统局部图（图 5-23）可知：该电话语音系统采用数字程控交换机实现酒店内部语音交换通话，敷设大对数（HYA-50×2×0.5）至各层楼层配线间，

某工程项目的图例说明
表 5-4

图例	说明	图例	说明
TP	语音插座	TD	单口数据地插座
TD	单口数据插座	DP	双口(数据＋语音)地插座
DP	双口(数据＋语音)插座	W	无线网络接口
TV	电视插座		24 口网络配线架
TP	语音地插座		110 配线架
ODF	光纤配线架		24 口接入层交换机
	光缆		八分支器
	终端匹配电阻		四分配器
	六分支器		双向放大器

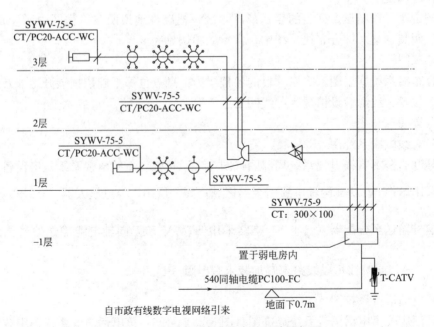

图 5-22 某酒店公寓有线电视系统局部图

自市政有线数字电视网络引来

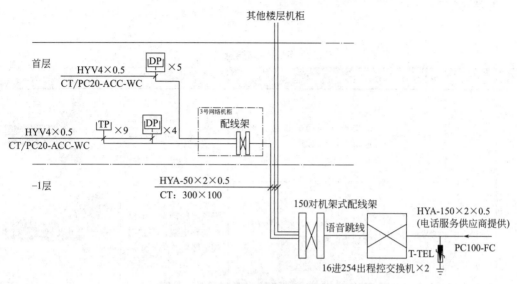

图 5-23　某酒店公寓电话语音系统局部图

实现配线管理。同时采用 HYV4×0.5 电话专用线缆敷设至各房间电话信息点面板，实现语音电话接入。

（3）计算机网络系统图

由某酒店公寓计算机网络系统局部图（图 5-24）可知：该计算机网络系统采用 24 芯多模光缆，引至各层汇聚交换机，同时各信息点位通过超五类网络线缆接入各层汇聚交换机，千兆光缆汇聚至核心交换机。

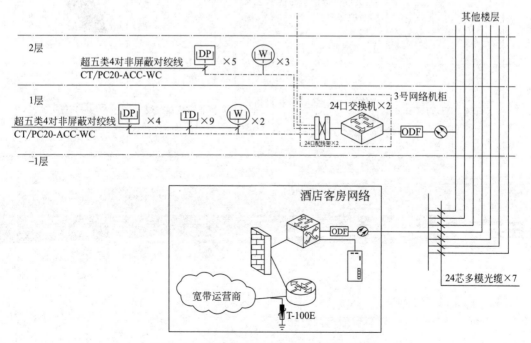

图 5-24　某酒店公寓计算机网络系统局部图

4. 线缆线型

常见线缆线型，见表 5-5。

常见线缆线型　　　　　　　　　　　　　　表 5-5

序号	标识	示例	用途	说明	图片
1	SYV	SYV-75-3	适用于非调制的视频信号传输，常称为监控线	实心聚乙烯绝缘的同轴电缆，又叫"视频电缆"	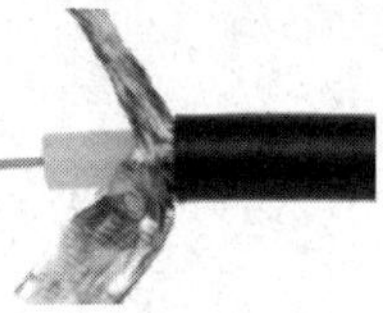
2	SWY	SWY-75-3	适用于调制的射频信号传输，常称为电视线	聚乙烯物理发泡绝缘的同轴电缆，又叫"射频电缆"	
3	HYA	HYA-2×0.5×100	可传输电话、电报、数据和图像等，如 10 对,20 对,30 对,50 对等;屏蔽、非屏蔽等	0.5mm 线径 100 对，大对数铜芯线缆	
4	GYXTW	GYXTW-4B1	通信用室（野）外光缆：架空或直埋敷设。用于通信传输，如视频监控、网络数据等。其中：GY:通信用室（野）外光缆；X:缆束管式（涂覆）结构；W:夹带平行钢丝的钢-聚乙烯粘结护套；4:四芯；B1:单模光纤	中心束管式铠装室外单模四芯光缆	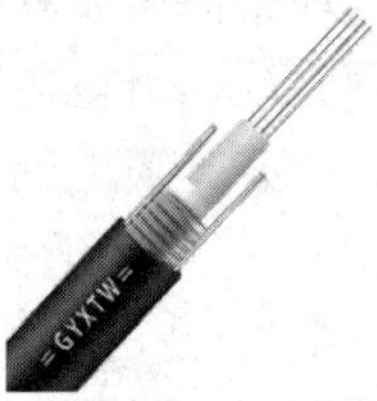
5	Cat. 6	UTP-Cat. 6	网络视频信号、计算机网络传输等	六类非屏蔽双绞线	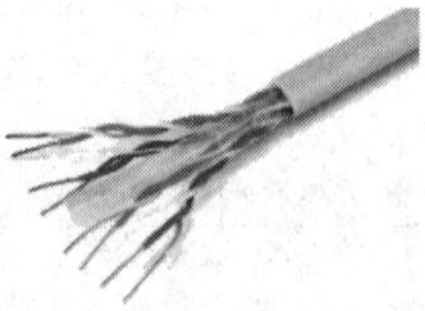

任务 5.2　施工工艺要点

5.2.1　施工工艺流程

施工工艺流程，如图 5-25 所示。

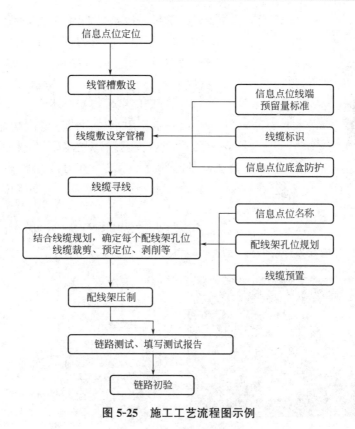

图 5-25　施工工艺流程图示例

5.2.2　综合布线系统相关设备及配件安装质量控制

1. RJ-45 连接器（水晶头）的制作工艺

详见"3.4.3 摄像头连接网线制作工艺"。

2. 信息插座的制作工艺

（1）压制型信息模块安装步骤

1）第一步：用小黄刀或专业剥线器旋转去除外皮，剥去双绞线外层护套约 25mm，并去除外露部分十字芯（如有），如图 5-26 所示。

图 5-26　线缆剥皮

2) 第二步：按模块标签色标，线芯预压固定后，用力垂直向下压线，注意刀片须往外。如图 5-27 所示。

3) 第三步：压好外盖即可。

错误参考工艺，如图 5-28 所示。

（2）免打型信息模块安装步骤

1) 第一步：用小黄刀或专业剥线器旋转去除外皮（预留 4cm 左右长度），剥去双绞线外层护套约 25mm，并去除外露部分十字芯（如有），如图 5-29 所示。

2) 第二步：安装颜色排序，理顺网线并排直，如图 5-30 所示。

3) 第三步：安装颜色排序，插入模块卡位，并用力压下即可，如图 5-31 所示。

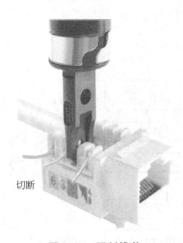

图 5-27　压制线芯

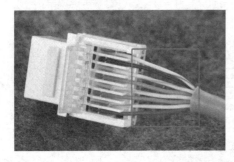
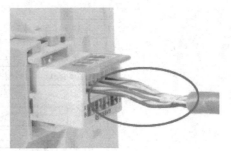

图 5-28　剥削过长导致线缆过长

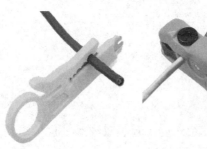
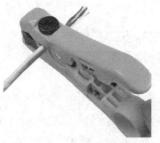

图 5-29　线缆剥皮

图 5-30　颜色排序

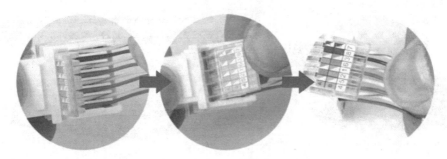

图 5-31　压制模块

3. 双绞线配线架的安装

配线架是电缆或光缆进行端接和连接的装置。在配线架上可进行互连或交接操作。建筑群配线架是端接建筑群干线电缆、光缆的连接装置。铜缆配线架系统分 110 型配线架系统和模块式快速配线架系统，并且对应 5e 类、6 类和 7 类缆线分别有不同的规格和型号。

（1）110 型配线架

110 型配线架是 110 型连接管理系统核心部分，110 配线架是阻燃、注模塑料做的基本器件，布线系统中的电缆线对就端接在其上。

110 型配线架有 25 对、50 对、100 对、300 对多种规格，它的套件还应包括 4 对连接块或 5 对连接块（图 5-32）、空白标签和标签夹、基座。

110 型配线架主要有以下类型：

1）110AW2：100 对和 300 对连接块，带腿。

2）110DW2：25 对、50 对、100 对和 300 对接线块，不带腿。

图 5-32　机架式 110 型配线架

3）110AB：100 对和 300 对带连接器的终端块，带腿。

4）110PB-C：150 对和 450 对带连接器的终端块，不带腿。

5）110AB：100 对和 300 对接线块，带腿。

6）110BB：100 对连接块，不带腿。

110 型配线架主要有五种端接硬件类型：110A 型、110P 型、110JP 型、110VPVisiPatch 型和 XLBET 超大型。

（2）模块化配线架

模块化配线架又称为快接式（插拔式）配线架、机柜式配线架，是一种 19in 的模块式嵌座配线架。它通过背部的卡线连接水平或垂直干线，并通过前面的 RJ-45 水晶头将工作区终端连接到网络设备。

模块式配线架按安装方式有壁挂式和机架式两种。常用的配线架在 1U 或 2U 的空间可以提供 24 个或 48 个标准的 RJ-45 接口，如图 5-33 所示。

（3）24 口配线架安装工艺

准备工具，如图 5-34 所示。

安装步骤，见表 5-6。

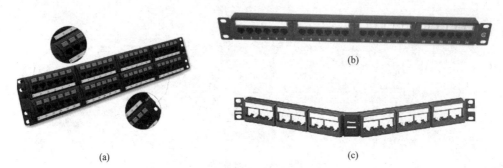

图 5-33 常见模块化配线架

（a）48 口模块化快速配线架；（b）24 口配线架；（c）角型高密度配线架构成

图 5-34 准备工具

（a）5 对打线工具（打线器）；（b）单线打线工具

24 口配安装步骤 表 5-6

步骤	示意图
第一步：将配线架安装于规划好的机柜位置，并固定其 4 个螺栓；理顺网线后，将网线放入剥线刀口，预留 40mm 长度	
第二步：旋转剥线刀，剪开外皮，剪除尼龙条及屏蔽层等	
第三步：把网线按国际常规标准线序 T568B 卡入打线夹中，同一对线尽可能保持原来双绞状态	

步骤	示意图
第四步：用打线刀把网线压接并剪切好,打线前,需认真检查线序及颜色,同时保持打线刀刀片向外	
第五步：完成打线,并检查线路是否破皮进入金属夹缝	
第六步：再按上述顺序压制好另一条网线	
第七步：用扎带把网线固定在托线架上,并修剪多余扎带	

4. 理线架的安装

常见 12 孔规格的理线架如图 5-35 所示。

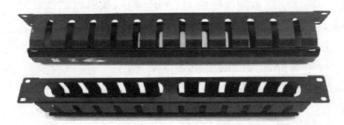

图 5-35　常见 12 孔规格的理线架示意

光纤配线架、双绞线配线架、理线器于机柜的安装示例,如图 5-36 所示。

图 5-36 光纤配线架、双绞线配线架、理线器于机柜的安装示例

5. 交换机设备的安装

（1）第一步：检查交换机相关配件，安装挂耳到交换机，并确定交换机于机柜的安装位置；安装交换机常见配件如图 5-37 所示。

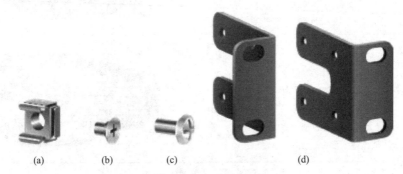

(a)   (b)   (c)   (d)

图 5-37 安装交换机常见配件

（a）浮动螺母；（b）M4 螺钉；（c）M6 螺钉；（d）挂耳

（2）第二步：安装浮动螺母到机柜的方孔条。根据在机柜上规划好的安装位置，确定浮动螺母在方孔条上的安装位置。用一字螺丝刀在机柜前方孔条上安装 4 个浮动螺母，左右各 2 个，如果交换机高 1U，挂耳上的固定孔对应着方孔条上间隔 1 个孔位的 2 个安装孔。U 是一种表示服务器外部尺寸的单位（计量单位：高度或厚度），是 unit 的缩略语，1U＝4.445×1＝4.445cm。保证左右对应的浮动螺母在一条水平线上，浮动螺母的安装方法，如图 5-38 所示。

（3）第三步：安装交换机到机柜，如图 5-39 所示。

（4）第四步：交换机接地是交换机安装过程中的重要一步，交换机接地线缆的正确连接是交换机防雷、防干扰、防静电损坏的重要保障。如图 5-40 所示。

（5）第五步：设备电源线走向理线。

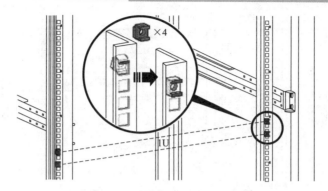

图 5-38　浮动螺母安装方法示意

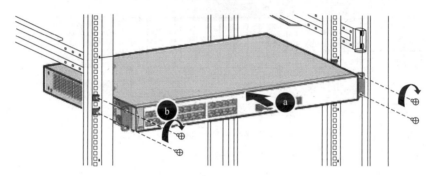

图 5-39　安装交换机到机柜方法示意

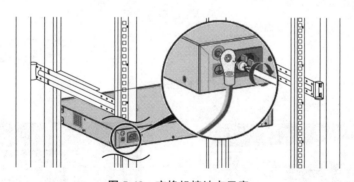

图 5-40　交换机接地点示意

6. 接地相关及工艺

机房集中了大量的精密电子设备，其内部耐过压、过电流的能力有限，良好的接地是综合布线系统中设备的重要保护手段。

将机房内外露的金属构件采用导体进行可靠连接，形成等电位，可有效地避免电压差而产生破坏的电流。

根据交换机安装的所在环境可将交换机的地线安装在机柜/机架的接地点或安装在接地排上，常见的设备接地工艺，如图 5-41 所示。

防雷接地工程，常采用的措施有：

（1）机房内采用 4×40mm 紫铜排敷设等电位网，如图 5-43 所示。

（2）所有设备的交流供电接地、安全保护接地、防雷接地等做有效连接，如图 5-44 所示。

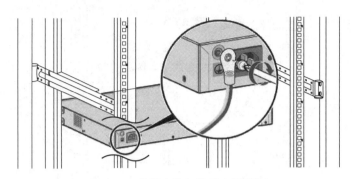

图 5-41　常见交换机接地点示意图

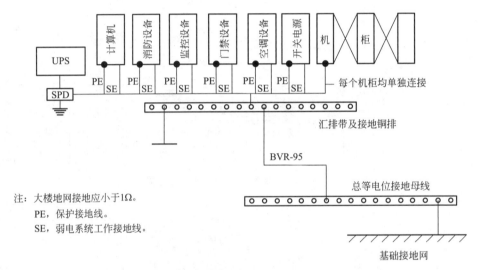

注：大楼地网接地应小于1Ω。
　　PE，保护接地线。
　　SE，弱电系统工作接地线。

图 5-42　机房接地系统图

图 5-43　4×40mm 紫铜排敷设等电位网
　　　　安装示意（绝缘子）

图 5-44　机柜等设备与等电位网连接示意

（3）等电位网与大楼内接地排可靠连接，如图 5-45 所示。

（4）凡进入机房的金属屏蔽电缆的屏蔽层、金属线槽等均与等电位网作可靠等电位连接，如图 5-46 所示。

图 5-45　等电位网与总电位网连接示意

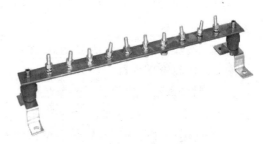

图 5-46　19 英寸机柜接地汇流排
（主要给机柜内服务器做接地汇流使用）

7. 机柜内部强弱电隔离

结合相关规范及标准，机柜内部设备的强电线缆与信号线缆的间距要至少需要大于 10cm。

各种线缆在转弯处不能过度弯折，以保护芯线不受损伤，尤其是光纤不能过度弯折。光纤进入机柜时必须套在波纹管里面。光纤的曲率半径应大于光纤直径的 20 倍，一般情况下曲率半径不小于 40mm。如图 5-47 所示。

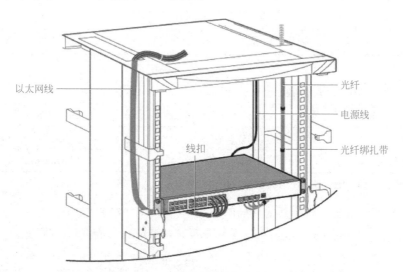

图 5-47　强电线缆、铜制线缆及光纤线缆走线参考示意

5.2.3　缆线的敷设质量控制

1. 缆线的敷设应符合的规定

（1）缆线的型式、规格应与设计规定相符。

（2）缆线在各种环境中的敷设方式、布放间距均应符合设计要求。

（3）缆线的布放应自然平直，不得产生扭绞、打圈等现象，不应受外力的挤压而导致损伤。

（4）缆线的布放路由中不得出现缆线接头。

（5）缆线两端应贴有标签，应标明编号，标签书写应清晰、端正和正确。标签应选用不易损坏的材料。

（6）缆线应有余量以适应成端、终接、检测和变更，有特殊要求的应按设计要求预留长度，并应符合下列规定：

1）对绞电缆在终接处，预留长度在工作区信息插座底盒内宜为30～60mm，电信间宜为0.5～2.0m，设备间宜为3～5m。

2）光缆布放路由宜盘留，预留长度宜为3～5m。光缆在配线柜处预留长度应为3～5m，楼层配线箱处光纤预留长度应为1.0～1.5m，配线箱终接时预留长度不应小于0.5m，光缆纤芯在配线模块处不做终接时，应保留光缆施工预留长度。

（7）缆线的弯曲半径应符合下列规定：

1）非屏蔽和屏蔽4对对绞电缆的弯曲半径不应小于电缆外径的4倍。

2）主干对绞电缆的弯曲半径不应小于电缆外径的10倍。

3）2芯或4芯水平光缆的弯曲半径应大于25mm；其他芯数的水平光缆、主干光缆和室外光缆的弯曲半径不应小于光缆外径的10倍。

4）G.657、G.652用户光缆弯曲半径应符合表5-7的规定。

光缆敷设安装的最小曲率半径 表5-7

光缆类型		静态弯曲
室内外光缆		$15D/15H$
微型自承式通信用室外光缆		$10D/10H$ 且不小于30mm
管道入户光缆	G.652D 光纤	$10D/10H$ 且不小于30mm
蝶形引入光缆	G.657A 光纤	$5D/5H$ 且不小于15mm
室内布线光缆	G.657B 光纤	$5D/5H$ 且不小于10mm

注：D 为缆芯处圆形护套外径，H 为缆芯处扁形护套短轴的高度。

（8）综合布线系统缆线与其他管线的间距应符合设计文件要求，并应符合下列规定：

1）电力电缆与综合布线系统缆线应分隔布放，并应符合表5-8的规定。

对绞电缆与电力电缆最小净距 表5-8

条件	最小净距(mm)		
	380V <2kV·A	380V 2kV·A～ 5kV·A	380V >5kV·A
对绞电缆与电力电缆平行敷设	130	300	600
有一方在接地的金属槽盒或金属导管中	70	150	300
双方均在接地的金属槽盒或金属导管中	10	80	150

注：双方都在接地的槽盒中，指两个不同的槽盒，也可在同一槽盒中用金属板隔开，且平行长度不小于10m。

2）室外墙上敷设的综合布线管线与其他管线的间距应符合表5-9的规定。

综合布线管线与其他管线的间距　　　　　　　　　　表 5-9

管线种类	平行净距(mm)	垂直交叉净距(mm)
防雷专设引下线	1000	300
保护地线	50	20
热力管(不包封)	500	500
热力管(包封)	300	300
给水管	150	20
燃气管	300	20
压缩空气管	150	20

3）综合布线缆线宜单独敷设，与其他弱电系统各子系统缆线间距应符合设计文件要求。

4）对于有安全保密要求的工程，综合布线缆线与信号线、电力线、接地线的间距应符合相应的保密规定和设计要求，综合布线缆线应采用独立的金属导管或金属槽盒敷设。

（9）屏蔽电缆的屏蔽层端到端应保持完好的导通性，屏蔽层不应承载拉力。

2. 采用预埋槽盒和暗管敷设缆线应符合的规定

（1）槽盒和暗管的两端宜用标志表示出编号等内容。

（2）预埋槽盒宜采用金属槽盒，截面利用率应为 30％～50％。

（3）暗管宜采用钢管或阻燃聚氯乙烯导管。布放大对数主干电缆及 4 芯以上光缆时，直线管道的管径利用率应为 50％～60％，弯导管应为 40％～50％。布放 4 对对绞电缆或 4 芯及以下光缆时，管道的截面利用率应为 25％～30％。

（4）对金属材质有严重腐蚀的场所，不宜采用金属的导管、桥架布线。

（5）在建筑物吊顶内应采用金属导管、槽盒布线。

（6）导管、桥架跨越建筑物变形缝处，应设补偿装置。

3. 设置缆线桥架敷设缆线应符合的规定

（1）密封槽盒内缆线布放应顺直，不宜交叉，在缆线进出槽盒部位、转弯处应绑扎固定。

（2）梯架或托盘内垂直敷设缆线时，在缆线的上端和每间隔 1.5m 处应固定在梯架或托盘的支架上；水平敷设时，在缆线的首、尾、转弯及每间隔 5～10m 处应进行固定。

（3）在水平、垂直梯架或托盘中敷设缆线时，应对缆线进行绑扎。对绞电缆、光缆及其他信号电缆应根据缆线的类别、数量、缆径、缆线芯数分束绑扎。绑扎间距不宜大于 1.5m，间距应均匀，不宜绑扎过紧或使缆线受到挤压。

（4）室内光缆在梯架或托盘中敞开敷设时应在绑扎固定段加装垫套。

4. 采用吊顶支撑柱（垂直槽盒）在顶棚内敷设缆线应符合的规定

采用吊顶支撑柱（垂直槽盒）在顶棚内敷设缆线时，每根支撑柱所辖范围内的缆线可不设置密封槽盒进行布放，但应分束绑扎，缆线应阻燃，缆线选用应符合设计文件要求。

5.2.4　永久链路和信道测试方法

1. 永久链路性能测试

永久链路包括水平电缆及相关连接器件。对绞电缆两端的连接器件也可为配线架模块。如图 5-48 所示。

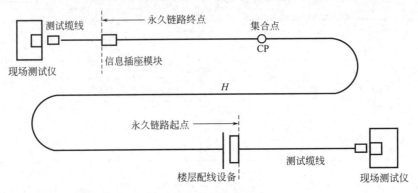

图 5-48　永久链路方式

H—从信息插座至楼层配线设备（包括集合点）的水平电缆长度，H 不小于 90m

2. 对绞电缆布线工程接线图与电缆长度要求

对绞电缆布线工程接线图满足 T568A、T568B 标准；同时布线链路及信道缆线长度应在测试连接图所要求的极限长度范围之内，如图 5-49 所示。

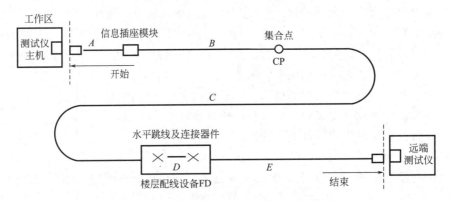

图 5-49　信道方式

其中图中各字母含义：

A—工作区终端设备电缆长度；B—CP 缆线长度；C—水平缆线长度；D—配线设备连接跳线长度；

E—配线设备到设备连接电缆长度；B+C≤90m；A+D+E≤10m

任务 5.3　知识技能扩展

详细内容可参见教学资源课件《常见综合布线设备产品供货商》。

项目 6

Chapter 06

入侵报警系统安装与调试技能实训

教学目标

1. 学习目标

（1）掌握入侵报警系统的基本知识；

（2）掌握握入侵报警系统的各类报警探测器的工作原理、施工安装标准；

（3）掌握各类冷压端子接线步骤及工艺标准；

（4）掌握 EOL 终端电阻的接线原理及接线工艺。

2. 能力目标

（1）具备入侵报警系统工程图纸识图能力；

（2）具备各类探测器安装及调试能力；

（3）具备各类冷压端子制作能力；

（4）具备报警主机的调试编程、故障排除能力。

思维导图

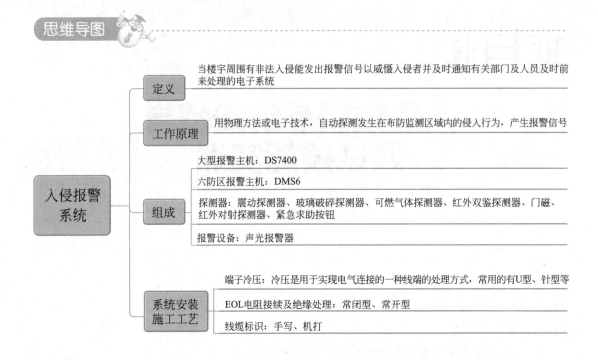

任务 6.1 系统工程识图

入侵报警系统是安全防范系统的重要组成部分。安全防范是社会公共安全的一部分，安全防范行业是社会公共安全行业的一个分支。就防范手段而言，安全防范包括人力防范、实体防范和技术防范三个范畴。如图 6-1 所示。

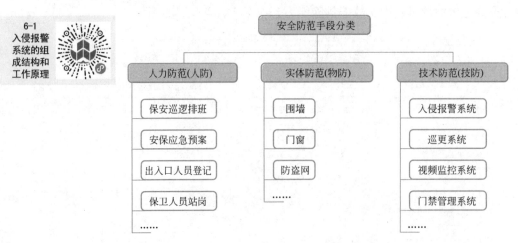

图 6-1 防范手段分类

安全防范的三个基本要素是：探测、延迟与反应。探测是指感知显性和隐性风险事件的发生并发出报警；延迟是指延长和推延风险事件发生的进程；反应是指组织力量为制止风险事件的发生所采取的快速行动。如图 6-2 所示。

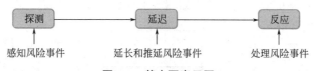

图 6-2　基本要素示图

在安全防范的三种基本手段中，为实现防范的最终目的，都要围绕探测、延迟、反应这三个基本防范要素开展工作、采取措施，以预防和阻止风险事件的发生。

入侵防范系统工程图纸中，常见的图例见表 6-1。

常见图例 表 6-1

序号	图例	设备名称	数量	备注
1	ALS	大型报警主机	1	壁装,具体安装位置详见安装大样图
2		六防区报警主机	1	壁装,具体安装位置详见安装大样图
3		液晶键盘	1	壁装,具体安装位置详见安装大样图
4	N	通信模块	1	主机内安装
5		声光报警器	1	壁装,具体安装位置详见安装大样图
6	TX→RX	红外对射探测器	1	壁装,具体安装位置详见安装大样图
7	B	玻璃破碎探测器	1	壁装,具体安装位置详见安装大样图
8	PIP	被动红外幕帘探测器	1	壁装,具体安装位置详见安装大样图
9		感温探测器	1	吸顶安装,具体安装位置详见安装大样图
10	RM	红外双鉴探测器	1	壁装,具体安装位置详见安装大样图
11	S	感烟探测器	1	吸顶安装,具体安装位置详见安装大样图

任务 6.2　设备安装基础

赛项中的报警系统由大型报警主机、液晶键盘、打印机接口模块、多路总线驱动器、六防区报警主机、震动探测器、玻璃破碎探测器、感温探测器、感烟探测器、红外探测器、声光报警器、幕帘探测器等部件组成。构建了一套典型防盗报警及周边防范系统，实现建筑模型之间的防盗报警功能。结构如图 6-3 所示。

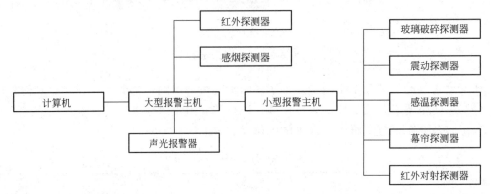

图 6-3　结构示意图

6.2.1　设备安装参考标准

1. 震动探测器：T971A

震动探测器安装效果图及其接线端子示意，如图 6-4 所示。

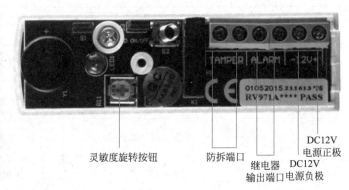

图 6-4　震动探测器安装效果图及其接线端子图

（1）工作原理：震动探测器是以侦测物体震动来报警的探测器；适合用于柜员机、墙壁、玻璃、保险柜等，防止任何敲击和破坏性行为发生。震动探测器能在非法人员通过凿墙、挖洞时产生的震动发出报警。

（2）主要应用场所：重要库房，如金库、弹药库；无人值守的银行柜员机；顶棚、玻璃门窗等。

（3）安装方式：安装在保护物体表面。嵌入式安装，如预制在墙体内部，对墙体进行保护。

（4）注意：探测器安装完毕后，须调整灵敏度旋转按钮，以满足实际环境需求。

2. 玻璃破碎探测器：PA-456

玻璃破碎探测器安装效果图及其接线端子示意，如图 6-5 所示。

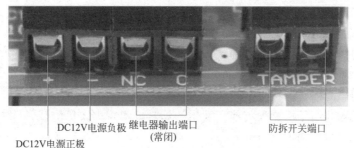

DC12V电源正极　DC12V电源负极　继电器输出端口（常闭）　防拆开关端口

6-3
玻璃破碎
探测器安
装原理与
接线图

图 6-5　玻璃破碎探测器安装效果图及其接线端子图

玻璃破碎探测器，用于检测玻璃破碎时发生报警信号的探测器。玻璃破碎探测器按照工作原理的不同大致分为两大类：一类是声控型的单技术玻璃破碎探测器，它实际上是一种具有选频作用（带宽 10～15kHz）的具有特殊用途（可将玻璃破碎时产生的高频信号驱除）的声控报警探测器；另一类是双技术玻璃破碎探测器，其中包括声控-振动型和次声波-玻璃破碎高频声响型。

（1）用途：玻璃破碎时探测器报警，防止非法入侵。能探测的玻璃种类包括钢化玻璃、强化玻璃、层化玻璃。适用于宾馆、商店、图书馆、珠宝店及仓库等场所。

（2）安装要点

1）玻璃破碎探测器适用于一切需要警戒玻璃防碎的场所。除保护一般的门、窗玻璃外，对大面积的玻璃橱窗、展柜、商亭等均能进行有效地控制。

2）安装时应将声电传感器正对着警戒的主要方向。目的是降低探测的灵敏度。

3）安装时要尽量靠近所要保护的玻璃，尽可能地远离噪声干扰源，以减少误报警。

4）不同种类的玻璃破碎探测器，需根据其工作原理的不同进行安装。

5）可以用一个玻璃破碎探测器来保护多面玻璃窗。

6）需注意窗帘、百叶窗或其他遮盖物会部分吸收玻璃破碎时发出的能量，特别是厚重的窗帘将严重阻挡声音的传播。

7）探测器不要装在通风口或换气扇的前面，也不要靠近门铃，以确保工作的可靠性。

8）探测器安装完毕后，须调整灵敏度旋转按钮，以满足实际环境需求。

3. 感温探测器：SS-163

感温探测器安装示意，如图 6-6 所示。

（1）工作原理：当火灾时，物质的燃烧产生大量的热量，使周围温度发生变化，感温探测器是对警戒范围中某一点或某一线路周围温度变化时响应的火灾探测器，它是将温度的变化转换为电信号，以达到报警目的。

（2）分类：根据监测温度参数的不同，一般用于工业和民用建筑中的感温式火灾探测器有定温式、差温式、差定温式等几种：

图 6-6　感温探测器安装效果图

1）定温式探测器：在规定时间内，火灾引起的温度上升超过某个定值时启动报警的火灾探测器。

2）差温式探测器：在规定时间内，火灾引起的温度上升速率超过某个规定值时启动报警的火灾探测器。

3）差定温式探测器：差定温式探测器结合了定温式和差温式两种作用原理并将两种探测器结构组合在一起。差定温式探测器一般多是膜盒式或热敏半导体电阻式等点型组合式探测器。

4. 感烟探测器：LH-94（Ⅱ）

感烟探测器用于探测火灾前期发生的烟雾，实现火灾探测。常用的感烟探测器大致分为离子型和光电型两种。

在安装感烟探测器时，须将其指示灯及试验按键朝向运维人员方便观看的位置，如图6-7和图6-8所示。

图6-7 感烟探测器示意图

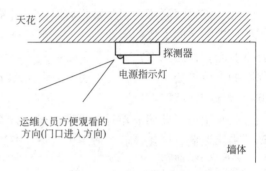

图6-8 感烟探测器安装指示灯方向示意图

感烟探测器其内部结构：接线线缆中，蓝色为常开、黄色为常闭、绿色为公共端、黑色为12V电源负极、红色为电源正极，如图6-9所示。

图6-9 内部结构图及其接线线缆

5. 可燃气体探测器：LH-88（Ⅱ）

可燃气体探测器一般采用气敏传感器，具有传感器失效自检功能。

感应气体：煤气、天然气、液化石油气；电源：12VDC的直流电源；报警浓度：15%LEL；恢复浓度：8%LEL；工作温度：-10～40℃；相对湿度：≤90%RH；报警浓度误差：不大于±5%LEL；竞赛设备中，其安装在"智能小区"的门口两侧，位置要适中如图6-10所示。

图6-10 可燃气体探测器模拟安装效果图

6. 被动红外探测器：DS820iT-CHI

被动红外探测器又称热感式红外探测器。如图 6-11、图 6-12 所示。

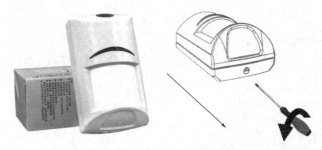

6-4
双技术探测
器的设备安
装原理与连
线图

图 6-11 红外双鉴探测器及其开启方式示意图

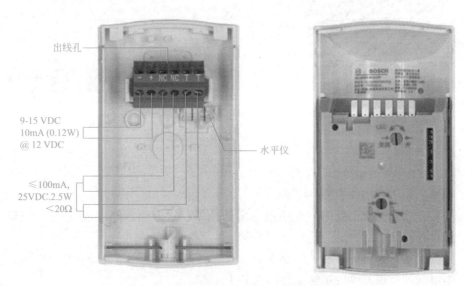

图 6-12 探测器内部接线端子功能说明

它的特点是不需要附加红外辐射光源，本身不向外界发射任何能量，而是探测器直接探测来自移动目标的红外辐射，因此才有被动式支撑。

(1) 工作原理：任何物体，包括生物和矿物体，因表面温度不同，都会发出强弱不同的红外线。不同物体辐射的红外线波长也不同，人体辐射的红外线波长在 $10\mu m$ 左右，而被动式红外探测器件的探测波的范围在 $8\sim14\mu m$，因此能较好地探测到活动的人体跨入禁区段，从而发出警戒报警信号。

(2) 分类：被动式红外探测器按结构、警戒范围及探测距离的不同，可分为单波束型和多波束型两种。单波束型采用反射聚焦式光学系统，其警戒视角较窄，一般小于 5°，作用距离较远（可达百米）；多波束型采用透镜聚集式光学系统，用于大视角警戒，可达 90°，但作用距离只有几米到十几米。探测器探测范围，如图 6-13 所示。

实际工程中，红外双鉴探测器建议安装高度为 2.2～3m 左右，安装位置须满足以下需求：

1) 探测器一般用于对重要出入口入侵警戒及区域防护。安装在门口附近，并且方向

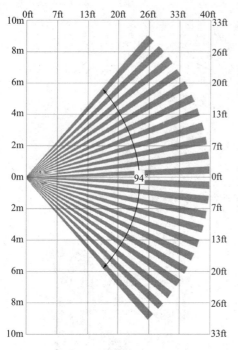

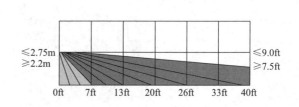

图 6-13　探测器探测范围

要面向门口以保证其灵敏度。

2）墙面安装时，墙体表面须平坦。

3）安装于墙角的交汇处时，须通过专用开孔器，对探测器侧边进行开孔处理，勿使用烙铁进行烙孔。

4）顶棚安装时，可配合相关顶棚安装支架安装，确保探测器设备垂直及牢固。

5）不可安装该探测器的场所，如图 6-14 所示。

避免安装在　　避免正对强光　　远离热源　　只适用于室内　　探测区远离　　探测区远离
空调附近　　　　　　　　　　　　　　　　　　　飘动物体　　　大遮挡物

图 6-14　红外双鉴探测器安装注意事项

7. 门磁：HO-03

门磁是由永久磁铁及干簧管（又称磁簧管或磁控管）两部分组成的。干簧管是内部充有惰性气体（如氨气）的玻璃管，内装有两个可以形成触点的金属簧片。固定端和活动端分别安装在"智能小区"的门框和门扇上，如图 6-15 所示。

其他种类门磁开关，如图 6-16 所示。

图 6-15　门磁安装效果图

图 6-16　其他门磁开关

（a）卷帘安装类门磁开关；（b）嵌入式门磁开关；（c）门磁开关在防火门的安装示意图

8. 红外对射探测器：DS422i-CHI

红外对射探测器又称主动红外对射入侵探测器，由主动红外发射机和被动红外接收机组成，当发射机与接收机之间的红外光束被完全遮断或按给定百分比遮断时能产生报警状态的装置。如图 6-17 和图 6-18 所示。

图 6-17　红外对射探测器安装效果图

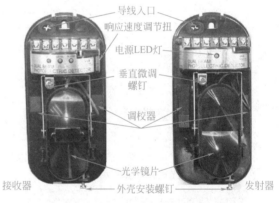

图 6-18　红外对射探测器内部结构图

红外对射探测器工程安装示例，如图 6-19 所示。

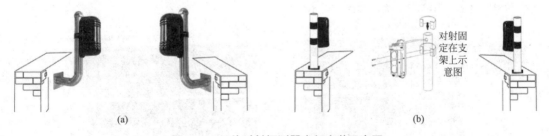

图 6-19　红外对射探测器支架安装示意图

（a）L形支架安装；（b）I形支架安装

安装注意事项：

1）红外对射探测器安装距离须考虑天气、阳光等影响，安装距离尽可能不超出其有效对射范围，同时须尽量避开高压、强磁、树枝等。

2）设备安装时，注意设备安装方向、出线口方向等。

3）在I形支架安装时，须确保其牢固性，避免探测器线缆出线口朝向外侧，预防被破坏。

4）设备安装出线，须确保线缆套管隐蔽，预防被破坏。

5）设备安装完毕，尽可能采用防火泥对线缆出入口进行封闭处理，以增加设备防尘防火性能。

9. 声光报警器：HC-103

声光报警器用于声音及光学报警，可实现听觉及视觉上的报警。如图 6-20 所示。

安装注意事项：

（1）一般情况下，工程安装高度在距离顶棚往下 20～50cm，同时配套暗敷接线盒，以免线缆外露，如图 6-21 所示。

（2）对于特殊场合，可采用防爆型声光报警器进行安装。如图 6-22 所示。

图 6-20　声光报警器

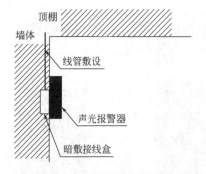

图 6-21　声光报警器安装示意图

图 6-22　防爆型声光报警器

10. 家用紧急求助按钮：HO-01B

当银行、家庭、机关、工厂等场合出现入室抢劫、盗窃等险情或其他异常情况时，往往需要采用人工操作来实现紧急报警。这时可采用紧急报警按钮开关。安装在"智能小区"室内，位置要适中，便于操作如图 6-23 所示。

6-5
紧急报警
按钮的设
备安装

图 6-23　紧急求助按钮安装效果及其接线端子图

紧急求助按钮于实际工程项目安装示意图，如图 6-24 所示。

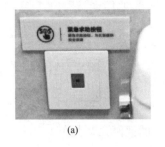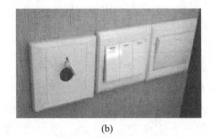

(a)　　　　　　　　　　　　(b)　　　　　　　　　　　　(c)

图 6-24　紧急求助按钮安装示意图

(a) 卫生间安装示意；(b) 卧室床头安装示意；(c) 拉绳式紧急按钮

拉绳式紧急按钮常用于卫生间、床头、厨房等老人住宅、残疾人卫生间、母婴室等。其安装高度须以特殊人群便捷使用为基础，符合老年人、残疾人相关规范。

11. 红外幕帘探测器：12VDC

(1) 安装示意图及内部结构（图 6-25）。

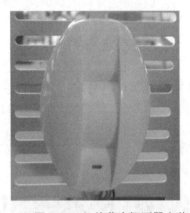

6-6
被动红外
探测器

图 6-25　红外幕帘探测器安装效果及其内部结构图

(2) 接线端子示意图及跳针含义（图 6-26）。

12V电
源正极　　12V电
源负极　　信号输
出端口　　防拆开
关端口

图 6-26　端子功能示意图

各跳针的含义如下：

1）PULSE 跳线：脉冲调节跳线，通过调节脉冲计数可改变探测器的灵敏度和抗射频干扰能力：

选择 1 与 2：为一级脉冲，探测灵敏度较高，有较好的抗射频干扰能力，适合一般的环境。

选择 2 与 3：为二级脉冲，探测灵敏度高，抗射频干扰能力更强，适合射频干扰严重的环境。

全部断开：为三级脉冲，探测灵敏度偏低，具有极高的抗射频干扰能力，适合射频干扰非常严重的环境。

2）RELAY 跳线：NC/NO 选择跳线，用于设置报警输出状态，可根据不同类型主机的规格要求选择不同的输出状态：选择 1 与 2 为 NO（常开状态）；选择 2 与 3 为 NC（常闭状态）；出厂设置为 2 与 3 NC（常闭状态）。

3）LED 跳线：用于控制 LED 指示灯，不影响探测器正常工作。选择 1 与 2 开启 LED 指示灯；选择 2 与 3 关闭 LED 指示灯；为了增强探测器的隐蔽性，测试完毕后可关闭 LED 指示灯。

（3）红外幕帘探测器安装规范

1）安装高度离地面 2.2m 左右；

2）应尽量安装在室内的角落以取得最理想的探测范围。

3）应与室内的行走线呈一定的角度（与人行走方向成 90°的探测效果最好）。

4）安装时，红外线的探测窗口应朝下，不要直接对着窗外。

5）探测范围内不得隔屏、家具、大型盆景或其他隔离物。

6）在同一个空间不得安装两个红外探测器，以避免产生因同时触发而造成干扰现象。

7）避免面对窗户、冷暖气机、火炉等温度会产生快速变化的地方以免误报。

8）红外探测器刚开启时，对周围环境有约 5min 的感知时间，故应待红外探测器开启 5min 后，再用控制器进行设防。

9）当入侵体被红外探测器探测到时，需几秒钟的分析确认时间，方能发射报警信号，以免误报、漏报。

10）红外线探测器只能安装在室内（切勿安装在室外）。

（4）步行测试

接通 12V 直流电源后，LED 指示灯亮探测器进入自检状态，自检时间约 60s，LED 指示灯灭时表示探测器进入正常监测状态。测试者应在探测范围内与红外探测器安装的墙壁平行方向走动，探测器 LED 指示灯亮，表示探测器进入报警状态。

12. 大型报警主机：DS7400xi-CHI（图 6-27）

防盗报警系统可分为多线制、总线制、无线型（WiFi、射频）、4G/5G 型：

6-7
DS7400报警主机安装原理及连线图

图 6-27　大型报警主机及其控制键盘安装效果图

（1）多线制：是防盗报警系统最早采用的结构，适用于小型的防盗报警系统。因其系统中，每个探测器均需要有专用线缆与报警主机相联，同时各探测器的报警型号均为开关量，故称为多线制。

（2）总线制：前端用户通过 RS-485 总线与主机联接，主机及各用户机上分别设有一总线联接单元，该单元能把用户机发出的报警信号、主机发出的应答控制信号转变为能在总线上进行长距离传递的信号；同时能把总线上的信号转变为用户机和主机能接收的电平信号，适于大型楼宇及小区安全报警。

　　现阶段，部分厂家的报警主机既支持多线制也支持总线制，为实际工程项目增加其灵活性。

　　（3）无线型：即 WiFi、射频，探测器与报警主机之间采用无线信号传输。

　　（4）4G/5G 型：探测器内置 4G 网络/5G 网络上网卡，可实现远程 P2P 传输至特定报警主机，该类设备产品可应用于大空间、长距离等特殊场景。

　　13. 六防区报警主机：DS6MX（图 6-28）

6-8
DS7400报
警主机的
编程

图 6-28　六防区报警主机安装效果及其控制板

　　六防区报警主机自带六个防区，可以独立工作或连接到 D57400XI-CHI（大型报警主机）的数据总线上，有效地保护各个独立防区，实现各防区的报警联网管理。报警主机的结构示意图，如图 6-29 所示。

6-9
DS6MX报警
主机的设备
安装原理与
连接线

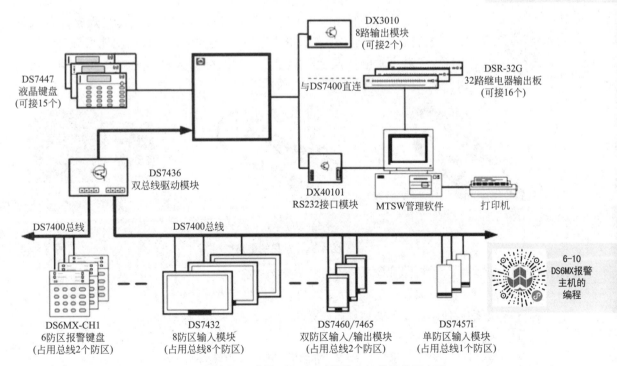

图 6-29　应用于 DS7400 报警主机的结构示意图

DS6MX-CHI 六防区报警主机能够安装在平滑墙面、半嵌入式墙面及电气开关盒，其背板如图 6-30 所示。

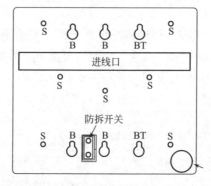

图 6-30　DS6MX-CHI 六防区报警主机背板安装示意图

任务 6.3　操作工具选择

入侵报警系统设备均属于传统精密电气器件，其相关的操作工具常涉及以下几种：

6.3.1　电烙铁

6-11
入侵报警系统与视频监控系统设备的安装原理与连接图

电烙铁是电子制作和电器维修的必备工具，主要用途是焊接元件及导线，按机械结构可分为内热式电烙铁和外热式电烙铁，按功能可分为无吸锡电烙铁和吸锡式电烙铁，根据用途不同又分为大功率电烙铁和小功率电烙铁。常见的电烙铁，如图 6-31 所示。

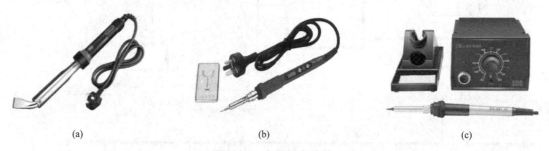

(a)　　　　　　　　　　(b)　　　　　　　　　　(c)

图 6-31　常见的电烙铁

（a）大功率电烙铁；（b）小功率电烙铁（恒温型）；（c）恒温室电烙铁（焊台）

电烙铁使用注意事项：
（1）电烙铁使用前应检查使用电压是否与电烙铁标称电压相符。
（2）电烙铁应该接地。
（3）电烙铁通电后不能任意敲击、拆卸及安装其电热部分零件。
（4）电烙铁应保持干燥，不宜在过分潮湿或淋雨环境使用。

（5）拆烙铁头时，要切断电源。

（6）切断电源后，最好利用余热在烙铁头上一层锡，以保护烙铁头。

（7）当烙铁头上有黑色氧化层时候，可用砂布擦去，然后通电，并立即上锡。

（8）海绵用来收集锡渣和锡珠，用手捏刚好不出水为适。

（9）焊接之前做好"5S"，焊接之后也要做"5S"。

6.3.2　焊锡丝

常见的焊锡丝及松香，如图 6-32 所示。

图 6-32　焊锡丝及松香（助焊剂）

焊锡丝规格有：直径 0.3mm、0.4mm、0.5mm、0.6mm、0.8mm、1.0mm 及 1.2mm 等，其中又可分为带松香型及不带松香型。熔点稳定约为 183℃。

松香（助焊剂）有三大作用：

（1）除氧化膜：实质是助焊剂中的物质发生还原反应，从而除去氧化膜，反应生成物变成悬浮的渣，漂浮在焊料表面。

（2）防止氧化：其熔化后，漂浮在焊料表面，形成隔离层，因而防止了焊接面的氧化。

（3）减小表面张力：增加焊锡的流动性，有助于焊锡湿润焊件。

6.3.3　热缩管

热缩管是一种特制的聚烯烃材质热收缩套管。外层采用优质柔软的交联聚烯烃材料及内层热熔胶复合加工而成，外层材料有绝缘防蚀、耐磨等特点，内层材料有低熔点、防水密封和高粘结性等优点。如图 6-33 所示。

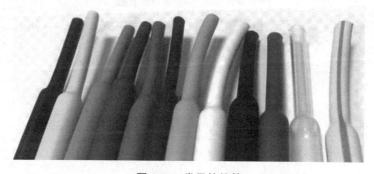

图 6-33　常见热缩管

热缩管具有高温收缩、柔软阻燃、绝缘防蚀功能，广泛应用于各种线束、焊点、电感的绝缘保护，金属管、棒的防锈、防蚀等。热缩管的电压等级多为600V。

某品牌热缩管收缩前后参数，如图6-34所示。

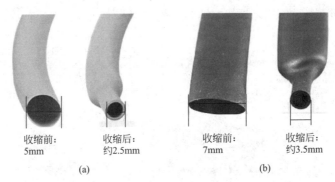

收缩前：5mm　　收缩后：约2.5mm　　收缩前：7mm　　收缩后：约3.5mm

(a)　　　　　　　　　　　　　　(b)

图6-34　某品牌的热缩管收缩前后参数

（a）1～6mm为圆型热缩管；（b）7～200mm为扁型热缩管

任务6.4　施工工艺要点

6.4.1　冷压端子

冷压是用于实现电气连接的一种线端的处理方式，对应热压（烙铁上锡）。冷压端子种类繁多，有：圆形预绝缘端子、冷压接线端子、叉形预绝缘端子、针形预绝缘端子、片形预绝缘端子、子弹形全绝缘端子、长形中间端子、短形中间端子、圆形裸端子、叉形裸端子、公母预绝缘端子、管形预绝缘端子、管形裸端子、针形裸端子、窥口系列SC、DTG铜接线端子、C45专用端子等。常见的冷压端子如图6-35所示。

1.冷压端子压接检验方法

（1）导线截面须对应规格合适的冷压端子，要求对应规格相适应。

（2）剥去导线绝缘层的长度符合规定，要求长度正确。

（3）导线的所有金属丝完全包在冷压端子内，要求无散落铜丝。

（4）压接部位符合规定，要求压接部位正确。

（5）压接工具必须以满足相关固着强度，每三个月检定一次，符合要求的工具应具有显示其在有效期内的标签。

2.冷压端子压制示范

（1）冷压U型接线端子工艺参考（图6-36）

（2）冷压针型接线端子工艺参考（图6-37）

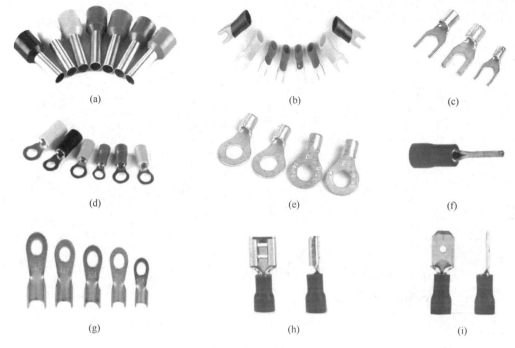

图 6-35　常见的冷压端子

（a）针型冷压端子（管型）；（b）U 型冷压端子（带绝缘套）；（c）U 型冷压端子（裸端头）；

（d）O 型冷压端子（带绝缘套）；（e）O 型冷压端子（裸端头）；（f）金具针形冷压端子；

（g）OT 紫铜开口鼻；（h）FDD 预绝缘母头冷压端子；（i）MDD 预绝缘公头冷压端子

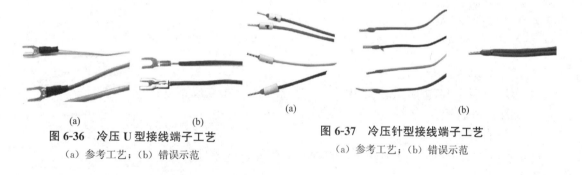

图 6-36　冷压 U 型接线端子工艺

（a）参考工艺；（b）错误示范

图 6-37　冷压针型接线端子工艺

（a）参考工艺；（b）错误示范

6.4.2　EOL 电阻接续及绝缘处理

EOL 电阻，学名称为线尾电阻，各个厂家的阻值不一样，安在各种探测器上，也就是线路的末端。EOL 电阻电路特点是回路终端接入电阻，回路对地短路会触发电路接点动作。如，在系统布防时，回路断线或短路均会触发报警。

EOL 电阻用于常闭量，是串接在电路中，用于常开量是并联在电路中，报警时，主机会检测到电阻值的改变，换句话说，只要探测器输出到主机的电阻不是规定值时，就会报警。

1. EOL 接线方式

常见的 EOL 接线方式，如图 6-38 所示。

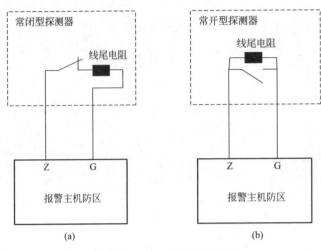

图 6-38　EOL 电阻接线示意

（a）常闭型探测器；（b）常开型探测器

2. EOL 终端电阻端接工艺参考

EOL 终端电阻端接工艺参考，如图 6-39 所示。

图 6-39　EOL 终端电阻端接工艺

（a）焊接工艺参考；（b）热塑绝缘工艺参考

6.4.3　线缆号码标识

1. 手写线缆号码标识

线缆号码标识需按照系统图中要求，按统一的规律完成相关标号。如图 6-40 所示。

2. 机打线缆号码标识

在实际工程项目中，亦可采用机打线缆号码进行线缆号码标识，如图 6-41 所示。

图 6-40　手写线缆号码标识参考工艺

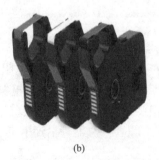

图 6-41　机打线缆号码标识

（a）号码管标识打印机；（b）号码管标识打印机配套色带；（c）号码管标识打印机效果

3. 常见号码管类别

常见的号码管有梅花形号码管（机打专用）、数字型号码管及手写 PVC 异性号码管。各类号码管尺寸须与线缆相符，避免过大或过小。常见的号码管具体实物如图 6-42 所示。

（a）　　　　　　　　　　　　　（b）　　　　　　　　　　　　　（c）

图 6-42　常见号码管类别

（a）梅花型号码管；（b）数字型号码管；（c）手写 PVC 异型号码管

任务 6.5　报警主机电路板安装

报警主机电路板外观如图 6-43 所示。

图 6-43　报警主机电路板示意

第一步：准备好报警主机电路板、配套的黑色塑料固定卡件、螺栓、螺丝刀等。

第二步：将电路板固定与机箱上方卡槽内如图 6-44 所示。

第三步：将配套的 4 个黑色塑料固定卡件，固定电路板，如图 6-45 所示。

第四步：将配套的白色塑料固定卡件固定其他电路板，如图 6-46 所示。

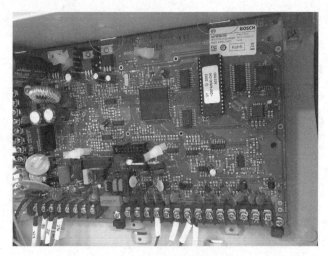

图 6-44　固定入方卡槽示意

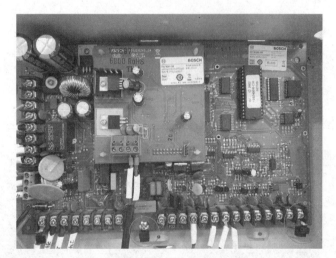

图 6-45　塑料固定卡件固定示意

图 6-46　白色塑料固定卡件安装示意

第五步：将未使用的防区采用 2.2K 电阻进行短接屏蔽，如图 6-47 所示。

图 6-47 未使用的有线分区端接处理示意（图中电阻仅供参考）

任务 6.6 质量自查验收

6.6.1 设备安装自查验收（表 6-2）

设备安装自查验收表 表 6-2

器件	所属系统	实测安装尺寸		器件选择	施工工艺	
大型报警主机（主板）	周界系统	无		无	主板是否安装黑色安装柱：	□
六防区报警主机（小报）	周界系统	误差内：□ 水平：520mm 实测：_____mm	垂直：1070mm 实测：_____mm	是否正确 □	是否牢固： 是否端正及扎带理线： ▲未穿墙布线： ★出线是否缠绕管：	□ □ □ □
红外双鉴探测器	周界系统	误差内：□ 水平：330mm 实测：_____mm	垂直：1620mm 实测：_____mm	是否正确 □	是否牢固： 是否端正及扎带理线： ★出线是否缠绕管：	□ □ □
液晶键盘	周界系统	误差内：□ 水平：120mm 实测：_____mm	垂直：1540mm 实测：_____mm	是否正确 □	是否牢固： 是否端正及扎带理线： ★出线是否缠绕管：	□ □ □
感温探测器	周界系统	误差内：□ 左侧：380mm 实测：_____mm	居中：250mm 实测：_____mm	是否正确 □	是否牢固： 是否扎带理线：	□ □
感烟探测器	周界系统	误差内：□ 左侧：1120mm 实测：_____mm	居中：250mm 实测：_____mm	是否正确 □	是否牢固： 是否扎带理线：	□ □

器件	所属系统	实测安装尺寸		器件选择	施工工艺	
红外双鉴探测器（周界）	周界系统	误差内：□ 水平：330mm 实测：_____mm	垂直：1620mm 实测：_____mm	是否正确 □	是否牢固： 是否端正及扎带理线： ★出线是否缠绕管：	□ □ □
玻璃破碎探测器	周界系统	误差内：□ 水平：400mm 实测：_____mm	垂直：775mm 实测：_____mm	是否正确 □	是否牢固： 是否端正及扎带理线： ★出线是否缠绕管：	□ □ □
声光报警器1	周界系统	误差内：□ 水平：1300mm 实测：_____mm	垂直：1920mm 实测：_____mm	是否正确 □	是否牢固： 是否端正及扎带理线： ★出线是否缠绕管：	□ □ □

6.6.2 线缆接线自查验收（表6-3）

线缆接线自查验收表　　　　　　　　　　表6-3

器件	所属系统	线规及接线	端接工艺
大型报警主机（主板）	周界系统	13根RV线＋1根RVVP：□	★冷压处理：　　　□	★声光报警器1：209、208　　□ ★防区：200、201、202　　□ ★通信总线：207、206　　□ ★液晶键盘：217、216、215、214 □
六防区报警主机（小报）	周界系统	★电源线采用红、黑：　　□ ▲总线采用RVVP2×0.2：□ 8根RV线＋1根RVVP：□	★冷压针型处理：　　□	★电源线：203、204　　□ ★信号：220、221、222、223、224、225　　□ ★总线：206、207　　□
红外双鉴探测器	周界系统	★电源线采用红、黑：　　□ 4根RV线：　　□	★冷压/搪锡处理：　　□	★电源红黑线：203、204 信号线：200、201　　□
液晶键盘	周界系统	4根RV线：　　□	★冷压/搪锡处理：　　□	★信号：217、216、215、214　　□
感温探测器	周界系统	★电源线采用红、黑：　　□ 4根RV线：　　□	★冷压/搪锡处理：　　□	★电源红黑线：203、204 信号线：223、224　　□
感烟探测器	周界系统	★电源线采用红、黑：　　□ 4根RV线：　　□	★焊接及热塑绝缘处理：□	★电源红黑线：203、204 信号线：202、201　　□
红外双鉴探测器（周界）	周界系统	★电源线采用红、黑：　　□ 4根RV线：　　□	★冷压/搪锡处理：　　□	★电源红黑线：203、204 信号线：200、201　　□
玻璃破碎探测器	周界系统	★电源线采用红、黑：　　□ 4根RV线：　　□	★冷压/搪锡处理：　　□	★电源红黑线：203、204 信号线：222、220　　□
声光报警器	周界系统	2根RV线：　　□	★焊接及热塑绝缘处理：□	★控制：208、209　　□

6.6.3 功能调试自查验收（表6-4）

功能调试自查验收表　　　　　　　　　　　　　　　表6-4

题号	配分	考核内容	评分标准	分值	得分	总得分
1	0.6	将小型报警主机设置为大型报警主机的15、16防区，并设为连续报警，内部即时防区	15、16防区	0.2		
			设为连续报警	0.2		
			内部即时防区	0.2		
2	1.6	设置小型报警主机，将红外幕帘探测器所在的第1防区设为延时防区，进入延时时间为10s，退出延时时间为5s；玻璃破碎所在的第2防区设为即时防区，触发玻璃破碎，第2防区立即报警，允许弹性旁路；温感和紧急按钮所在的防区设置为24h防区	红外幕帘：第1防区为延时防区	0.2		
			进入延时时间为10s	0.2		
			退出延时时间为5s	0.2		
			玻璃破碎：第2防区为即时防区	0.2		
			触发玻璃破碎：第2防区立即报警	0.2		
			允许弹性旁路	0.2		
			温感为24h防区	0.2		
			紧急按钮为24h防区	0.2		
3	0.6	将DS7400所接的红外双鉴探测器所在的防区设为连续报警，延时防区，延时时间为10s，感烟探测器所在的防区设为脉冲报警，附校验火警防区	被动红外双鉴探测器为连续报警	0.2		
			延时防区，延时10s	0.2		
			感烟探测器为脉冲报警，附校验火警防区	0.2		
4	0.2	将DS6MX小型报警主机的主码修改为2323	主码为2323	0.2		
5	0.2	大型报警主机布防时，要求有5s的退出延时时间	5s的退出延时时间	0.2		
6	1	设置分区1、分区2，要求大型报警主机自带防区属于1分区，小型报警主机所在防区属于2分区，要求通过液晶键盘能对第1、2分区分别进行布防、撤防	大型报警主机自带防区属于1分区	0.3		
			小型报警主机所在防区属于2分区	0.3		
			液晶键盘能对第1分区进行布防、撤防	0.2		
			液晶键盘能对第2分区进行布防、撤防	0.2		
7	0.6	对大报、小报进行布防操作，触发小型报警主机防区探测器，管理中心声光报警动作，软件记录警情	大报、小报可布防	0.2		
			探测器动作，可报警	0.2		
			软件有记录警情	0.2		
8	0.6	将液晶键盘A键定义为"火警"，脉冲报警，将液晶键盘音量调至最低	A键定义为"火警"	0.2		
			脉冲报警	0.2		
			液晶键盘音量最低	0.2		
9	0.6	通过CMS7000软件，实现与大型报警主机的通信。利用报警系统软件记录系统布撤防、报警（包含幕帘、玻璃破碎、温感、紧急按钮、被动红外、烟感）信息，并将运行记录保存到D盘"工位号"文件夹下"防盗报警运行记录"子文件夹内	报警记录全	0.2		
			保存地址正确：D盘"工位号"文件夹下"防盗报警运行记录"子文件夹内	0.2		
			文件名称正确：防盗报警运行记录	0.2		
		以上小计				

6.6.4 实训成果导向表（表6-5）

实训成果导向表（自评及测评）　　　　　　　　表6-5

功能	序号	知识点	是否掌握 （学生自评）	实训老师 考核评价	得分
理论支撑	1	防盗报警系统的组成及分类	是□　否□		
理论支撑	2	常见的探测器的工作原理及接线方法	是□　否□		
理论支撑	3	小型报警主机的工作原理及接线方法	是□　否□		
理论支撑	4	EOL电阻的接线方式、绝缘标准	是□　否□		
理论支撑	5	电烙铁的焊接工艺	是□　否□		
理论支撑	6	热缩管的选型	是□　否□		
理论支撑	7	探测器的背板结构	是□　否□		
实训成果	8	掌握探测器的接线、EOL焊接及绝缘工艺	是□　否□		
实训成果	9	掌握探测器的安装孔位开孔工艺	是□　否□		
实训成果	10	掌握探测器的测试方法	是□　否□		
实训成果	11	掌握端子冷接工艺	是□　否□		
实训成果	12	掌握小型报警主机的调试步骤	是□　否□		
实训成果	13	掌握大型报警主机的调试步骤	是□　否□		
实训成果	14	掌握电烙铁的规范操作	是□　否□		
职业修养	15	工具及实训台面是否收拾及打扫干净	是□　否□		

任务 6.7　知识技能扩展

《安全防范系统验收规则》GA 308—2001。

详细内容可参见教学资源课件《常见防盗报警设备产品供货商》。

项目7

出入口控制系统安装与调试技能实训

Chapter 07

▶▶

1. 学习目标

(1) 掌握可视对讲系统及门禁管理系统的基本原理及组成;

(2) 掌握出入口控制系统各类设备的安装标准及施工工艺;

(3) 掌握可视对讲系统的调试步骤。

2. 能力目标

(1) 具备出入口控制系统工程图纸识图能力;

(2) 具备各可视对讲设备的安装及调试能力;

(3) 具备各类冷压端子、线端绝缘制作能力;

(4) 具备可视对讲主机的调试编程、故障排除能力。

思维导图

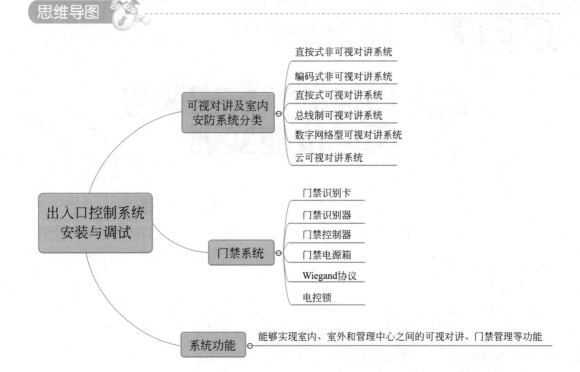

THBCAS-2B 型平台中对讲门禁系统，采用海湾总线型结构可视对讲系统，其由管理中心机、室外主机、多功能室内分机、普通室内分机、联网器、层间分配器、通信转换模块等部件组成，能够实现室内、室外和管理中心之间的可视对讲、门禁管理等功能。室内安防部件由家用紧急按钮、红外探测器、可燃气体探测器和声光报警器等组成，能够实现室内安防监控和报警等功能。系统拓扑图如图 7-1 所示。

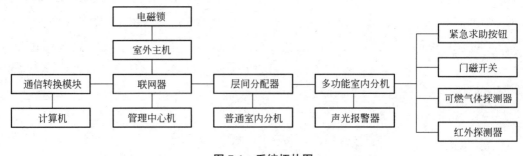

图 7-1 系统拓扑图

7.1.1　可视对讲及室内安防系统理论支撑

按照可视对讲系统的发展历史，可分为直按式非可视对讲系统、编码式非可视对讲系统、直按式可视对讲系统、总线制可视对讲系统（本赛项结构）及数字网络型可视对讲系统（现社会主流产品）、可视对讲系统（现阶段逐渐普及的系统、同时可融合人脸识别等新兴 AI 技术）。

可视对讲系统是门禁系统的典型应用，是住宅小区安防系统建设的核心部分。通过系统的有效管理，可实现住宅小区人流、物流的三级无缝隙管理。其中，第一级小区大门：通常较大的小区都装有入口主机，来访客人可通过入口主机呼叫住户，住户允许进入时，保安人员放行；第二级单元楼门口：单元楼门口装有门口机（又称梯口机），用于控制单元楼的人员进入；第三级住户门口：安装住户门前机，即门前铃，主要用于拒绝尾随人员，二次确认来访人员。

7-1
可视对讲
门禁系统

小区住户可凭感应卡、密码或钥匙进入小区大门或住户本单元楼宇大门（后述简称单元门）。外来人员要进入单元门，须正确按下门口被访住户房号键，接通住户室内分机后，与主人对话（可视系统还能通过分机屏幕上的视频）确认身份。一旦来访者被确认，户主按下分机上的门锁控制键，即可打开梯口电控门锁放行。

7-2
可视对讲
系统的组
成结构和
工作原理

1. 直按式非可视对讲系统

该类系统为 20 世纪 90 年代时候早期的直通式对讲系统。系统由门口机（又称对讲主机、门前机和梯口机）、电控锁、闭门器、不间断电源（USP）、室内机和传输线缆构成。这种系统室内机通常采用简单的非可视分机，适用于小数量户数的楼栋或小区，直按式非可视对讲大楼门口机及室内主机如图 7-2 所示。

图 7-2　直按式非可视对讲
大楼门口机及室内主机

其工作原理：当无人呼叫时，系统控制器通过电控锁把门关闭，室内分机处于待机状态。当来访者在门口机上按下房号键，相对应的室内分机即有振铃，主人摘机、通话，确认身份，决定是否开门放行。确定放行后，主人按下开锁键，即刻电控锁将门打开，放行。客人进入后，闭门器通过其机械臂把门关上，电控锁自动锁门。楼宇的住户进入，必须使用钥匙开门，出门应按下开门按钮，电控锁把门扇打开。工作流程图如图 7-3 所示。

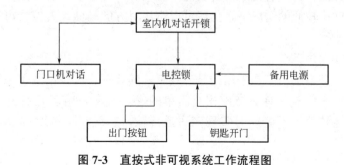

图 7-3　直按式非可视系统工作流程图

2. 编码式非可视对讲系统

编码式（又称数字式）对讲与直按式对讲系统不同是，门口机与室内机的传输通道上加入分配器（又称适配器、解码器），使门口机的按键与住户房号不再是对应关系，而是将每个住户定义为一个可寻的地址（编码）。门口主机在输入这个可寻的地址后，通过层间分配器对相应的住户进行信息存储、音视频选通（解码），然后振铃、通话、开锁。由于本身包括故障隔离及故障指示等功能，单一住户分机出现的问题不影响解码器的正常工作，故障隔离功能对于访客对讲系统的维护、保养方便。主机上的键盘不再与住户一一对应，而是标准的数字键盘。编码式非可视访客对讲系统结构拓扑图如图 7-4 所示。

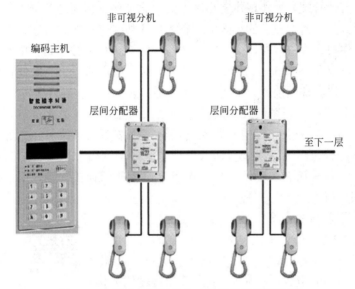

图 7-4 编码式非可视访客对讲系统结构拓扑图

其工作原理：编码式门口机面板上设有数字键盘，根据住户房间号码的不同可以进行不同数字按键组合来呼叫住户。当来访客人在门口机上按下住户号码（不再是单键），系统将这一信息经层间分配器的核对后，找到对应的住户后，振铃、对讲、开锁。住户进门则采用自编密码开锁。

3. 直按式可视对讲系统

直按式可视对讲系统与直按式非可视系统基本相似，区别在于具有图像传输显示功能。因此门口主机相应设置了摄像头，用于图像的采集，通过视频通道传输送到室内分机的显示屏。住户分机不再仅有传送语音功能，还带有图像显示装置。摄像头通常设有红外补偿，在夜间照度比较低的情况下，仍然可以辨认对方的画面。直按式可视对讲系统结构拓扑图如图 7-5 所示。

4. 总线制可视对讲系统

本赛项可视对讲系统的结构采用的是总线制，其音频、视频信号单独线缆传输，控制信号通过编码后统一传输，具备结构相对简单的优点。常采用多芯线＋视频线缆传输信号。其系统拓展性较差，不能同时实现多通道传输。总线制可视对讲系统结构原理如图 7-6 所示。

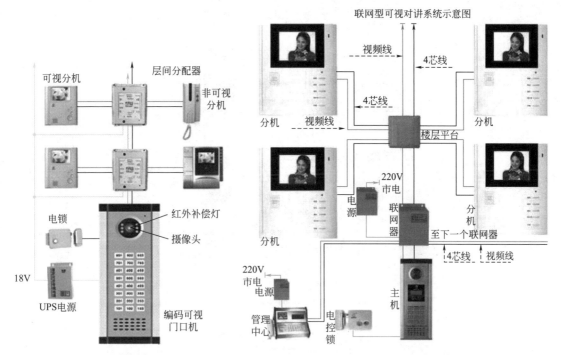

图7-5　直按式可视对讲系统结构拓扑图　　　图7-6　总线制可视对讲系统结构原理图

5. 数字网络型可视对讲系统

数字网络型可视对讲系统是基于 TCP/IP 网络技术的一代成熟系统，多使用于大型小区，是现阶段可视对讲系统的主流产品。该类系统采用网线作为传输介质，大大减低传输线材的成本，同时也增强了系统的抗干扰能力并节约调试成本。另外，系统部分采用 TCP/IP 数字传输，实现了大型小区的联网统一管理功能，解决了总线型系统难以解决的多通道传输问题。其原理图如图7-7所示。

6. 云可视对讲系统

云对讲系统运用物联网技术和云计算技术，将传统的对讲系统由小区局域网扩展到互联网，为传统的对讲带来革命性的变化，是现阶段逐渐普及的新型可视对讲系统，同时其可融合各类新兴技术，如人脸识别、微信对讲、云视频、云开锁、云报警等智慧云功能。通过一部手机实现无时间、无地点、无距离限制的可视对讲功能。云对讲系统主要有小区对讲设备、设备厂商云平台及用户 APP 客户端三大部分组成。如图7-8所示为某企业产品结构原理图。

7.1.2　门禁系统理论支撑

门禁系统主要由出入凭证、识别仪、门禁控制器、电控锁、闭门器、其他设备和门禁软件等组成。典型的门禁系统组成如图7-9所示。

1. 门禁识别卡

门禁识别卡（简称门禁卡），属于射频卡的一种，是门禁系统开门的"钥

7-3
门禁系统的组成结构和工作原理

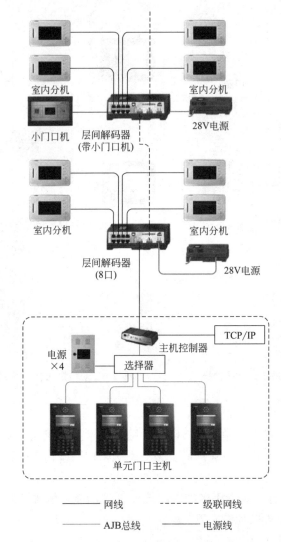

图 7-7 数字网络型可视对讲系统结构原理图

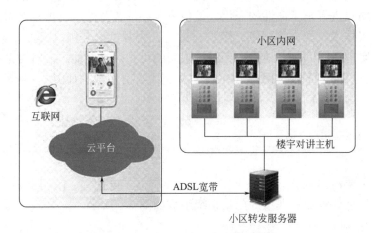

图 7-8 云可视对讲系统结构原理图

匙"，可以包括磁卡密码或者是指纹、掌纹、虹膜、视网膜、脸面、声音等各种人体生物特征。按照其工作原理不同分为 IC 卡和 ID 卡。如图 7-10 所示。

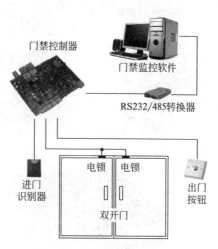

IC 卡（Integrated Circuit Card，集成电路卡），也称智能卡、智慧卡、微电路卡或微芯片卡等。它是将一个微电子芯片嵌入符合标准的卡基中，做成卡片形式。IC 卡与读写器之间的通信方式可以是接触式，也可以是非接触式。

ID 卡（Identification Card，身份识别卡），是一种不可写入的感应卡，含固定的编号，主要有中国台湾 SYRIS 的 EM 格式、美国 HIDMOTORO-LA 等各类 ID 卡。ID 卡与磁卡一样，都仅仅使用了"卡的号码"而已，卡内除了卡号外，无任何保密功能，其"卡号"是公开、裸露的，所以说 ID 卡就是"感应式磁卡"。

图 7-9　典型的门禁系统组成

图 7-10　常见的门禁识别卡

（a）钥匙式门禁射频卡；（b）卡片式识别卡

2. 门禁识别器

门禁识别器负责读取出入凭证中的数据信息（或生物特征信息），并将这些信息输入到门禁控制器，如图 7-11 所示。

3. 门禁控制器

门禁控制器是门禁系统的核心部分，相当于计算机的 CPU，负责整个系统输入、输出信息的处理储存和控制等。它验证识别出入信息的正确性，并根据出入法则和管理规则判断其有效性，若有效则对执行部件发出动作信号。常见的门禁控制器如图 7-12 所示。

4. 门禁电源箱

门禁电源箱，也称门禁电压，是为门禁系统提供独立电源的重要设备，以满足电控锁的供电需求（因电锁耗电较大，电锁需单独一路电源）。常见的门禁电源箱如图 7-13 所示。

门禁电源箱与独立式门禁主机、开门按钮、电控锁的接线图如图 7-14 所示。

5. 韦根协议

韦根协议是国际上统一的标准，是由摩托罗拉公司制定的一种通信协议。它适用于涉

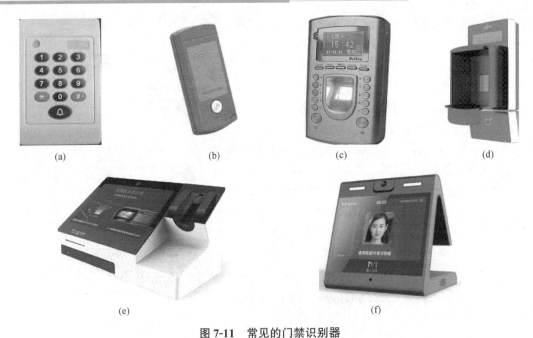

（a）　　　　　　　（b）　　　　　　　（c）　　　　　　　（d）

（e）　　　　　　　　　　　　　（f）

图 7-11　常见的门禁识别器

（a）密码识别仪；（b）IC/ID 卡识别器；（c）指纹识别器；（d）掌纹识别器；
（e）手指静脉识别器；（f）人脸识别器

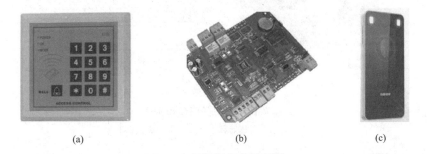

（a）　　　　　　　（b）　　　　　　　（c）

图 7-12　常见的门禁控制器

（a）单门一体机；（b）联网门禁控制器；（c）人脸识别门禁控制器

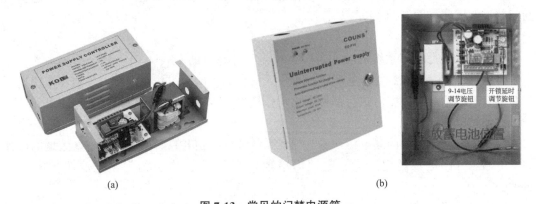

（a）　　　　　　　　　　　　　（b）

图 7-13　常见的门禁电源箱

（a）不带蓄电池式门禁电源控制器；（b）带蓄电池式门禁电源控制器

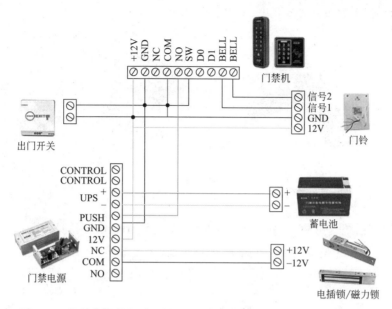

图 7-14　门禁电源箱与独立式门禁主机、开门按钮、电控锁的接线图

及门禁控制系统的读卡器和卡片的许多特性。它有很多格式，标准的 26-bit 应该是最常用的格式，还有 34-bit、37-bit 等格式。

韦根读卡器中韦根数据输出由二根线组成，分别是 DATA0 和 DATA1；二根线分别为"0"或"1"输出。输出"0"时：DATA0 线上出现负脉冲；输出"1"时：DATA1 线上出现正脉冲；负脉冲宽度 TP＝100 微秒；周期 TW＝1600 微秒。韦根读头外观及其与门禁控制器接线如图 7-15 所示。

门禁读卡器	红		DC12V	门禁控制器
	黑		GND	
	绿		D0	
	白		D1	
	蓝		LED	
	黄		BEEP	

图 7-15　韦根读头外观及其与门禁控制器接线示意图

6. 电控锁

电控锁常包括电控锁及电磁锁两大类。

（1）电磁锁：磁力锁（或称电磁锁）的设计和电磁铁一样，是利用电生磁的原理，当电流通过硅钢片时，电磁锁会产生强大的吸力紧紧地吸住铁板达到锁门的效果。只需小小的电流，电磁锁就会产生强大的磁力，控制电磁锁电源的门禁系统识别人员正确后即断电，电磁锁失去吸力后即可开门。因为电磁锁没有复杂的机械结构以及锁舌的构造，适用在逃生门或是消防门的通路控制。其内部用灌注环氧树脂保护锁体。如图 7-16（a）所示。

（2）电插锁：电插锁是一种电子控制锁具，通过电流的通断驱动"锁舌"的伸出或缩回以达到锁门或开门的功能。当然，关门、开门功能的实现还需要与"磁片"配合才能实现。如图 7-16（b）所示。

7-4
门禁系统与
视频监控系
统的安装原
理与连线图

7-5
入侵报警系
统与门禁系
统的设备安
装原理与连
接图

(a)

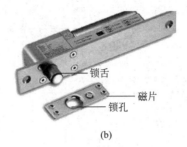

锁舌

磁片

锁孔

(b)

图 7-16 电控锁

（a）电磁锁；（b）电插锁

出入口控制系统（可视对讲及门禁控制系统）工程图纸中，常见的图例见表 7-1。

对讲门禁及室内安防系统常见图例 表 7-1

序号	图例	设备名称	数量	备注
1		彩色可视室外主机	1	壁装,具体安装位置详见安装大样图
2		普通壁挂室内分机	1	壁装,具体安装位置详见安装大样图
3		管理中心机	1	壁装,具体安装位置详见安装大样图
4	NET	联网器	1	壁装,具体安装位置详见安装大样图
5		电源箱	1	壁装,具体安装位置详见安装大样图
6	OUT Out1 Out3 Out2 Out4 N	层间分配器(4 分支)	1	壁装,具体安装位置详见安装大样图
7	FS252 ## CAN	通信转换模块	1	壁装,具体安装位置详见安装大样图
8		多功能室内对讲分机	1	壁装,具体安装位置详见安装大样图
9		燃气探测器	1	吸顶安装,具体安装位置详见安装大样图
10	R/N	红外双鉴探测器	1	壁装,具体安装位置详见安装大样图
11		门磁开关探测器	1	结合电控锁于内框安装
12	◉	紧急报警按钮	1	壁装,具体安装位置详见安装大样图
13	EL	电控锁	1	门框内安装,具体见安装示意图
14	open	开门按钮	1	壁装,具体安装位置详见安装大样图

任务 7.2　设备安装

7.2.1　设备安装

1. 管理中心机：GST-DJ6406

管理中心机具有呼叫、报警接收的基本功能，是小区联网系统的基本设备。配合系统硬件，用电脑来连接的管理中心，可以实现信息发布、小区信息查询、物业服务、呼叫及报警记录查询功能、设撤防纪录查询功能等。

图 7-17　设备外观图

本赛项采用海湾 GST-DJ6000 系列的可视对讲系统的中心管理设备，可以安装在管理中心或值班室内。如图 7-17 所示。

管理中心机接线端子，如图 7-18 所示。

管理中心机接线端子接线说明，见表 7-2。

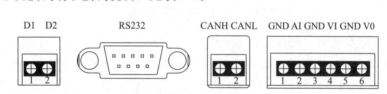

7-6
管理中心软件及门禁IC卡的设备安装原理与连线图

图 7-18　管理中心机接线端子图

管理中心机接线端子接线说明　　　　　表 7-2

端口号	序号	端子标识	端子名称	连接设备名称	注释
端口 A	1	GND	地	室外主机或矩阵切换器	音频信号输入端口
	2	AI	音频入		
	3	GND	地		视频信号输入端口
	4	VI	视频入		
	5	GND	地	监视器	视频信号输出端，可外接监视器
	6	VO	视频出		
端口 B	1	CANH	CAN 正	室外主机或矩阵切换器	CAN 总线接口
	2	CANL	CAN 负		
端口 C	1-9	—	RS232	计算机	RS232 接口，接上位计算机
端口 D	1	D1	18V 电源	电源箱	给管理中心机供电，18V 无极性
	2	D2			

注：当管理中心机处于 CAN 总线的末端，需在 CAN 总线接线端子处并接一只 120Ω、1/4W 的电阻（即并接在 CANH 与 CANL 之间）。

工程布线要求：视频信号线采用 SYV75-3 同轴电缆，如传输距离较远须增加同轴电缆线径。

管理中心机与联网器接线图，如图 7-19 所示。

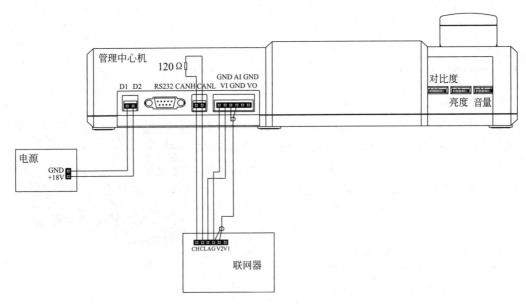

图 7-19　管理中心机与联网器接线图

2. 彩色可视室外主机：GST-DJ6106CI

彩色可视室外主机是楼宇对讲系统的关键设备，用于室外访客进出识别管理，支持密码、IC 卡识别，同时具备铃音提示，键音提示、呼叫提示以及各种语音提示等功能。室外主机外形如图 7-20 所示。室外主机安装过程分解如图 7-21 所示。

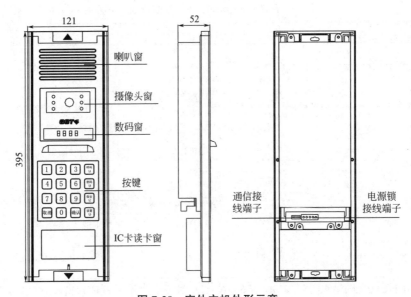

图 7-20　室外主机外形示意

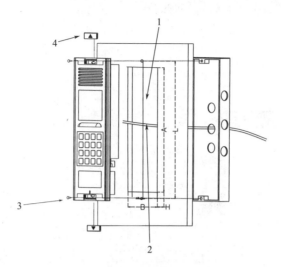

图 7-21　室外主机安装过程分解图

1—门上开好孔位（已开好）；2—把传送线连接在端子和线排上，插接在室外主机上；

3—把室外主机和嵌入后备盒放置在门板的两侧，用螺栓牢固固定；

4—盖上室外主机上、下方的小盖

室外主机接线端子说明如下：

（1）电源端子说明（表 7-3）

电源端子说明　　　　　　　　　　　　　　　　表 7-3

端子序	标识	名称	与总线层间分配器连接关系
1	D	电源	电源+18V
2	G	地	电源端子 GND
3	LK	电控锁	接电控锁正极
4	G	地	接锁地线
5	LKM	电磁锁	接电磁锁正极

（2）通信端子说明（表 7-4）。

通信端子说明　　　　　　　　　　　　　　　　表 7-4

端子序	标识	名称	与互联网连接关系
1	V	视频	接联网器室外主机端子 V
2	G	地	接联网器室外主机端子 G
3	A	音频	接联网器室外主机端子 A
4	Z	总线	接联网器室外主机端子 Z

室外主机与联网器接线如图 7-22 所示。

建筑智能化系统安装与调试实训（含赛题剖析）

3. 彩色壁挂式室内分机：GST-DJ6956AB

彩色壁挂式室内分机一般安装于家庭住户家内，实现与室外主机、小区门口机及管理中心机之间的可视呼叫、通话、开锁等功能，同时接入探测器及警号等可实现室内安保防盗报警功能。室内分机外形示意图如图 7-23 所示。

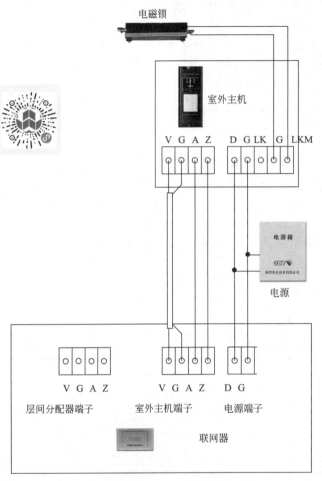

图 7-22　室外主机与联网器接线示意

图 7-23　室内分机外形示意

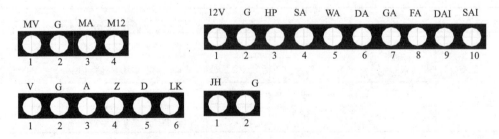

图 7-24　多功能室内分机对外接线端子示意

214

多功能室内分机接线端子说明　　　　　　　　　　　　　　表 7-5

端口号	端子序号	端子标识	端子名称	连接设备名称	连接设备端口号	连接设备端子号	说明
主干端口	1	V	视频	层间分配器/门前铃分配器	层间分配器分支端子/门前铃分配器主干端子	1	单元视频/门前铃分配器主干视频
	2	G	地			2	地
	3	A	音频			3	单元音频/门前铃分配器主干音频
	4	Z	总线			4	层间分配器分支总线/门前铃分配器主干总线
	5	D	电源	层间分配器	层间分配器分支端子	5	室内分机供电端子
	6	LK	开锁	住户门锁	—	6	对于多门前铃,有多住户门锁,此端子可空置
门前铃端口	1	MV	视频	门前铃	门前铃	1	门前铃视频
	2	G	地			2	门前铃地
	3	MA	音频			3	门前铃音频
	4	M12	电源			4	门前铃电源
安防端口	1	12V	安防电源	外接报警器、探测器电源	各报警前端设备的相应端子		给报警器、探测器供电,供电电流不大于100mA
	2	G	地				地
	3	HP	求助	求助按钮			紧急求助按钮接入口常开端子
	4	SA	防盗	红外探测器			接与撤布防相关的门、窗磁传感器、防盗探测器的常闭端子
	5	WA	窗磁	窗磁			
	6	DA	门磁	门磁			
	7	GA	燃气探测	燃气泄漏			接与撤布防无关的烟感、燃气探测器的常开端子
	8	FA	感烟探测	火警			
	9	DAI	立即报警门磁	门磁			接与撤布防相关门磁传感器、红外探测器的常闭端子
	10	SAI	立即报警防盗	红外探测器			
警铃端口	1	JH	警铃	室内报警设备	外接警铃		电压:14.5～18.5VDC
	2	G	地	警铃电源			电流不大于50mA

4. 普通室内分机：GST-DJ6209

普通室内分机安装于家庭住户家内,实现与室外主机、小区门口机及管理中心机之间的非可视呼叫、通话、开锁等功能。普通室内分机外形示意图如图 7-27 所示。

5. 联网器：GST-DJ6327B

联网器是作为可视对讲系统的通信核心设备,可实现各可视终端之间的相互呼叫及开锁信号自动链路切换,该类切换是通过继电器模块实现逻辑矩阵,因此,当某个设备正在与设备呼叫通话中时,其他设备无法呼叫同一设备。现阶段可视对讲系统基本实现网络数字化结构,可同时呼叫同一设备,并实现呼叫等待提示。

GST-DJ6327B 联网器为壁挂式结构,连接单元、别墅可视对讲系统和小区门口机,

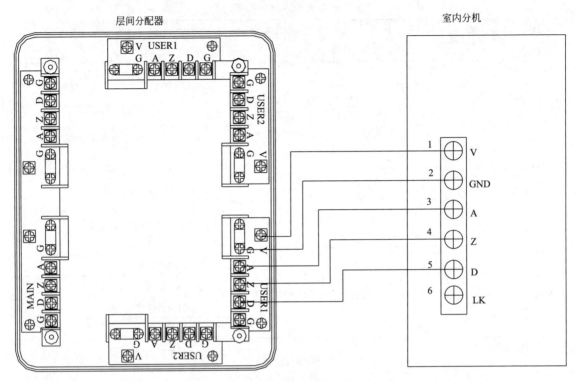

图 7-25　室内分机与层间分配器接线示意

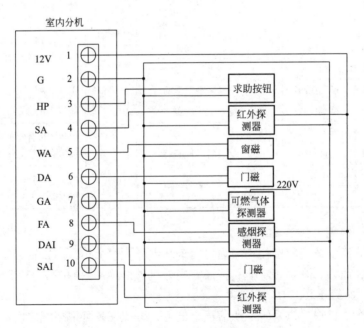

图 7-26　室内分机与报警传感器接线示意

如图 7-28 所示。其电气参数如下：

（1）工作电压：14.5～18.5VDC。

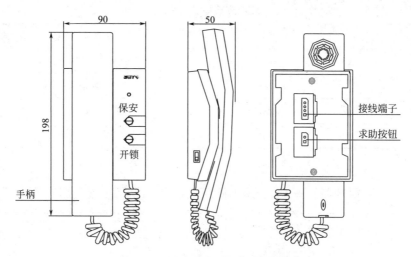

图 7-27 普通室内分机外形示意图

图 7-28 联网器示意图

（2）静态电流：不大于 75mA。

（3）工作电流：不大于 100mA。

（4）Can 总线波特率：10kbps。

（5）使用环境：环境温度为 −10～55℃；相对湿度不大于 95％；不凝露。

（6）外形尺寸：152mm×192mm×57mm。

对外接线端子说明见表 7-6～表 7-10 所示。

电源端子（XS4）   表 7-6

端子序	标识	名称	连接关系（POWER）
1	D+	电源	电源 D
2	D−	地	电源 G

室内方向端子（XS2）　　　　　　　　　　　　　　　表 7-7

端子序	标识	名称	连接关系（USER1）
1	V	视频	接单元通信端子 V(1)
2	G	地	接单元通信端子 G(2)
3	A	音频	接单元通信端子 A(3)
4	Z	总线	接单元通信端子 Z(4)

室外方向端子（XS3）　　　　　　　　　　　　　　　表 7-8

端子序	标识	名称	连接关系（USER2）
1	V	视频	接室外主机通信接线端子 V(1)
2	G	地	接室外主机通信接线端子 G(2)
3	A	音频	接室外主机通信接线端子 A(3)
4	Z/M12	总线	接室外主机通信接线端子 Z(4)或门前铃电源端子 M12

外网端子（XS1）　　　　　　　　　　　　　　　　表 7-9

端子序	标识	名称	连接关系（OUTSIDE）
1	V1	视频 1	接外网通信接线端子 V1(1)
2	V2	视频 2	接外网通信接线端子 V2(2)
3	G	地	接外网通信接线端子 G(3)
4	A	音频	接外网通信接线端子 A(4)
5	CL	CAN 总线	接外网通信接线端子 CL(5)
6	CH	CAN 总线	接外网通信接线端子 CH(6)

联网器类型设置　　　　　　　　　　　　　　　　表 7-10

室外方向端子(XS3)	矩阵切换器	X2(连接)	X3(连接)	X1、X5、X6
室外主机	有	状态 0	状态 0	开路
	无	状态 1		

设置说明：

　　　　　　　　1　2　3　　　　　　　　1　2　3
　　　　　设置为：状态0　　　　　设置为：状态1
　　　　　　设置为：状态 0　设置为：状态 1

X7 短接为接入 CAN 总线终端匹配电阻。

6. 层间分配器：GST-DJ6315B

层间分配器作为楼层分配设备，在总线型可视对讲系统中，实现住户分配及信号隔离作用，满足同一楼层或不同楼层住户之间安全联网。

层间分配器内部配置有保险管，当线路发出故障或设备线缆短路时，该保险管可实现保护功能，以免影响主干网络。层间分配器如图 7-29 所示。

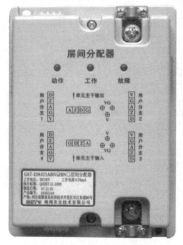

图 7-29　层间分配器及其保险管示意图

7. 通信转换模块：K-7110

通信转换模块作为可视对讲系统的 CAN 总线与 RS232 信号转换设备，实现信号数据实时协议状况。满足 PC 电脑管理软件的数据采集及分析管理。

RS485/RS422 输出信号及接线端子引脚分配情况，如图 7-30 所示。

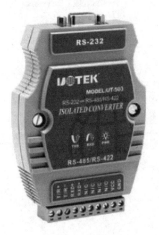

RS-232C引脚分配

DB9 母头/孔型(PIN)	RS-232C 接口信号
1	保护地
2	接收数据　SIN(RXD)
3	发送数据　SOUT(TXD)
4	数据终端准备 DTR
5	信号地 GND
6	数据装置准备 DSR
7	请求发送 RTS
8	清除发送 CTS
9	响铃指示 RI

图 7-30　RS485/RS422 输出信号及接线端子引脚分配情况

任务 7.3 工程案例

7.3.1 室外主机安装示意（图 7-31）

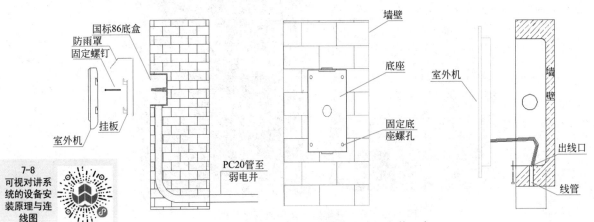

7-8
可视对讲系统的设备安装原理与连线图

图 7-31 室外机底座安装及室外机安装示意

7.3.2 大楼门口机安装示意（图 7-32）

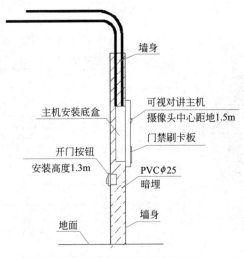

图 7-32 大楼门口机安装示意

7.3.3　壁挂式室内分机安装示意（图 7-33）

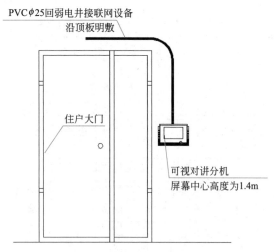

图 7-33　壁挂式室内分机安装示意

7.3.4　门禁安装示意（图 7-34）

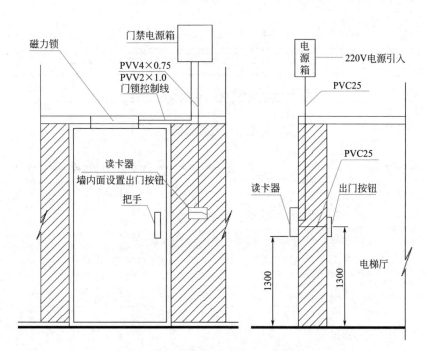

图 7-34　门禁安装正视图、侧视图

7.3.5 一体化门禁读卡器于墙体的安装示意（图7-35）

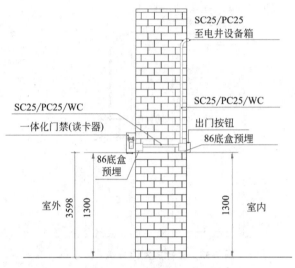

图7-35 一体化门禁读卡器于墙体的安装示意

7.3.6 双门/单门磁力锁安装示意（图7-36）

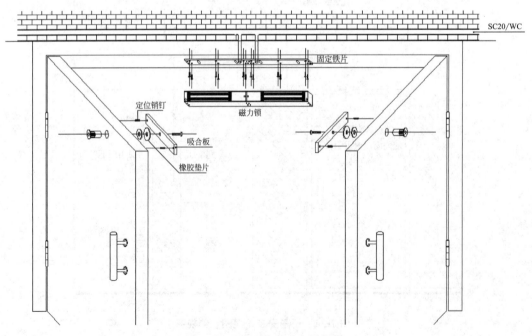

图7-36 双门/单门磁力锁安装

7.3.7　双门/单门磁力锁吸合板安装示意（图 7-37）

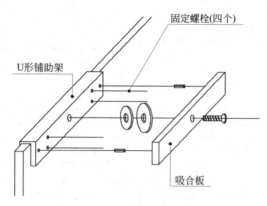

7-9
门禁控制
系统的布
线施工

图 7-37　双门/单门磁力锁安装

任务 7.4　施工工艺流程

7.4.1　主要施工工艺流程图（图 7-38）

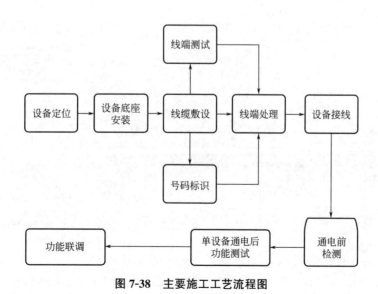

图 7-38　主要施工工艺流程图

7.4.2 设备定位施工工艺参考流程图（图7-39）

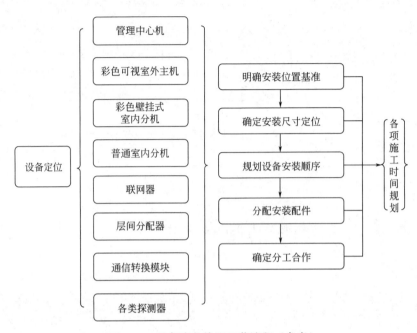

图7-39 设备定位施工工艺流程（参考）

7.4.3 线缆施工工艺参考流程图（图7-40）

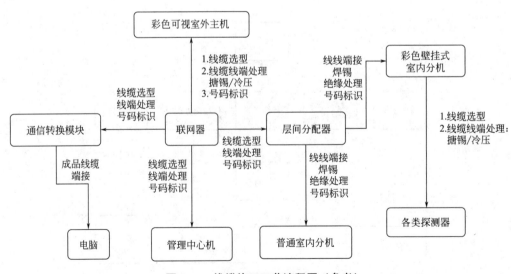

图7-40 线缆施工工艺流程图（参考）

7.4.4   设备线缆端接工艺需要分析流程图（图 7-41）

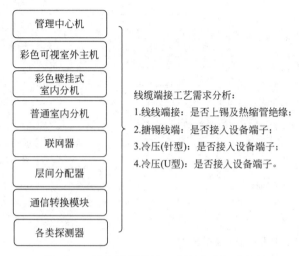

图 7-41   设备线缆端接工艺需求分析流程图

任务 7.5   质量自查验收

7.5.1   设备安装自查验收（表 7-11）

设备安装自查验收表 表 7-11

器件	所属系统	实测安装尺寸		器件选择	施工工艺	
管理中心机	可视系统	误差内：□ 水平：120mm 实测：_____mm	垂直：670mm 实测：_____mm	是否正确□	是否牢固： 是否端正及扎带理线： ▲未穿墙布线： ★出线是否缠绕管：	□ □ □ □
通信转换模块	可视系统	误差内：□ 水平：460mm 实测：_____mm	垂直：1010mm 实测：_____mm	是否正确□	是否牢固： 是否端正及扎带理线： ★出线是否缠绕管：	□ □ □
彩色可视室外主机	可视系统	误差内：□ 水平：130mm 实测：_____mm	垂直：795mm 实测：_____mm	是否正确□	是否牢固： 是否端正及扎带理线： ★出线是否缠绕管：	□ □ □
开门按钮	可视系统	误差内：□ 水平：380mm 实测：_____mm	垂直：1105mm 实测：_____mm	是否正确□	是否牢固： 是否端正及扎带理线： ★出线是否缠绕管：	□ □ □

续表

器件	所属系统	实测安装尺寸	器件选择	施工工艺
门磁	可视系统	—	是否正确□	是否扎带理线：□ ★出线是否缠绕管：□
电控锁	可视系统	—	—	是否扎带理线：□ ★出线是否缠绕管：□
联网器	可视系统	误差内：□ 水平：270mm　垂直：1490mm 实测：＿＿＿mm　实测：＿＿＿mm	是否正确□	是否牢固：□ 是否端正及扎带理线：□ ★出线是否缠绕管：□
普通壁挂室内分机	可视系统	误差内：□（以底座安装尺寸为准） 水平：510mm　垂直：1520mm 实测：＿＿＿mm　实测：＿＿＿mm	是否正确□	是否牢固：□ 是否端正及扎带理线：□ ★出线是否缠绕管：□
层间分配器	可视系统	误差内：□ 水平：230mm　垂直：1020mm 实测：＿＿＿mm　实测：＿＿＿mm	是否正确□	是否牢固：□ 是否端正及扎带理线：□ ★出线是否缠绕管：□
多功能室内对讲分机	可视系统	误差内：□（以86底盒测量） 水平：340mm　垂直：1100mm 实测：＿＿＿mm　实测：＿＿＿mm	是否正确□	86底盒是否牢固：□ 是否端正及扎带理线：□ ★出线是否缠绕管：□
燃气探测器	可视系统	误差内：□ 左侧：1130mm　居中：250mm 实测：＿＿＿mm　实测：＿＿＿mm	是否正确□	是否牢固：□ 是否扎带理线：□

7.5.2　线缆接线自查验收（表7-12）

线缆接线自查验收表

表 7-12

器件	所属系统	线规及接线	端接工艺	线号标识
管理中心机	可视系统	★电源线采用红、黑：□ ▲视频线采用SYV75-3：□ ▲CAN总线RVVP2×0.2：□ 4根RV线＋1根视频线＋1根RVVP线：	★冷压针型处理：□	★电源线：104、105　□ ★视频线：109、110　□ ★CAN总线：111、112 ★其他：102
通信转换模块	可视系统	★电源线采用红、黑：□ ▲CAN总线RVVP2×0.2：□ 2根RV线＋1根RVVP：	★冷压针型处理：□	★电源线：104、105　□ ★通信线：111、112　□
彩色可视室外主机	可视系统	★电源线采用红、黑：□ ▲视频线采用SYV75-3：□ 4根RV线：□	★冷压针型、焊接及热塑绝缘处理：□	★VGAZD：100、101、102、103、104　□ ★锁及开门按钮：105、106、107　□
开门按钮	可视系统	2根RV线：□	★冷压/搪锡处理：□	★信号：107、108　□

续表

器件	所属系统	线规及接线		端接工艺		线号标识	
门磁	可视系统	2 根 RV 线：	☐	★冷压/搪锡处理：	☐	★信号：129、127	☐
电控锁	可视系统	2 根 RV 线：	☐	★焊接及热塑绝缘处理：	☐	★信号：106、108	☐
联网器	可视系统	▲视频线采用 SYV75-3：	☐	★冷压 U 型处理：	☐	★电源线：105、104	☐
		▲总线采用 RVVP2×0.2：	☐			★OUT：109、102、111、112、110	
		7 根 RV 线＋3 根视频线＋1 根 RVVP：	☐				☐
						★USER1：113、114、115、116	
						★USER2：100、101、102、10	
普通壁挂室内分机	可视系统	4 根 RV 线：	☐	★焊接及热塑绝缘处理：	☐	—	
层间分配器	可视系统	▲视频线采用 SYV75-3：	☐	★冷压/焊接及热塑绝缘处理：	☐	★MAIN：113、114、115、116、104	
		10 根 RV 线＋2 根视频线：	☐			★USER2：117、118、119、120	
						★ USER1：121、122、123、124、125	☐
多功能室内对讲分机	可视系统	★电源线采用红、黑：	☐	★焊接及热塑绝缘处理：	☐	—	
		▲视频线采用 SYV75-3：	☐				
		8 根 RV 线＋1 根视频线：	☐				
燃气探测器	可视系统	★电源线采用红、黑：	☐	★焊接及热塑绝缘处理：	☐	★电源红黑线：126、127	
		4 根 RV 线	☐			信号线：130、127	☐

7.5.3　功能调试自查验收（表 7-13）

功能调试自查验收表　　　　　　　　　　表 7-13

题号	配分	考核内容	评分标准	分值	得分	总得分
1	1.4	通过室外主机（单元号为 6，楼栋号为 26，地址为 2）呼叫可视室内分机（房间号：2107），实现可视对讲与开锁功能，要求振铃、视频、语音清晰	单元号为 6	0.2		
			楼栋号为 26	0.2		
			地址为 2	0.2		
			房间号：2107	0.2		
			可呼叫	0.1		
			振铃	0.1		
			有视频	0.1		
			语音清晰	0.1		
			可开锁	0.2		

续表

题号	配分	考核内容	评分标准	分值	得分	总得分
2	0.9	通过室外主机呼叫普通室内分机（房间号：2109），实现对讲与开锁功能，要求振铃，语音清晰	房间号：2109	0.2		
			室内分机振铃	0.2		
			可对讲	0.2		
			语音清晰	0.1		
			可开锁	0.2		
3	0.6	通过室外主机呼叫管理中心机，实现视频通话与开锁功能	可呼叫	0.2		
			可视频	0.2		
			可开锁	0.2		
4	1.2	通过非可视室内分机和可视室内分机呼叫管理中心，实现通话功能。通过管理中心机呼叫可视室内分机和普通室内分机，实现通话功能	两分机均可呼叫中心机	0.4		
			两分机均可通话	0.4		
			中心机均可呼叫两分机	0.2		
			两分机均可通话	0.2		
5	0.4	配置住户 2107 的开锁密码 5809，住户 2109 的开锁密码 5182，实现室外主机的密码开锁功能	住户 2107，密码 5809 可开锁	0.2		
			住户 2109，密码 5182 可开锁	0.2		
6	0.4	注册 1 张 IC 卡，属于 1707 住户，实现室外主机的刷卡开锁功能，软件记录刷卡开锁信息；注册 1 张 IC 卡，实现巡更不开门功能，巡更员 2 号	1707 住户卡，刷卡开锁	0.2		
			巡更员 2 号，巡更不开门	0.2		
7	0.6	创建管理员 9，密码 6465，实现 9 号管理员通过管理中心机开单元门	管理员 9	0.2		
			密码 6465	0.2		
			开单元门	0.2		
8	1	设置值班员"小强"，密码 68，设置楼栋号 06，安排 2 个单元，每个单元有 5 层，每层 2 户，设置楼栋号 07，安排 2 个单元，每个单元有 4 层，每层 2 户	小强，密码 68	0.2		
			楼栋号 06,2 个单元，每个单元有 5 层，每层 2 户	0.4		
			楼栋号 07,2 个单元，每个单元有 4 层，每层 2 户	0.4		
9	0.8	可视室内分机布防，触发所接入的红外双鉴探测器、燃气探测器，管理中心机有声音警报，软件记录报警信息，可视分机撤防密码 215	可布防	0.2		
			红外双鉴探测器可报警	0.2		
			燃气探测器可报警	0.2		
			软件有记录	0.1		
			撤防密码 215	0.1		
10	0.7	"9 号管理员"值班，将系统运行记录（包括：红外双鉴探测器报警、燃气探测器报警、门磁报警、开锁、对讲通话、2107 住户胁持报警、卡片等信息）保存在计算机 D 盘"工位号"文件夹下的"可视对讲"子文件夹内	"9 号管理员"值班	0.1		
			报警记录全（红外、燃气、门磁）	0.1		
			开锁记录全	0.1		
			对讲通话记录全	0.1		
			2107 住户胁持报警记录全	0.1		
			卡片信息全	0.1		
			保存地址、名称正确	0.1		
以上小计						

7.5.4　实训成果导向表（表 7-14）

实训成果导向表（自评及测评）　　　　　　　　　表 7-14

功能	序号	知识点	是否掌握 （学生自评）	实训老师 考核评价	得分
理论支撑	1	可视对讲系统的结构原理	是□　否□		
理论支撑	2	可视对讲系统的主要设备接线端子作用	是□　否□		
理论支撑	3	探测器的安装方法及端子作用	是□　否□		
理论支撑	4	门禁控制的工作原理	是□　否□		
理论支撑	5	电控锁的工作原理	是□　否□		
实训成果	6	掌握同轴电缆的接线工艺标准	是□　否□		
实训成果	7	掌握可视对讲设备的底座安装方法	是□　否□		
实训成果	8	掌握电插锁安装工艺	是□　否□		
实训成果	9	掌握管理中心机的出厂恢复方法	是□　否□		
实训成果	10	掌握室外主机的出厂恢复方法	是□　否□		
实训成果	11	掌握层间分配器的故障判断及解决办法	是□　否□		
实训成果	12	掌握室内分机探测器防区设置方法	是□　否□		
实训成果	13	掌握室内分机与探测器的连接方法	是□　否□		
实训成果	14	掌握各设备的端接工艺标准	是□　否□		
职业修养	15	工具及实训台面是否收拾及打扫干净	是□　否□		

7.5.5 工程案例检测调试记录（表7-15）

智能建筑工程设备（单元）单体检测调试记录 表 7-15

单位（子单位）工程名称		
所属子分部（系统）/分项（子系统）工程名称	安全防范系统/出入口控制系统	
依据 GB 50339 的条目	第 8.3.7 条	
检测调试部位、区、段	地下室、智能化首层中心机房	
安装单位		项目经理（负责人）	
施工执行标准名称及编号	《智能建筑工程质量验收规范》GB 50339—2013《安全防范系统验收规则》GA 308—2001	
设备（单元）名称、型号、规格	检测调试内容（项目、参数）及其标准（设计、合同）规定要求	检测调试结果
八门控制器	采用模块化设计，带 TCP/IP 连接的 NC-100 控制器内置 TCP 通信端口。配备 3MB 内存，可存储超过 100000 张卡和 10000 条记录，并可根据用户需要扩充	合格
四门控制器	采用模块化设计，带 TCP/IP 连接的 NC-100 控制器内置 TCP 通信端口。配备 3MB 内存，可存储超过 100000 张卡和 10000 条记录，并可根据用户需要扩充	合格
读卡器	感应距离：0～10cm，读卡时间：≤0.5s	合格
出门按钮	机械动作灵活	合格
电控锁	抗拉力为 300kg，有 3 种延时可调（3/6/10s），断电开锁型	合格
发卡机	卡片识别有效率 95% 以上	合格
备注		
安装单位检查评定结果	专业工长（施工员）	施工班组长	
	检测调试人员	
	符合设计及施工规范要求，经检查质量合格。 项目专业质量检查员：　　　　　　年 月 日	
监理（建设）单位验收结论	专业监理工程师（建设单位项目专业技术负责人）：　　　年 月 日	

任务 7.6 知识技能扩展

详细内容可参见教学资源课件《常见出入口控制系统设备产品供货商》。

项目8

巡更系统安装与调试技能实训

Chapter 08

教学目标

1. 学习目标

(1) 掌握巡更系统的工作原理及基本组成；

(2) 掌握巡更系统巡设备安装质量控制标准；

(3) 掌握巡更系统施工工艺流程。

2. 能力目标

(1) 具备巡更工程图纸识图能力；

(2) 具备巡更设备的安装及调试能力；

(3) 具备巡更软件的编程、故障排除能力。

思维导图

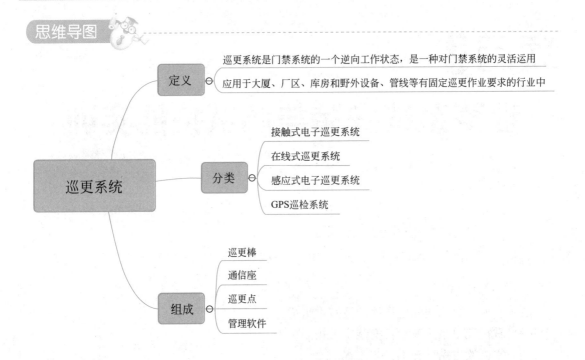

任务 8.1 系统工程识图

巡更系统是门禁系统的一个逆向工作状态，是一种对门禁系统灵活运用的系统。它主要应用于大厦、厂区、库房、野外设备、管线等有固定巡更作业要求的行业中。

巡更系统的工作目的是帮助各企业的领导或管理人员利用本系统来完成对巡更人员和巡更工作记录进行有效地监督和管理，系统还可以对一定时期的线路巡更工作情况做详细记录，巡更系统如图 8-1 所示。

8-1
电子巡更
系统的组
成结构和
工作原理

图 8-1　巡更系统

8.1.1　巡更系统的分类

现阶段，巡更系统可分为：接触式电子巡更系统、感应式电子巡更系统、在线式巡更系统、GPS 巡检系统。

8.1.2　巡更系统的组成

　　巡更系统包括：巡更棒（巡检人员随身携带，用于巡检）、通信座（用于连接巡检器和电脑的通信设备）、人员卡（用于更换巡更人员）、巡更点（布置于巡检线路中，无需电源、无需布线）、事件本（可事先输入可能发生的事件，巡更时可读取事件）、管理软件（单机版、局域版、网络版）等主要部分。如图 8-2 所示。

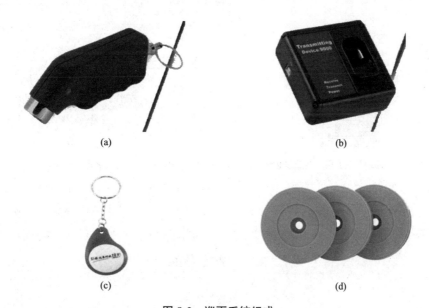

(a)　　　　　　　　　　　　　　　　(b)

(c)　　　　　　　　　　　　　　　　(d)

图 8-2　巡更系统组成
（a）巡更棒；（b）通信座或数据线；（c）人员卡；（d）巡更点

　　一个管理中心可配一条通信线、一套管理软件、多个巡检器/巡更棒、多个地点卡；人员卡可根据用户要求选配，用于区分巡检人员；夜光标签用于夜间指示。

8.1.3　巡更系统的工作流程

　　巡检人员手持巡检器，沿着规定的路线巡查。在规定的时间内到达巡检地点，用巡检器读取巡检点，工作时伴有振动和灯光双重提示。巡检器会自动记录到达该地点的时间和巡检人员，然后通过数据通信线将巡检器连接计算机，把数据上传到管理软件的数据库中。管理软件对巡检数据进行自动分析并智能处理，由此实现对巡检工作的科学管理。

8.1.4　巡更系统图例说明示例

　　常见的巡更系统图例，见表 8-1。

巡更系统图例   表 8-1

序号	图例	设备名称	数量	备注
1	⌐	巡更信息点	6	壁装,具体安装位置详见安装大样图
2	▯	巡更巡检器	1	—

8.1.5 巡更系统图（图8-3）

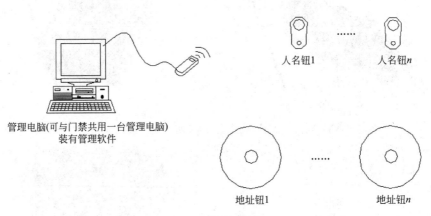

管理电脑(可与门禁共用一台管理电脑)
装有管理软件

图 8-3　巡更系统图

任务 8.2　设备安装质量控制

8.2.1　巡更系统中巡更点施工工艺要点

1.巡更点安装高度需满足巡更需求，如右手边，高度为 1.3m 左右。

2.巡更点位分配需结合使用方进行统筹安排，以免漏点、多点等巡更线路。

3.巡更点安装方向需端正，以便巡更人员清楚识别巡更点名称。

4.巡更点位可增加夜光材质辅助贴片，以满足巡更人员能在夜景快速找到巡更点。

8.2.2　巡更管理系统检测标准

1.巡更管理系统检测应符合国家标准《安全防范工程技术标准》GB 50348—2018 第

7.2.5 条的相关规定：

(1) 在线巡查或离线巡查的信息采集点（巡查点）的位置应合理设置。

(2) 现场设备的安装位置应易于操作，注意防破坏。

2.巡更终端抽检的数量应不低于 20%，且不少于 3 台；当少于 3 台时，应全数检测。系统功能、联动功能和数据记录等应全数检测。检测结果符合设计要求为合格，被检设备的合格率应为 100%。

3.离线式巡更系统的检测应包括下列内容：

(1) 巡更设备的完好率及其功能。

(2) 巡更软件的功能。

(3) 巡更记录。

(4) 防止巡更数据和信息被恶意破坏或修改的功能。

(5) 管理制度和措施。

4.离线式巡更系统功能的检测应符合下列要求：

(1) 观察巡更棒、下载器等设备的外观应完好，以实际操作检查它们的功能应正常。

(2) 通过软件演示检查巡更软件的功能，包括对巡更班次、巡更路线的设置、软件启动口令保护功能、防止非法操作等。

(3) 检查巡更记录，包括巡更数据下载、报表生成功能；巡更人员、巡更路线、巡更时间等记录的储存和打印输出功能；可按人名、时间、巡更班次、巡更路线等进行查询、统计功能等，均应符合设计要求。

(4) 模拟对巡更数据和信息的修改，检查防恶意破坏或修改的功能，应符合设计要求。

5.在线式巡更系统的检测应包括下列内容：

(1) 现场读卡器、巡更开关功能（包括灵敏度和防破坏）。

(2) 巡更路线和巡更时间的设定、修改和数据的传输功能。

(3) 系统和读卡器间进行的信息传输功能。

(4) 监控中心对现场读卡器的管理功能。

(5) 巡更异常时的故障报警功能。

(6) 依据设计要求的系统联动功能。

(7) 系统管理软件的功能。

(8) 对读卡器通信回路的自动检测功能。

(9) 巡更数据记录检查。

6.在线式巡更系统功能的检测应符合下列要求：

(1) 检查管理计算机和读卡器间进行的信息传输，包括巡更路线和巡更时间设置数据向现场读卡器的传输；现场巡更记录向监控中心的传输，应符合设计要求。

(2) 在监控中心管理计算机上，检查系统的编程和修改功能，进行多条巡更路线和不同巡更时间间隔设置、修改，应符合设计要求。

(3) 在监控中心管理计算机上，对现场读卡器进行授权、取消授权、布防、撤防等操作，检查系统对现场读卡器的管理功能，应符合设计要求。

（4）用人为制造无效卡、不按规定路线、不按规定时间的巡更，检查巡更异常时（不按规定路线顺序、不按规定时间间隔等）的故障报警情况，应符合设计要求。

（5）人为模拟读卡器通信线路的故障，检查系统对通信回路的自动检测功能，应向系统发出报警信号。

7. 对巡更员的安全保障措施和巡更报警时的应急预案应完善。

任务8.3 施工工艺要点

巡更系统中巡更点施工工艺要点：

（1）巡更点安装高度，需满足巡更需求，一般安装在右手边，高度为1.3m左右。

（2）巡更点位分配，需结合使用方进行统筹安排，以免漏点、多点等巡更线路。

（3）巡更点安装，方向、字体需端正，以便巡更人员清楚识别巡更点名称。

（4）巡更点位可增加夜光材质辅助贴片，以满足巡更人员能在夜景快速找到巡更点。

任务8.4 施工工艺流程

结合巡更系统特性，巡更系统施工工艺流程可参考图8-4。

8-2
电子巡更
系统的设
备安装原
理与连线图

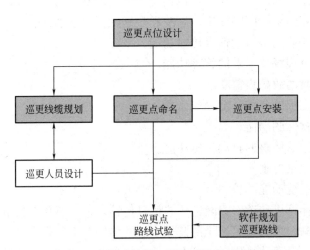

图 8-4　巡更系统施工及调试流程示意图

质量自查验收

8.5.1 设备安装自查验收（表8-2）。

设备安装自查验收表   表 8-2

器件	所属系统	实测安装尺寸		器件选择	施工工艺
单元门口 1 巡更点	巡更 系统	误差内:□ 水平:250mm 实测:_____mm	垂直:1490mm 实测:_____mm	是否正确□	"巡更点"字是否端正:□
机房室外 巡更点	巡更 系统	误差内:□ 水平:380mm 实测:_____mm	垂直:1500mm 实测:_____mm	是否正确□	"巡更点"三字是否端正:□
机房 巡更点	巡更 系统	误差内:□ 水平:200mm 实测:_____mm	垂直:1700mm	是否正确□	"巡更点"三字是否端正:□
管理中心 巡更点	巡更 系统	误差内:□ 水平:620mm 实测:_____mm	垂直:1600mm 实测:_____mm	是否正确□	"巡更点"三字是否端正:□
走廊 巡更点	巡更 系统	误差内:□ 水平:620mm 实测:_____mm	垂直:1535mm 实测:_____mm	是否正确□	"巡更点"三字是否端正:□
单元门口 2 巡更点	巡更 系统	误差内:□ 水平:320mm 实测:_____mm	垂直:1500mm 实测:_____mm	是否正确□	"巡更点"三字是否端正:□

8.5.2 功能调试自查验收（表8-3）

功能调试自查验收表   表 8-3

题号	配分	考核内容	评分标准	分值	得分	总得分
1	1	巡更点名称与地点: 单元门口1巡更点;单元门口2巡更点 走廊巡更点;管理中心巡更点 机房巡更点;机房室外巡更点 （错一个扣0.2分,扣完为止）	巡更点名称与地点 相符	1.0		

题号	配分	考核内容	评分标准	分值	得分	总得分
2	1	巡更人员、巡更事件设置：设置巡更人员为"赛A"和"赛B"；设置两个巡更事件，事件的状态1为"异常"，状态2为"正常"	巡更人员正确："赛A"、"赛B"	0.5		
			巡更事件正确：状态1为"异常"、状态2为"正常"	0.5		
3	1	设置巡更路线1为：单元门口1—单元门口2—走廊—管理中心—机房—机房室外巡更点 设置巡更路线2为：单元门口2—单元门口1—走廊—管理中心—机房—机房室外巡更点 每个巡更点相隔时间为6分钟	巡更路线1正确	0.4		
			巡更路线2正确	0.4		
			间隔时间正确：6分钟	0.2		
4	0.5	设置巡更计划；设置两个有序计划，计划1为根据路线1巡更，计划2根据路线2巡更，以"赛A"身份执行巡更	计划1正确	0.2		
			计划2正确	0.3		
5	0.5	将运行记录保存在计算机D盘"工位号"文件夹下的"巡更系统"子文件夹内	计划1巡逻记录正确	0.1		
			计划2巡逻记录正确	0.1		
			对巡更记录分析记录	0.1		
			保存地址正确：D盘"工位号"文件夹下的"巡更系统"子文件夹内	0.1		
			文件名称正确	0.1		
以上小计						

8.5.3 实训成果导向表（表8-4）

功能	序号	知识点	是否掌握（学生自评）		实训老师考核评价	得分
理论支撑	1	巡更系统的分类、工作原理	是□	否□		
理论支撑	2	巡更系统的人员定义、地址信息定义	是□	否□		
理论支撑	3	巡更点的安装步骤及验收标准	是□	否□		
理论支撑	4	串口的基本概念	是□	否□		
实训成果	5	掌握巡更点的安装方法及验收标准	是□	否□		
实训成果	6	掌握巡更人员录入步骤	是□	否□		
实训成果	7	掌握巡更时间点的设置	是□	否□		
实训成果	8	掌握数据备份方法	是□	否□		

续表

功能	序号	知识点	是否掌握 （学生自评）	实训老师 考核评价	得分
实训成果	9	掌握数据导出步骤、保存方法	是□　否□		
职业修养	10	工具及实训台面是否收拾及打扫干净	是□　否□		

任务 8.6　知识技能扩展

《智能建筑工程质量验收规范》GB 50339—2013；

《智能建筑工程检测规程》CECS 182—2005。

详细内容可参见教学资源课件——《常见巡更系统设备产品供货商》。

项目9

Chapter 09

建筑智能化系统安装
与调试赛项解析

 教学目标

1. 学习目标

(1) 掌握竞赛考核重点及分值分配；

(2) 掌握竞赛各类施工工艺标准；

(3) 掌握竞赛施工安装工具的使用技巧。

2. 能力目标

(1) 具备竞赛文件的阅读、理解、分析、总结能力；

(2) 具备竞赛考核标准的分析、总结能力；

(3) 具备竞赛评分流程的综合判断能力；

(4) 具备设备更换申请等突发事项沟通能力。

任务 9.1　2019 年真题分析

9.1.1　参赛选手须知分析（表 9-1）

参赛选手须知　　　　　　　　　　　　　　　　　　　表 9-1

序号	选手须知	重点分析
1	任务书含封面共 30 页,如任务书出现缺页、字迹不清等问题,及时向裁判示意,进行任务书的更换	任务书总体页数及提醒
2	系统生成的运行记录或文件必须存储到任务书指定的磁盘位置并按照任务书要求进行命名,未按照要求操作的将酌情扣分	运行记录或文件存档要求
3	选手提交的任务书用工位号标识到相应位置,不得写有姓名或与身份有关的信息,否则成绩无效	竞赛文件禁止标识违规信息
4	在竞赛过程中,参赛选手可提出设备的器件更换要求,更换的器件经裁判组检测后,如人为损坏或器件正常,则每次扣 3 分;如为非人为损坏,由技术人员确定,经裁判长确认后,并经选手签字确认,将给予参赛选手补时 1~5min。如非选手个人因素出现设备故障而无法竞赛,由裁判长视具体情况做出裁决	设备故障判定及更换流程。注意:须于竞赛过程中完成判定及更换
5	设备功能区域划分与网孔板编号见附图 1,网孔板正反面识别图见附图 2	竞赛平台结构
6	在竞赛过程中,参赛选手不得将工具、器件置于地面,裁判每巡视发现 1 次扣 1 分	安全文明施工(扣分无上限)
7	在竞赛过程中,参赛选手须正确选择工具进行安装,如工具选择、使用错误,裁判每巡视发现 1 次扣 1 分	安全文明施工(扣分无上限)
8	如果设备安装位置误差超过 50mm,扣除相对应的安装分和接线分并不予验收所属系统的调试结果	施工工艺标准
9	选手在执行安装任务时,须对照工艺要求。执行工艺标准漏项不予验收所属系统的调试结果	【重点考核】施工工艺标准。注:未执行安装工艺,不予验收功能
10	任务书提供本赛项建筑智能化系统的系统图和施工图。施工图包括:图例说明、施工平面图、立面设备施工图(施工大样图)和接线图	【重点考核】施工图纸,竞赛须按图施工

9.1.2　施工内容及技术要点分析（表 9-2）

施工内容及技术要点分析　　　　　　　　　　　　　　表 9-2

子项任务 \ 技术要点	预线	设备安装	接线工艺	设备调试	编程存盘	联动控制	综合联动
任务一 对讲门禁及室内安防系统安装、接线、调试与运行	√	√	√	√	√	√	√
任务二 视频监控系统安装、接线、调试与运行	√	√	√	√	√	√	
任务三 周界防范系统安装、接线、调试与运行	√	√	√	√		√	

子项任务 ＼ 技术要点	预线	设备安装	接线工艺	设备调试	编程存盘	联动控制	综合联动
任务四 巡更系统安装、调试与运行		√		√	√		
任务五 建筑环境监控系统、接线、调试与运行	√	√	√	√	√	√	
任务六 DDC照明控制				√	√	√	√

9.1.3 施工流程设计

结合竞赛任务书，参赛队伍可参考以下流程完成项目竞赛"技术交底"、设备安装、线缆敷设、线端处理、设备调试等施工配合，如图 9-1 所示。

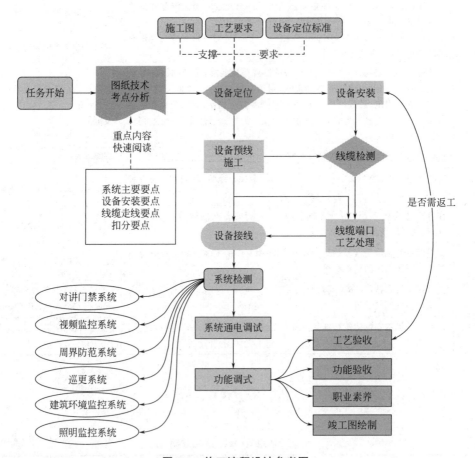

图 9-1 施工流程设计参考图

2019 年度赛项，竞赛工作内容较多、工序复杂、施工工艺要求较高、评分标准较细，有别于往年的竞赛。

从施工任务分析，任务数量基本与往年一致，一共 6 大任务（8 大评分项），其中，安装与接线占分 55%。考核重心已偏向于施工工艺，各系统的功能调试分值合计仅 38 分。

具体见表 9-3。

评分汇总表　　　　　　　　　　　　　　　　　　表 9-3

序号	项目	配分	扣分	得分
1	建筑智能体系统安装与接线评分表	55		
2	任务一 对讲门禁及室内安防系统	8		
3	任务二 视频监控系统	8		
4	任务三 周界防范系统	6		
5	任务四 巡更系统	4		
6	任务五 建筑环境监控系统	4		
7	任务六 DDC 照明系统	8		
8	职业素养与安全意识	7		
		总分 100		得分：_____

从职业素养与安全意识考核分析，工具、器件置放于地面，工具选择、使用错误，裁判每巡视发现 1 次扣 1 分，体现了 2019 届竞赛重点考核了职业素养及安全文明施工。

9.1.4　施工进度及劳动力安排

以竞赛 4 小时施工时间、2 名队友为参考，见表 9-4。

施工进度及劳动力安排　　　　　　　　　　　　　表 9-4

工序编号	施工内容		用时(min) 共 240min	劳动力（人）	验收/考核标准
1	施工图纸识图 任务分析		9	A+B	掌握图纸施工要求：安装位置、安装标准、线缆工艺、设备功能要求等
2	设备定位	可视设备	5	A	设备是否超误差；选型是否正确
		视频监控设备	5	A	
		周界设备	5	A	
		巡更设备	2	A	
		建筑环境监控设备	2	A	
3	线缆预线	可视设备	20	A/A+B	线缆选型是否正确；线缆预留长度是否符合要求
		视频监控设备	10	A/A+B	
		周界设备	20	A/A+B	
		建筑环境监控设备	20	A/A+B	
4	线端处理	可视设备	20	A/A+B	线端处理是否符合工艺标准；号码管标识是否符合施工图；端接是否搪锡、冷压及绝缘处理
		视频监控设备	10	A/A+B	
		周界设备	20	A/A+B	
		建筑环境监控设备	20	A/A+B	

工序编号	施工内容		用时（min） 共240min	劳动力 （人）	验收/考核标准
5	检测	系统检测	10	A/A+B	线路是否短路； 设备是否安装完整
6	通电调试	通电验收申请			通电申请示意
7	系统 调试	可视对讲系统	10	A/A+B	符合各系统功能需求； 竣工资料：软件操作或施工数据存盘； 竣工图绘制（不完整图纸等）
		视频监控系统	10	A/A+B	
		周界防盗系统	10	A/A+B	
		建筑环境监控系统	10	A/A+B	
		DDC照明控制系统	10	A/A+B	
		巡更系统	10	A/A+B	
8	文明施工（卫生清洁）		2	A/A+B	是否整理台面、地面、工具箱等

注：以上施工用时及劳动力安排仅做参考。劳动力协作及分工，须掌握合作协作技能，充分利用自身技能优点。

9.1.5　施工安装工艺标准分析

安装工艺要求节选分析，见表9-5。

安装工艺要求节选分析　　　　　　　　　　　　　　　　　表9-5

任务 ＼ 工艺要求	工艺要求 （执行工艺标准漏项不予验收所属系统的调试结果）	要点分析（参考）
任务一 对讲门禁及室内安防系统安装、接线、调试与运行	(1)视频信号线采用SYV75-3同轴电缆，CAN总线采用两芯屏蔽线，电源线颜色要求使用红黑色； (2)通信转换模块、联网器、管理中心机以及室外主机的安装接线应使用冷压U型或冷压针型接线端子，冷压U型接线端子须做热缩管绝缘防护处理。未做冷压端子端接工艺要求的导线端接均须上焊锡。所有连接导线应结合施工图使用号码管进行标识； (3)信号导线不允许续接； (4)电源线续接处应用热缩管、套管等工艺用料进行保护； (5)线槽内的布线应整齐、规范； (6)器件引出线须经过缠绕管缠绕进入线槽	(1)线缆选型注意项； (2)线色选型； (3)重要设备接线须特定冷压处理； (4)线缆导线端搪锡处理； (5)号码管标识符合施工图标准； (6)信号导线不可续接； (7)电源续接须做好搪锡绝缘处理等； (8)布线节约整洁等； (9)器件引出线缠绕管缠绕及辅助扎带理线（过长时）
任务二 视频监控系统安装、接线、调试与运行	(1)线缆应结合施工图进行标识； (2)电源线颜色要求使用红黑色，电源线续接处应用热缩管、套管等工艺用料进行保护； (3)线管、线槽内的布线应整齐、规范； (4)器件引出线须经过缠绕管缠绕进入线槽、线管	(1)线缆选型； (2)号码管标识符合施工图标准； (3)水晶头压胶； (4)信号导线不可续接； (5)电源续接须做好搪锡绝缘处理等； (6)布线节约整洁等； (7)器件引出线缠绕管缠绕及辅助扎带理线（过长时）

任务 \ 工艺要求	工艺要求 （执行工艺标准漏项不予验收所属系统的调试结果）	要点分析（参考）
任务三 周界防范系统安装、接线、调试与运行	（1）六防区报警主机、大型报警主机、通信模块的安装接线应使用冷压 U 型或冷压针型接线端子，冷压 U 型接线端子须做热缩管绝缘防护处理。未做冷压端子端接工艺要求的导线端接均须上焊锡。所有连接导线应结合施工图使用号码管进行标识； （2）信号导线不允许续接； （3）总线采用两芯屏蔽线； （4）电源线颜色要求使用红黑色，电源线续接处应用热缩管、套管等工艺用料进行保护； （5）线槽内的布线应整齐、规范； （6）器件引出线须经过缠绕管缠绕进入线槽	（1）重要设备接线须特定冷压处理； （2）线缆导线端搪锡处理； （3）线缆选型； （4）线色选型； （5）号码管标识符合施工图标准； （6）信号导线不可续接； （7）电源续接须做好搪锡绝缘处理等； （8）布线节约整洁等； （9）器件引出线缠绕管缠绕及辅助扎带理线（过长时）
任务四 巡更系统安装、调试与运行	—	（1）巡更点安装端正，字体水平； （2）安装牢固
任务五 建筑环境监控系统安装、接线、调试与运行	（1）所有接线端子均应冷压针型接线端子； （2）电源线续接处应用热缩管、套管等进行保护； （3）线管、线槽内的布线应整齐、规范； （4）器件引出线须经过缠绕管缠绕进入线槽、线管	（1）端子冷压； （2）电源续接须做好搪锡绝缘处理等； （3）布线节约整洁等； （4）器件引出线缠绕管缠绕及辅助扎带理线（过长时）
任务六 DDC 照明控制	—	（1）联动功能线缆端子冷压/搪锡； （2）竣工图纸绘制；标号标识，标号规律统一

9.1.6 施工安装参考工艺

结合任务书及评分表要求，系统线缆端接工艺有特定要求，相关工艺标准可汇总以下几种：

（1）针型冷压：端子排或探测器等其 RV 线缆线端处理方式；可用于管理中心机、监控主机、被动红外幕帘探测器等的线端处理。

（2）U 型冷压＋热塑管绝缘：U 型冷压，须配套热缩管绝缘处理；可用于联网器、报警主机等线端处理。

（3）搪锡：未经过针型或 U 型冷压处理的线端，须采用搪锡处理；可用于探测器等线端处理。

（4）焊接端接＋热塑管绝缘：设备排线与永久链路的线缆端接，同时配套热缩管绝缘处理；可用于室内主机、层间分配器、燃气探测器等设备线缆端接。

未经以上工艺处理端接等，属于"不符合安装工艺"工艺要求。具体相关工艺，可参考以下：

1. 冷压 U 型接线端子参考工艺（图 9-2）

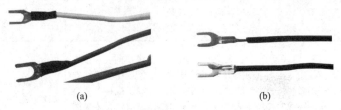

(a)   (b)

图 9-2　冷压 U 型接线端子参考工艺

（a）参考工艺；（b）错误示范（铜芯过长、未套绝缘）

2. 冷压针型接线端子参考工艺（图 9-3）

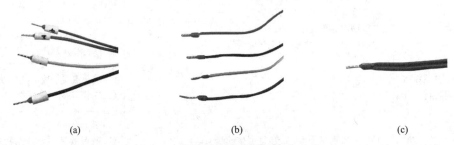

(a)   (b)   (c)

图 9-3　冷压针型接线端子参考工艺

（a）参考工艺；（b）错误示范（线帽露铜）；（c）错误示范（双线合用）

3. 号码标识参考工艺

线号标识：符合施工图线号标识标准（如号码管标识应由器件端子侧往外标识），如图 9-4 所示。

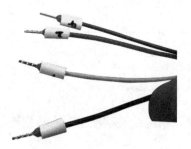

图 9-4　号码标识参考工艺

4. 热塑绝缘处理参考工艺（图 9-5）

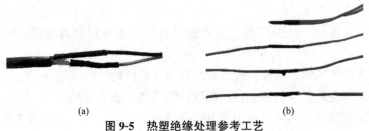

(a)   (b)

图 9-5　热塑绝缘处理参考工艺

（a）参考工艺；（b）错误示范

5. 导线搪锡处理参考工艺（图 9-6）

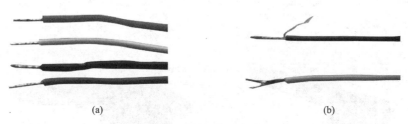

(a) (b)

图 9-6 导线搪锡处理参考工艺

（a）参考工艺；（b）错误示范

6. 同轴电缆与设备排线端接参考工艺（图 9-7）

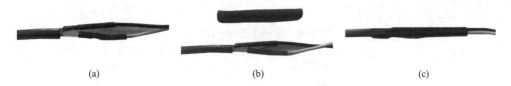

(a) (b) (c)

图 9-7 同轴电缆与设备排线端接参考工艺

（a）内导线搪锡端接及热塑；（b）外层热缩管保护；（c）最终工艺

7. EOL 终端电阻端接参考工艺（图 9-8）

(a) (b)

图 9-8 EOL 终端电阻端接参考工艺

（a）焊接工艺参考；（b）热塑绝缘工艺参考

8. 水晶头制作压胶参考工艺（图 9-9）

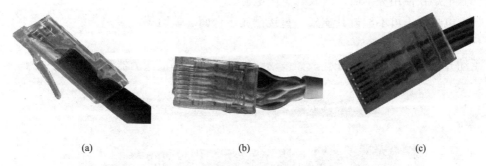

(a) (b) (c)

图 9-9 水晶头制作压胶参考工艺

（a）水晶头压胶；（b）错误示范（线芯预留过长）；（c）错误示范（只压制局部线芯）

9.1.7　施工安装工具使用技巧

1. 冷压接线端子压线钳（图 9-10）

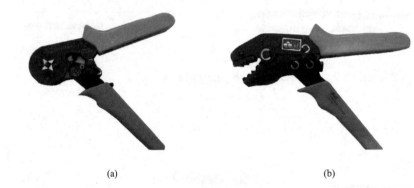

(a) (b)

图 9-10　冷压接线端子压线钳

（a）针型端子压线钳；（b）U 型端子压线钳

图 9-11　电烙铁

2. 电烙铁

电烙铁是电子制作和电器维修的必备工具，主要用途是焊接元件及导线。如图 9-11 所示。

赛项过程中，电烙铁使用注意事项，可参考以下：

（1）电烙铁使用前应检查使用电压是否与电烙铁标称电压相符。

（2）电烙铁通电后不能任意敲击、拆卸及安装其电热部分零件。

（3）切断电源后，最好利用余热在烙铁头上上一层锡，以保护烙铁头。

（4）当烙铁头上有黑色氧化层时候，可用砂布/钳子等擦去，然后通电，并立即上锡。

（5）电烙铁禁止用于烙穿设备开孔。

（6）电烙铁使用完毕后，应及时关闭电源。

（7）电烙铁不可不经过其支架，直接摆放于台面、地面等。

3. 手动开孔器

手动开孔器可用于设备开孔，如被动红外探测器、幕帘探测器等，如图 9-12 所示。

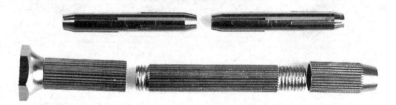

图 9-12　手动开孔器（头尾均有钻头固定器）

使用注意事项：安装钻头时，小心伤手，如条件可以，尽量戴手套操作；开孔时，尽可能固定设备或需开孔设备，避免设备打滑；结束开孔后，尽快放置好钻头。

任务 9.2　主要系统组成

9.2.1　主要系统组成（表 9-6）

主要系统组成　　　　　　　　　　　　表 9-6

序号	名称	主要部件配置	数量
1	对讲门禁系统	包含彩色可视室外主机、普通壁挂室内分机、管理中心机、联网器、层间分配器、通信转换模块、管理软件、非接触卡	1 套
2	网络视频监控系统	包含网络高速球摄像机、红外点阵筒形摄像机(方筒形)、红外筒形摄像机(圆筒形)、网络红外半球摄像机、NVR 网络视频录像机、液晶显示器	1 套
3	室内安防与周界防范系统	包含智能终端、移动终端、震动探测器、玻璃破碎探测器、感温探测器、感烟探测器、可燃气体探测器、红外双鉴探测器、门磁、红外对射探测器、声光报警器、报警按钮、红外幕帘探测器、大型报警主机、六防区报警主机、液晶键盘、多路总线驱动器、RS232 打印机接口模块	1 套
4	巡更系统	包含巡更巡检器、通信线、充电器、信息钮	1 套
5	建筑环境监控系统	温度传感器、湿度传感器、光照度传感器、CO_2 传感器、PM2.5 传感器、平板电脑、风扇、建筑环境监控系统软件	1 套
6	照明监控系统	包含 DDC 控制器、光控开关、照明灯具、电源	1 套

9.2.2　系统配置清单明细表（表 9-7）

系统配置清单明细表　　　　　　　　　　表 9-7

序号	器材名称	器材规格或型号	数量	备注
		对讲门禁系统		
1	彩色可视室外主机	GST-DJ6106CI	1 台	
2	普通壁挂室内分机	GST-DJ6209	1 台	
3	主机安装盒	GST-DJ-ZJYM	1 只	
4	管理中心机	GST-DJ6406	1 台	
5	联网器	GST-DJ6327B	1 只	
6	电源箱	GST-DY-18V2A	1 只	
7	层间分配器(4 分支)	GST-DJ6315B	1 只	
8	通信转换模块	K-7110	1 个	

续表

序号	器材名称	器材规格或型号	数量	备注
9	管理软件	GST-DJ6000	1套	
10	非接触卡	RFID02A	2张	
11	免提可视室内分机	GST-DJ6956AB	1台	
室内安防及周界防范系统				
12	震动探测器	T971A	1只	
13	玻璃破碎探测器	PA-456	1只	
14	感温探测器	SS-163	1只	
15	烟雾探测器	LH-94(II)	1只	
16	可燃气体探测器	LH-88(II)	1只	
17	被动红外探测器	DS820iT-CHI	2只	
18	门磁	HO-03	1对	
19	红外对射探测器	DS422i-CHI	1对	
20	声光报警器	HC-103	2只	
21	家用紧急求助按钮	HO-01B	1只	
22	被动红外幕帘探测器	12VDC	1只	
23	大型报警主机	DS7400xi-CHI	1台	
24	六防区报警主机	DS6MX	1台	
25	液晶键盘	DS7447V3	1台	
26	多路总线驱动器	DS7430	1只	
27	RS232打印机接口模块	DX4010V2-CHI	1只	
视频监控系统				
28	NVR硬盘录像机	DS-7TH08N-KHV	1台	
29	红外阵列半球网络摄像机	DS-2CD23TH13-KHV	1台	
30	红外点阵筒形网络摄像机	DS-2CD2TH13WD-KHV	1台	
31	智能球形摄像机	DS-2DE6TH13IY-KHV	1台	
32	红外筒形网络摄像机	DS-2CD26TH52F-KHV	1台	
33	硬盘	3T	1个	
34	摄像机支架	—	2个	
35	VGA视频分配器	1进2出	1个	
巡更系统				
36	巡更巡检器	L-9000中文机	1台	
37	通信线	L-9000	1根	
38	充电器	L-9000	1个	
39	信息钮	ID-EM	6个	
40	软件	L-A1.0	1套	

续表

序号	器材名称	器材规格或型号	数量	备注
建筑环境监控系统				
41	无线智能终端(WiFi)	定制	5 只	
42	温度、湿度传感器模块	定制	1 只	
43	光照度传感器模块	定制	1 只	
44	CO_2 传感器模块	定制	1 只	
45	PM2.5 传感器模块	定制	1 只	
46	风扇及灯光控制模块	定制	1 套	
47	平板电脑(Android)	—	1 套	
48	网络设备	TP	1 套	
49	建筑环境监控软件	定制	1 套	
50	建筑环境监控 AR 仿真实训教学软件(APP)	定制	1 套	
DDC 照明控制系统				
51	DDC 照明控制系统	主要配置有照明控制箱、照明灯具、开关电源、传感器、USB 网络接口、DDC 控制器、组态监控系统等部件。可进行照明设备安装、配电线路敷设、DDC 控制、照明监控等操作实训。DDC 控制器(5 个数字输入,5 个数字输出)配置 1 个,DDC 控制器(具有时间表功能)配置 1 个	1 套	
耗材类				
52	工程塑料卡	—	300 个	
53	23 芯线	黑	2 卷	
54	23 芯线	红	2 卷	
55	16 芯线	黄	1 卷	
56	16 芯线	蓝	1 卷	
57	屏蔽双绞线	2 芯	20 米	
58	网线	—	50 米	
59	水晶头	RJ45	30 个	
工具类				
60	螺丝刀	小一字	2 把	
61	螺丝刀	小十字	2 把	
62	螺丝刀	长柄十字	1 把	
63	剥线钳	—	1 把	
64	尖嘴钳	—	1 把	
65	斜口钳	—	1 把	
66	剪刀	—	1 把	
67	烙铁	40W	1 把	
68	镊子	—	1 套	

序号	器材名称	器材规格或型号	数量	备注
69	钢锯	—	1把	
70	锯条	—	1条	
71	手工钻	—	1套	
72	针型端子压线钳、U型端子压线钳	—	各1套	
73	卷尺	—	1套	
74	万用表	—	1个	
75	圆珠笔或签字笔	—	1套	
76	2B铅笔、水写笔、橡皮、三角尺	—	1套	
77	卷尺及书写工具	—	1套	
78	网线钳	—	1套	
79	线缆测试仪	—	1套	
80	工具腰包	—	1套	

附录

2019年全国职业院校技能大赛中职组"建筑智能化系统安装与调试"竞赛任务书

ChinaSkills

2019年全国职业院校技能大赛中职组
"建筑智能化系统安装与调试"

竞赛任务书

日期：_____月_____日   工位号：_____

参赛选手须知：

1.任务书含封面共 <u>30</u> 页，如任务书出现缺页、字迹不清等问题，及时向裁判示意，进行任务书的更换。

2.系统生成的运行记录或文件必须存储到任务书指定的磁盘位置并按照任务书要求进行命名，未按照要求操作的将酌情扣分。

3.选手提交的任务书用工位号标识到相应位置，不得写有姓名或与身份有关的信息，否则成绩无效。

4.在竞赛过程中，参赛选手可提出设备的器件更换要求，更换的器件经裁判组检测后，如人为损坏或器件正常，则每次扣 3 分，如为非人为损坏，由技术人员确定，经裁判长确认后，并经选手签字确认，将给予参赛选手补时 1~5 分钟。如非选手个人因素出现设备故障而无法竞赛，由裁判长视具体情况做出裁决。

5.设备功能区域划分与网孔板编号见附图1，网孔板正反面识别图见附图2。

6.在竞赛过程中，参赛选手不得将工具、器件置放于地面，裁判每巡视发现 1 次扣 1 分。

7.在竞赛过程中，参赛选手须正确选择工具进行安装，如工具选择、使用错误，裁判每巡视发现 1 次扣 1 分。

8.如果设备安装位置误差超过 50mm，不予验收所属系统的调试结果。

9.选手在执行安装任务时，须对照工艺要求。执行工艺标准漏项不予验收所属系统的调试结果。

10.任务书提供本赛项建筑智能化系统的系统图和施工图。施工图包括：图例说明、施工平面图、立面设备施工图（施工大样图）和接线图。

任务一　对讲门禁及室内安防系统安装、接线、调试与运行

通过对讲门禁系统的器件安装、接线、设置与调试等工作，实现可视室内分机布防，室外主机与非可视室内分机的对讲通话功能。刷卡开门；可视对讲系统软件可记录系统运行数据。

1.器件安装、接线

按照对讲门禁系统的系统图、施工图及工艺要求完成对讲门禁系统的安装和接线。

工艺要求：

（1）视频信号线采用 SYV75-3 同轴电缆，CAN 总线采用两芯屏蔽线，电源线颜色要求使用红黑色。

（2）通信转换模块、联网器、管理中心机以及室外主机的安装接线应使用冷压 U 形或冷压针形接线端子，冷压 U 形接线端子须做热缩管绝缘防护处理。未做冷压端子端接工艺要求的导线端接均须上焊锡。所有连接导线应结合施工图使用号码管进行标识。

（3）信号导线不允许续接。

（4）电源线续接处应用热缩管、套管等工艺用料进行保护。

（5）线槽内的布线应整齐、规范。

（6）器件引出线须经过缠绕管缠绕进入线槽。

2.通过参数设置，实现以下功能要求：

（1）通过室外主机（单元号为 6，楼栋号为 26，地址为 2）呼叫可视室内分机（房间号：2107），实现可视对讲与开锁功能，要求振铃、视频、语音清晰。

（2）通过室外主机呼叫普通室内分机（房间号：2109），实现对讲与开锁功能，要求振铃，语音清晰。

（3）通过室外主机呼叫管理中心机，实现视频通话开锁功能。

（4）通过非可视室内分机和可视室内分机呼叫管理中心，实现通话功能。通过管理中心机呼叫可视室内分机和普通室内分机，实现通话功能。

（5）配置住户 2107 的开锁密码 5809，住户 2109 的开锁密码 5182，实现室外主机的密码开锁功能。

（6）注册 1 张 IC 卡，属于 1707 住户，实现室外主机的刷卡开锁功能，软件记录刷卡开锁信息；注册 1 张 IC 卡，实现巡更不开门功能，巡更员 2 号。

（7）创建管理员 9，密码 6465，实现 9 号管理员通过管理中心机开单元门。

（8）设置值班员"小强"，密码 68，设置楼栋号 06，安排 2 个单元，每个单元有 5 层，每层 2 户，设置楼栋号 07，安排 2 个单元，每个单元有 4 层，每层 2 户。

（9）可视室内分机布防，触发所接入的红外双鉴探测器、燃气探测器，管理中心机有声音警报，软件记录报警信息；可视分机撤防密码 215。

（10）"9 号管理员"值班，将系统运行记录（包括：红外双鉴探测器报警、燃气探测器报警、门磁报警、开锁、对讲通话、2107 住户胁持报警、卡片等信息）保存在计算机 D 盘"工位号"文件夹下的"可视对讲"子文件夹内。

任务二 视频监控系统安装、接线、调试与运行

通过网络视频监控系统的安装、接线和调试，实现网络高速球摄像机、红外点阵筒形摄像机（方筒形）、红外筒形摄像机（圆筒形）、网络红外半球摄像机视频信号的显示、切换、录像等功能。

注：硬盘录像机默认用户名 admin，密码 a1234567，解锁图案"Z"。

1. 器件安装、接线

按照网络视频监控系统的系统图、施工图及工艺要求完成网络视频监控系统的安装和接线。

工艺要求：

（1）线缆应结合施工图进行标识。

（2）电源线颜色要求使用红黑色，电源线续接处应用热缩管、套管等工艺用料进行保护。

（3）线管、线槽内的布线应整齐、规范。

（4）器件引出线须经过缠绕管缠绕进入线槽、线管。

2. 通过参数设置，实现以下功能要求：

（1）设置画面 OSD，分别将四台摄像机显示画面左下角地址显示为网络高速球摄像机显示为"小区"、红外点阵筒形摄像机（方筒形）显示为"智能大楼"、红外筒形摄像机（圆筒形）显示为"教室"、网络红外半球摄像机显示为"走廊"。

（2）按图完成视频监控系统报警部分接线，设置预置点 1（工位摆放设备台），要求实现的功能如下：触发红外对射探测器，网络高速球摄像机应能从其他监控位置转向预置点 1，声光报警器 2 发出声光警示信号，实现报警录像。

（3）通过设置，将红外点阵筒形摄像机（方筒形）监控区域分成上下两个区域，区域上侧为设防区域，下侧为不设防区域，布防时间段为 08：00—12：00，当 NVR 网络视频录像机接收到红外点阵筒形摄像机（方筒形）的动态监测信号时，声光报警器 2 发出声光警示信号。

（4）通过设置，将红外筒形摄像机（圆筒形）监控部分区域设置进入区域侦测，当有人进入该区域，触发 NVR 网络视频录像机录像，声光报警器 2 发出声光警示信号。

（5）两台监视器可显示监控画面。通过软件设置，要求在显示器上画面显示的摄像机画面无重复，并通过软件控制网络高速球摄像机旋转、变倍和聚焦。

（6）通过设置，将网络红外半球摄像机设置为遮挡检测，在网络高速球摄像机监控区域设置一个预置点 2（电脑桌），当遮挡网络红外半球摄像机时，实现网络高速球摄像机的预置点联动，声光报警器 2 发出声光警示信号，同时硬盘录像机进行录像。

（7）震动探测器动作时，声光报警器 2 发出声光警示信号，同时硬盘录像机进行录像。

任务三　周界防范系统安装、接线、调试与运行

通过周界防范系统的安装、接线、设置和调试，实现玻璃破碎探测器、被动红外探测器、红外幕帘探测器、感温探测器、感烟探测器等的检测与报警功能。

1. 器件安装、接线

按照周界防范系统的系统图、施工图及工艺要求完成周界防范系统的安装和接线。

工艺要求：

（1）六防区报警主机、大型报警主机、通信模块的安装接线应使用冷压 U 型或冷压针型接线端子，冷压 U 型接线端子须做热缩管绝缘防护处理。未做冷压端子端接工艺要求的导线端接均须上焊锡。所有连接导线应结合施工图使用号码管进行标识。

（2）信号导线不允许续接。

（3）总线采用两芯屏蔽线。

（4）电源线颜色要求使用红黑色，电源线续接处应用热缩管、套管等工艺用料进行保护。

（5）线槽内的布线应整齐、规范。

（6）器件引出线须经过缠绕管缠绕进入线槽。

2. 通过参数设置，实现以下要求：

（1）将小型报警主机设置为大型报警主机的 15、16 防区，并设为连续报警，内部即时防区。

（2）设置小型报警主机，将红外幕帘探测器所在的第 1 防区设为延时防区，进入延时时间为 10 秒，退出延时时间为 5 秒；玻璃破碎所在的第 2 防区设为即时防区，触发玻璃破碎，第 2 防区立即报警，允许弹性旁路；温感和紧急按钮所在的防区设置为 24 小时防区。

（3）将 DS7400 所接的红外双鉴探测器所在的防区设为连续报警，延时防区，延时时间为 10 秒，感烟探测器所在的防区设为脉冲报警，附校验火警防区。

（4）将 DS6MX 小型报警主机的主码修改为 2323。

（5）大型报警主机布防时，要求有 5 秒的退出延时时间。

（6）设置分区 1、分区 2，要求大型报警主机自带防区属于 1 分区，小型报警主机所在防区属于 2 分区，要求通过液晶键盘能对第 1、2 分区分别进行布防、撤防。

（7）对大、小报警主机分别进行布防操作，触发小型报警主机防区探测器，管理中心声光报警动作，软件记录警情。

（8）将液晶键盘 A 键定义为"火警"键，脉冲报警，将液晶键盘音量调至最低。

（9）通过 CMS7000 软件，实现与大型报警主机的通信。利用报警系统软件记录系统布撤防、报警（包含幕帘、玻璃破碎、温感、紧急按钮、被动红外、烟感）信息，并将运行记录保存到 D 盘"工位号"文件夹下"防盗报警运行记录"子文件夹内。

任务四　巡更系统安装、调试与运行

通过对该系统的安装和调试，实现通过巡更器采集巡更点信息，通过巡更软件对

巡更路线进行设置并对巡更信息进行备份等功能。

1. 器件安装

在赛场提供的器件中，选择巡更点，按照施工图要求安装。

2. 通过设置，实现以下功能要求：

（1）按照巡更点施工图安装要求完成巡更点安装，并结合施工图巡更点名称定义巡更点名称。

（2）设置巡更人员为"赛 A"和"赛 B；设置两个巡更事件，事件的状态 1 为"异常"，状态 2 为"正常"。

（3）设置巡更路线 1 为：单元门口 1—单元门口 2—走廊—管理中心—机房—机房室外巡更点；设置巡更路线 2 为：单元门口 2—单元门口 1—走廊—管理中心—机房—机房室外巡更点；每个巡更点相隔时间为 6 分钟。

（4）设置两个有序计划，计划 1 为根据路线 1 巡更，计划 2 根据路线 2 巡更，请根据比赛场次自定义巡更开始时间：＿＿＿＿＿＿＿＿＿＿＿＿，以"赛 A"身份执行巡更。

（5）将运行记录保存在计算机 D 盘"工位号"文件夹下的"巡更系统"子文件夹内。

任务五 建筑环境监控系统、接线、调试与运行

通过建筑环境监控系统接线和调试，实现 PM2.5、CO_2 浓度、温湿度、光照度监测，通过软件控制风扇运行、点亮灯具等功能。

1. 器件安装、接线

按照建筑环境监控系统的系统图、施工图及工艺要求完成建筑环境监控系统的安装和接线。选手必须使用现场提供线路（须使用万用表查线），补充完成几种传感器与终端模块间连线。

工艺要求：

（1）所有接线端子均应冷压针型接线端子。

（2）电源线续接处应用热缩管、套管等进行保护。

（3）线管、线槽内的布线应整齐、规范。

（4）器件引出线须经过缠绕管缠绕进入线槽、线管。

2. 通过参数设置，实现以下要求：

（1）通过移动终端采集 PM2.5、CO_2 浓度值、光照度传感器照度、温湿度值。

（2）通过移动终端，控制灯具和风扇的开/关。先打开射灯开关，再打开风扇开关，风扇才能工作。否则风扇不工作。根据功能要求完成接线图竣工图纸绘制（补充连接导线）。

（3）根据各传感器的安装位置，在移动终端从左向右依顺序配置各传感器的位置。

任务六 DDC 照明控制

四盏灯具分别代表路灯、室内灯、草坪灯、球场灯（从左至右排列），通过对保存

在计算机 D 盘"竞赛程序"文件夹下的"DDC 照明控制程序"和"力控组态程序"的编程、组态与调试，实现照明控制和监测。

用 LonMaker 编程软件完善"DDC 照明控制程序"，用力控软件完善提供的"力控组态程序"工程，实现以下功能：

1. 照明监测：监测各个照明灯的工作状态。

2. 灯具控制：

（1）手动控制：点击组态界面上"手动"按键后，分别点击组态界面上四种灯按键的开/关，实现控制装置中相应照明灯点亮/熄灭，要求灯亮时为灯的原色；灯灭时，为灰色。

（2）自检控制：点击组态界面上"自检"按键，2 秒后实现以下控制顺序：路灯开—路灯关—室内灯开—室内灯关—草坪灯开—草坪灯关—球场灯开—球场灯关—路灯球场灯开—室内灯草坪灯开—所有灯关。

（3）自动控制：点击组态界面上"自动"按键，路灯、草坪灯受光控影响，天暗灯亮，天亮灯灭，在监控界面上通过图形颜色的变化反映光控开关的实际动作状态（光控开关动作时，为绿色；光控开关无动作时，为灰色）；室内灯上午 8：00 开，下午 4：00 关。

（4）在自动状态下，通过配置 DDC 模块，要求设置一个按钮"循环开始"，当按下循环开始后，弹出循环暂停和循环停止两个按钮，DDC 照明系统 4 盏灯按从左往右的顺序依次打开后，每打开一盏灯后亮 3 秒才打开下一盏灯，直到所有灯打开后，从右往左间隔 2 秒依次熄灭，直至全部熄灭，4 秒后从头开始，以此循环；在循环过程中，如果按下循环暂停按钮，则所有循环暂停；再次按下循环暂停按钮，则循环继续；在循环过程中，如果按下循环停止按钮，则所有灯全部点亮 2 秒后全部熄灭。

（5）为了解灯具的使用寿命，在组态界面显示记录草坪灯被点亮的次数，次数达到 5 次组态界面弹出"请爱护我！"按钮。

3. 将上述两个系统所完成的组态工程文件及 DDC 编程文件分别存放到计算机 D 盘"工位号"文件夹 \ "DDC 照明系统"下的"上位机工程"和"DDC 工程"两个子文件夹内（如 2 号工位上位机工程保存位置为"D： \ 02 \ DDC 照明系统 \ 上位机工程 \"；2 号工位 DDC 编程文件保存位置为"D： \ 02 \ DDC 照明系统 \ DDC 工程 \"）。

职业素养要求

1. 正确使用工具，操作安全规范。

2. 部件安装、电路连接、接头处理正确、可靠，符合规范要求。

3. 爱惜赛场的设备和器材，尽量减少耗材的浪费。

4. 保持工作台及附近区域干净整洁。

5. 竞赛过程中如有异议，可向现场考评人员反映，不得扰乱赛场秩序。

6. 遵守赛场纪律，尊重考评人员，服从安排。

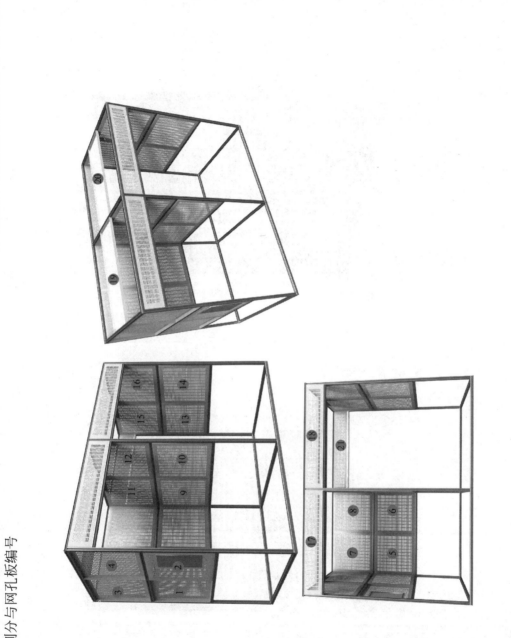

附图1 设备功能区域划分与网孔板编号

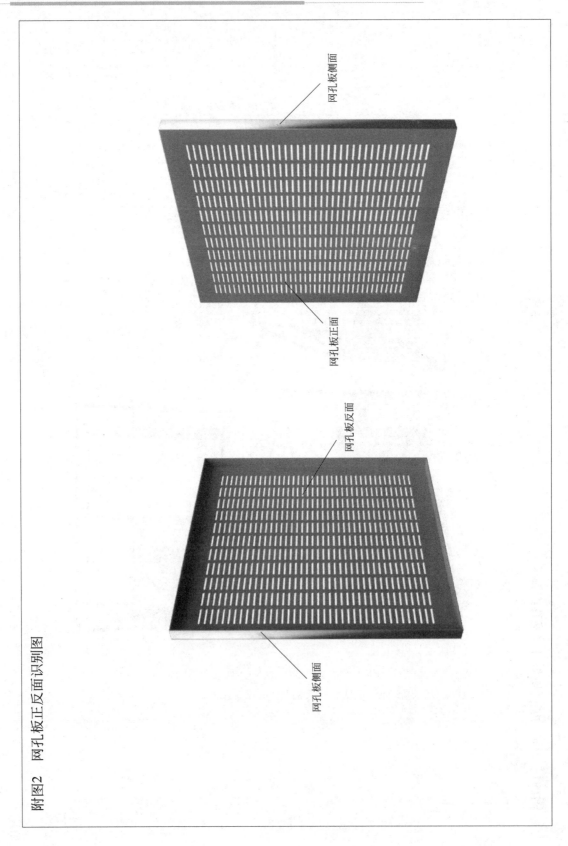

附图2　网孔板正反面识别图

网孔板侧面

网孔板正面

网孔板反面

网孔板侧面

附图3 图例说明

对讲门禁及室内安防系统图例说明：

序号	图例	设备名称	数量	备注
1		彩色可视室外主机	1	壁装，具体安装位置详见安装大样图
2		普通壁挂室内分机	1	壁装，具体安装位置详见安装大样图
3		管理中心机	1	壁装，具体安装位置详见安装大样图
4	NET	联网器	1	壁装，具体安装位置详见安装大样图
5		电源箱	1	壁装，具体安装位置详见安装大样图
6		层间分配器（4分支）	1	壁装，具体安装位置详见安装大样图
7		通信转换模块	1	壁装，具体安装位置详见安装大样图
8		多功能室内对讲分机	1	壁装，具体安装位置详见安装大样图
9		燃气探测器	1	吸顶安装，具体安装位置详见安装大样图
10	R/M	红外双鉴探测器	1	壁装，具体安装位置详见安装大样图
11		门磁开关探测器	1	结合电控锁于内框安装
12		紧急报警按钮	1	壁装，具体安装位置详见安装大样图
13	EL	电控锁	1	门框内安装，具体见安装示意图
14	open	开门按钮	1	壁装，具体安装位置详见安装大样图

周界防范系统图例说明：

序号	图例	设备名称	数量	备注
1	ALS	大型报警主机	1	壁装，具体安装位置详见安装大样图
2		六防区报警主机	1	壁装，具体安装位置详见安装大样图
3		液晶键盘	1	壁装，具体安装位置详见安装大样图
4	N	通信模块	1	主机内安装
5		声光报警器	1	壁装，具体安装位置详见安装大样图
6	TX→RX	红外对射探测器	1	壁装，具体安装位置详见安装大样图
7	B	玻璃破碎探测器	1	壁装，具体安装位置详见安装大样图
8	PIP	被动红外幕帘探测器	1	壁装，具体安装位置详见安装大样图
9		感温探测器	1	吸顶安装，具体安装位置详见安装大样图
10	R/M	红外双鉴探测器	1	壁装，具体安装位置详见安装大样图
11		感烟探测器	1	吸顶安装，具体安装位置详见安装大样图

网络视频监控系统图例说明：

序号	图例	设备名称	数量	备注
1	CRT	监视器	2	机柜内安装／壁装，详见机柜设备安装示意图
2	NVR	NVR 硬盘录像机	1	机柜内安装，详见机柜设备安装示意图
3		网络红外半球摄像机	1	吸顶安装
4	WD	红外点阵筒形摄像机（方筒型）	1	壁装，具体安装位置详见安装大样图
5		网络高速球摄像机	1	壁装，具体安装位置详见安装大样图
6		红外筒形摄像机（圆筒形）	1	壁装，具体安装位置详见安装大样图
7		声光报警器	1	壁装，具体安装位置详见安装大样图
8	Z	震动探测器	1	壁装，具体安装位置详见安装大样图

巡更系统图例说明：

序号	图例	设备名称	数量	备注
1		巡更信息点	6	壁装，具体安装位置详见安装大样图
2		巡更巡检器	1	

建筑环境监控系统图例说明：

序号	图例	设备名称	数量	备注
1	WiFi	无线智能终端（WIFI）	5	壁装，具体安装位置详见安装大样图
2	T/H	温度、湿度传感器模块	1	壁装，具体安装位置详见安装大样图
3	GZ	光照度传感器模块	1	壁装，具体安装位置详见安装大样图
4	CO_2	CO_2传感器模块	1	壁装，具体安装位置详见安装大样图
5	PM2.5	PM2.5传感器模块	1	壁装，具体安装位置详见安装大样图
6	C	风扇及灯光控制模块	1	壁装，具体安装位置详见安装大样图
7	AP	无线路由器	1	壁装，具体安装位置详见安装大样图
8	DDC控制箱	DDC控制箱	1	(450mm×650mm×150mm) 壁装
9		总电源箱	1	(430mm×610mm×120mm) 壁装

注：设备安装大样图中图例须结合实际施工设备尺寸及外观进行实现深化设计。
该图例说明中设备图例及数量须以实际为准。

图例说明 2019.06

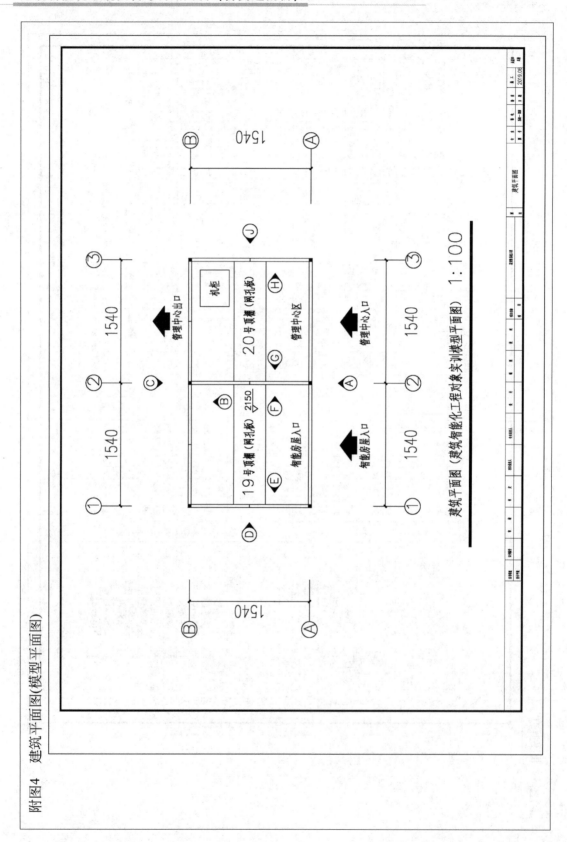

附图4　建筑平面图(模型平面图)

附图5　施工图、施工大样图

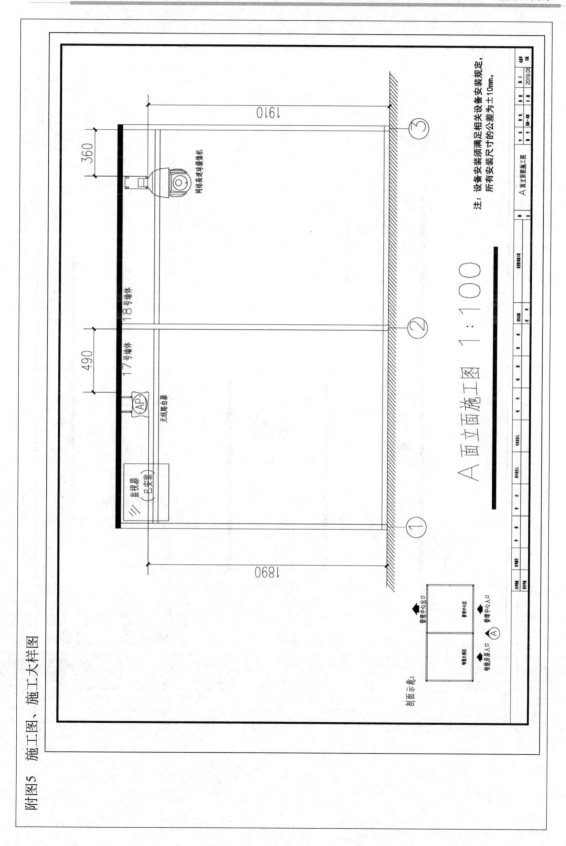

A 面立面施工图 1：100

注：设备安装须满足相关设备安装规定，所有安装尺寸的公差为±10mm。

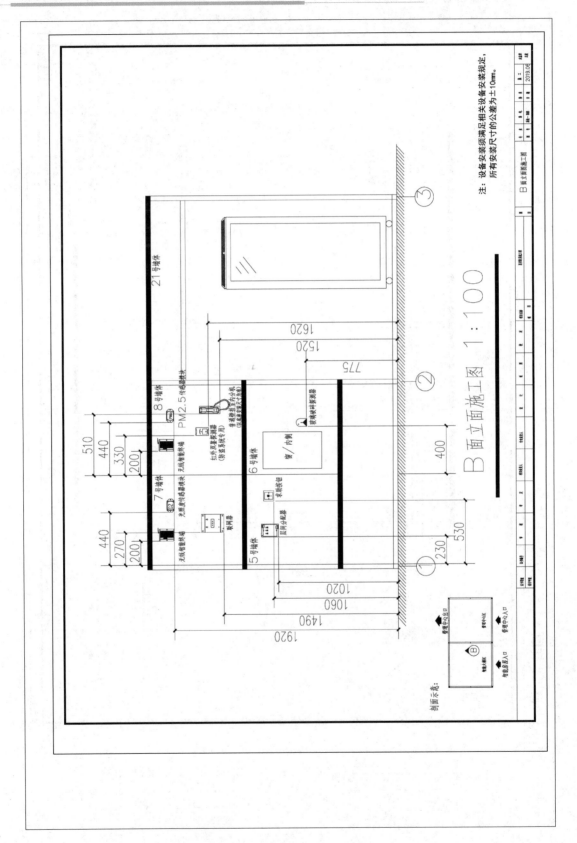

B面立面施工图 1:100

注：设备安装须满足相关设备安装规定，
所有安装尺寸的公差为±10mm。

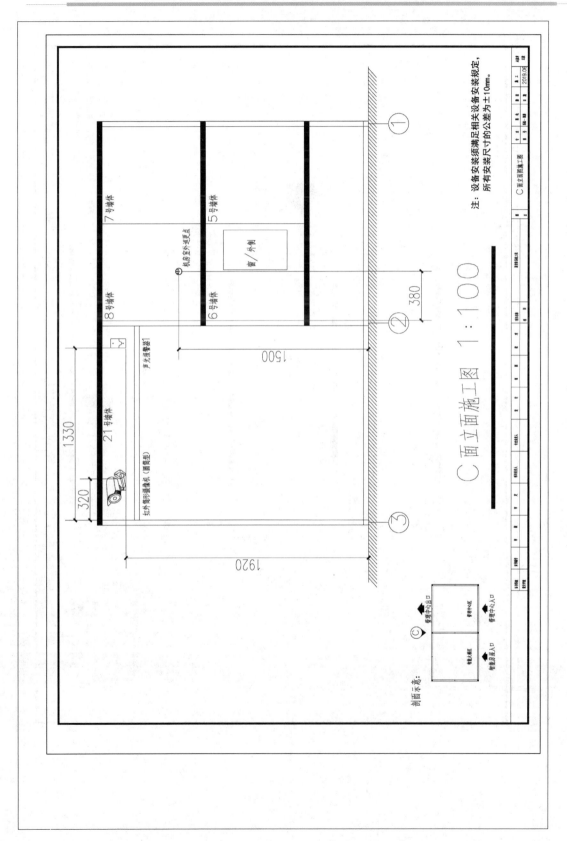

C 面立面施工图 1:100

注：设备安装须满足相关设备安装规定，所有安装尺寸的公差为±10mm。

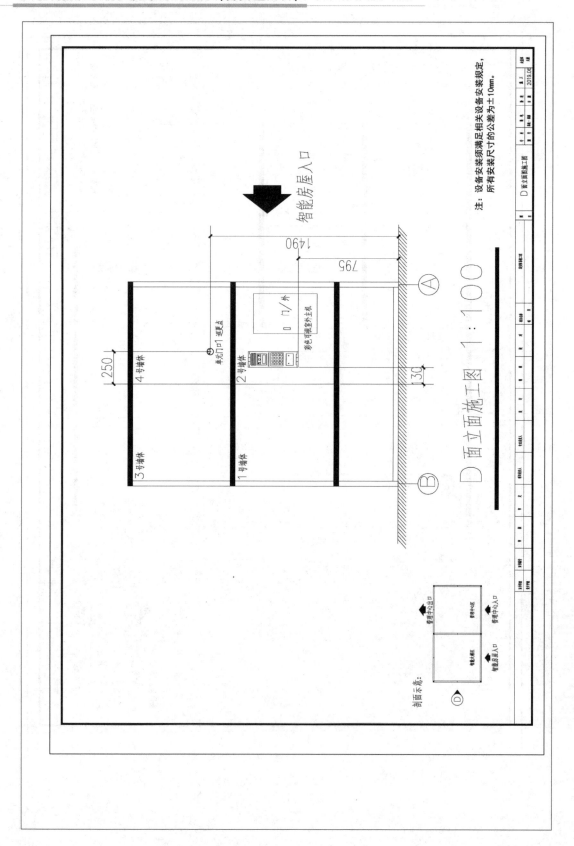

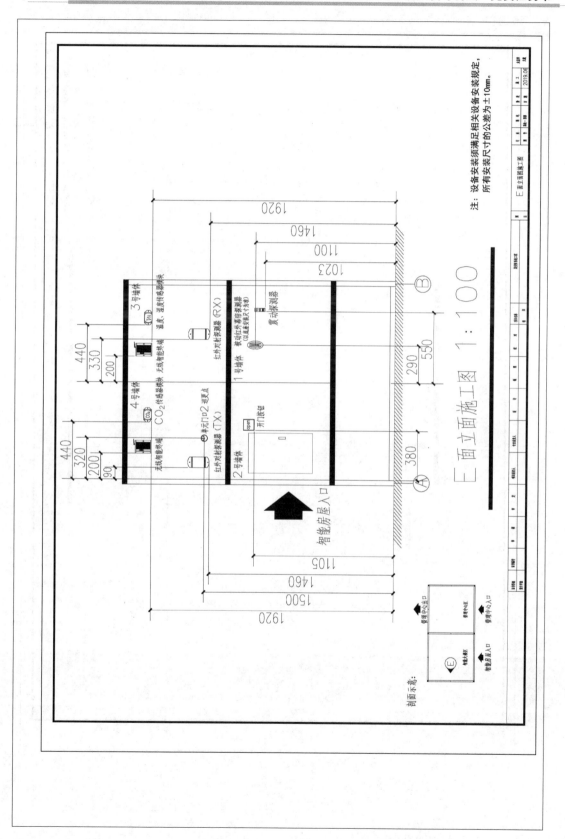

E 面立面施工图 1：100

注：设备安装须满足相关设备安装规定，
所有安装尺寸的公差为±10mm。

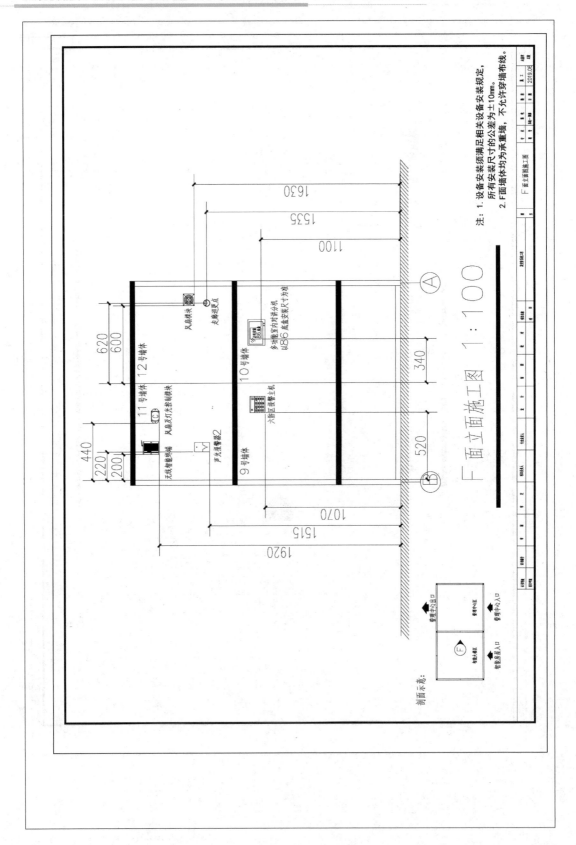

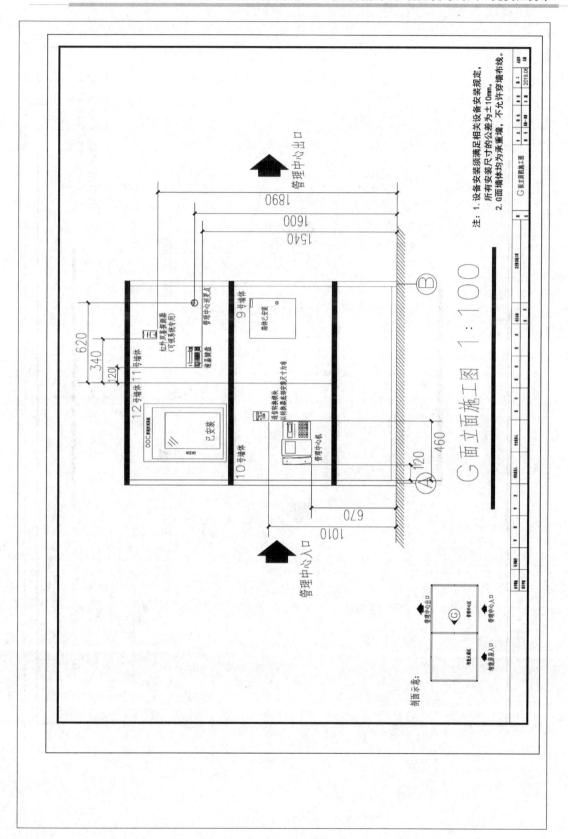

G 面立面施工图 1:100

注：1. 设备安装须满足相关设备安装规定，
所有安装尺寸的公差为±10mm。
2. G面墙体均为承重墙，不允许穿墙布线。

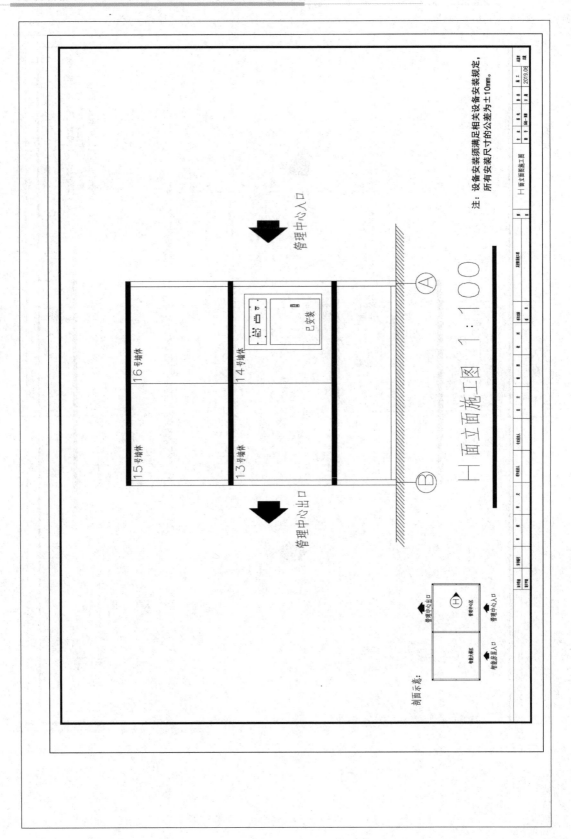

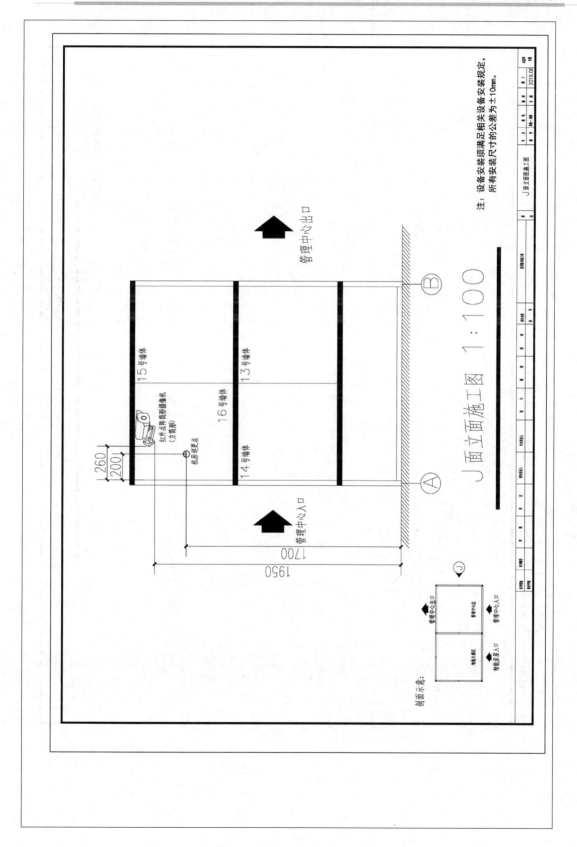

J面立面施工图 1:100

注:设备安装须满足相关设备安装规定,所有安装尺寸的公差为±10mm。

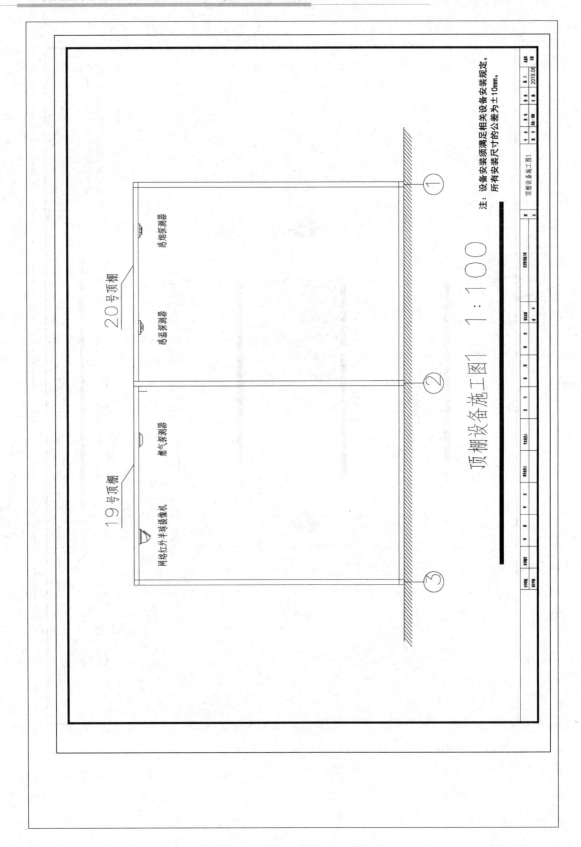

19号顶棚

20号顶棚

网络红外半球摄像机

燃气探测器

感温探测器

感烟探测器

顶棚设备施工图1 1:100

注：设备安装须满足相关设备安装规定，所有安装尺寸的公差为±10mm。

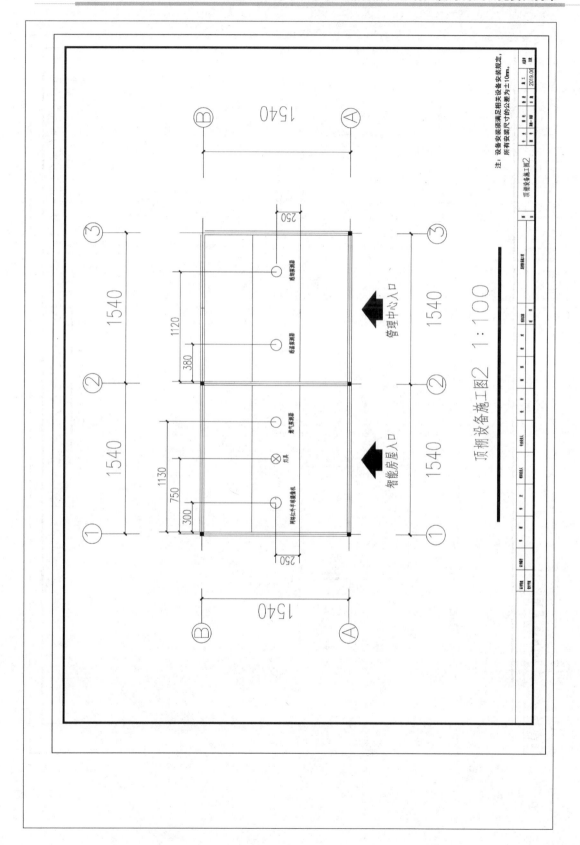

顶棚设备施工图2 1:100

注：设备安装须满足相关设备安装规定，
所有安装尺寸的公差为±10mm。

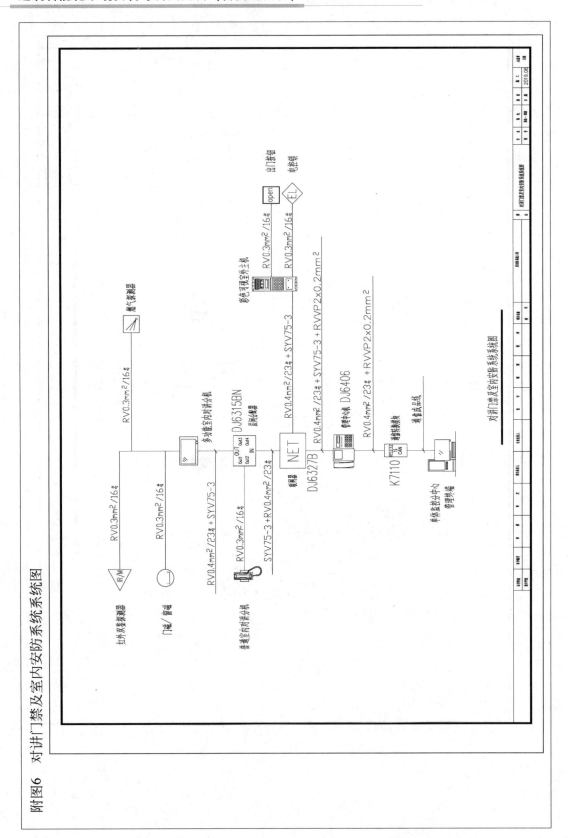

附图6 对讲门禁及室内安防系统系统图

附图7　周界防范系统系统图

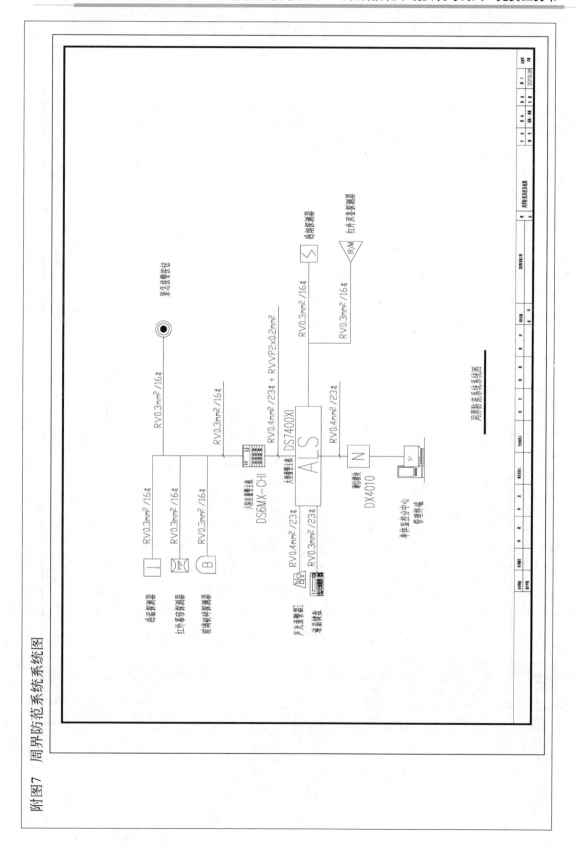

建筑智能化系统安装与调试实训（含赛题剖析）

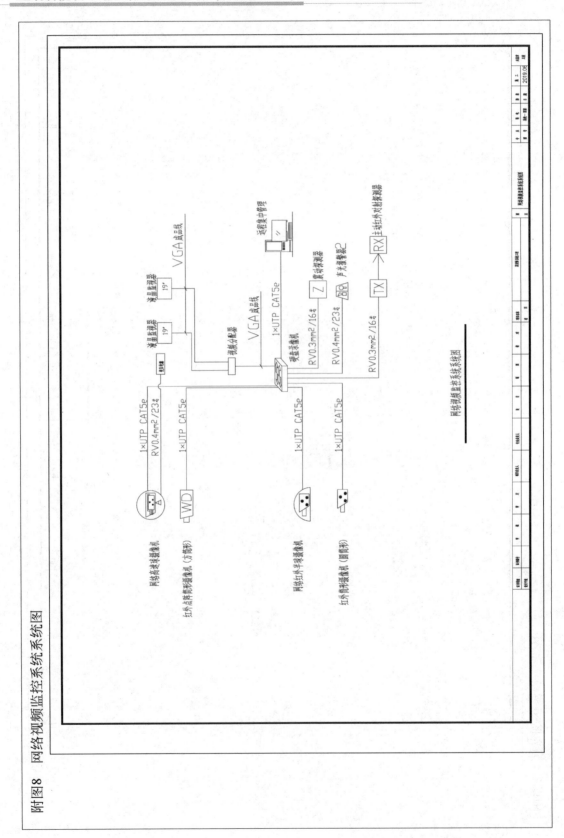

附图8　网络视频监控系统系统图

278

附图9　照明监控系统系统图

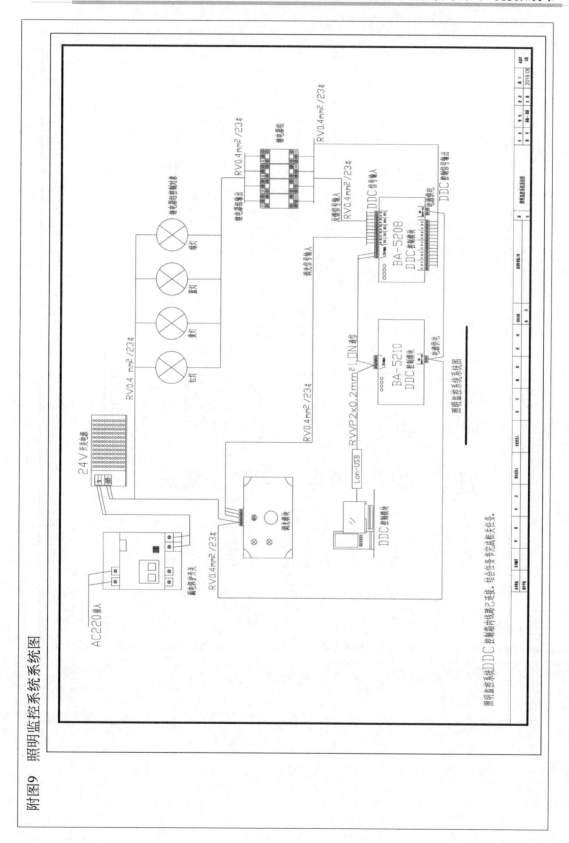

照明监控系统系统图

附图10 建筑环境监控系统系统图

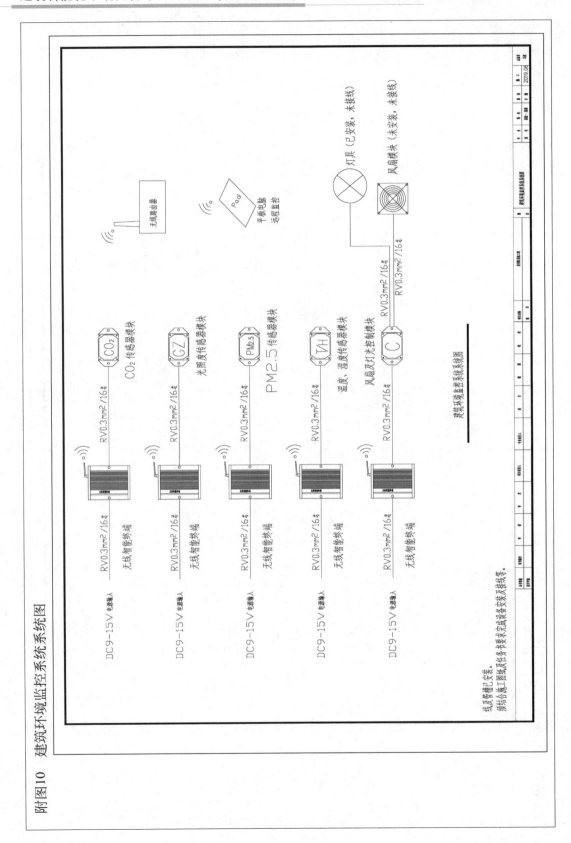

建筑环境监控系统系统图

附图11 对讲门禁及室内安防系统接线图

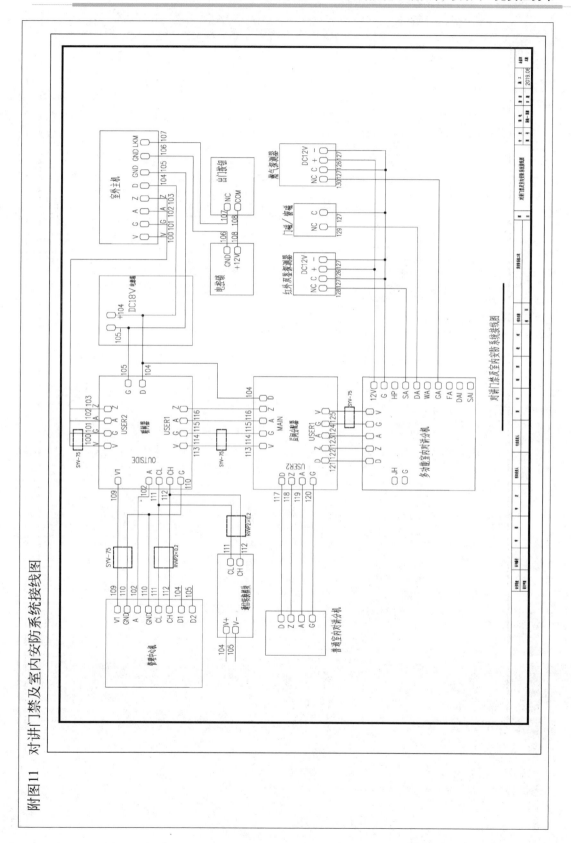

附图12 周界防范系统接线图

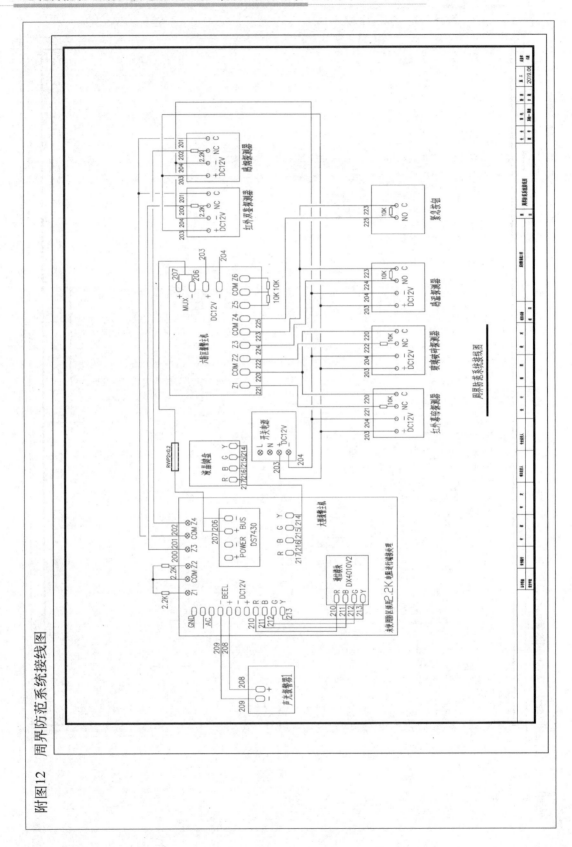

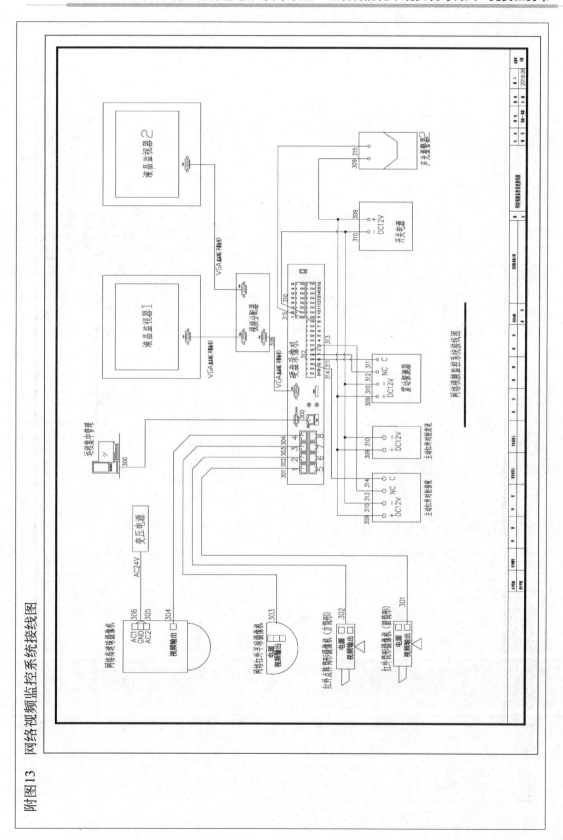

附图13 网络视频监控系统接线图

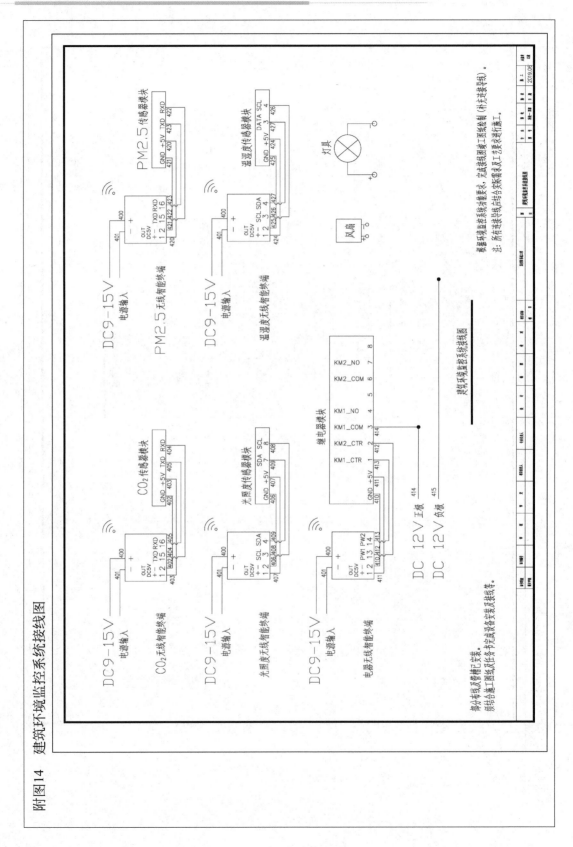

附图14　建筑环境监控系统接线图

参考文献

［1］广东省建筑安全协会.建筑电工［M］.武汉：华中科技大学出版社，2017.

［2］黄代高.建筑电工［M］.北京：中国劳动社会保障出版社，2011.

［3］李英姿.住宅电气与智能小区系统设计［M］.北京：中国电力出版社，2013.

［4］孟文璐.建筑电工［M］.北京：清华大学出版社，2014.

［5］赵丽娅.建筑电工［M］.北京：中国建材工业出版社，2019.

［6］孙克军.建筑电工技能速成与实战技巧［M］.北京：化学工业出版社，2017.

［7］曹晴风.建筑设备自动化工程［M］.北京：中国电力出版社，2018.